水利工程施工新技术

谢文鹏　苗兴皓　姜旭民　唐文超　等编著

中国建材工业出版社

图书在版编目（CIP）数据

水利工程施工新技术/谢文鹏等编著．--北京：
中国建材工业出版社，2020.1
ISBN 978-7-5160-2769-1

Ⅰ.①水…　Ⅱ.①谢…　Ⅲ.①水利工程－工程施工
Ⅳ.①TV5

中国版本图书馆 CIP 数据核字（2019）第 281384 号

水利工程施工新技术
Shuili Gongcheng Shigong Xinjishu
谢文鹏　苗兴皓　姜旭民　唐文超　等编著

出版发行：中国建材工业出版社
地　　址：北京市海淀区三里河路 1 号
邮　　编：100044
经　　销：全国各地新华书店
印　　刷：北京雁林吉兆印刷有限公司
开　　本：787mm×1092mm　1/16
印　　张：14.75
字　　数：350 千字
版　　次：2020 年 1 月第 1 版
印　　次：2020 年 1 月第 1 次
定　　价：**56.00 元**

本社网址：www.jccbs.com，微信公众号：zgjcgycbs
请选用正版图书，采购、销售盗版图书属违法行为

编著人员名单

谢文鹏　苗兴皓　姜旭民　唐文超
王艳玲　焦乐辉　孙秀玲　李　健
李海峰　张云鹏　李振佳　刘为公
万清明　村宝君　孔令华

前　　言

近些年，我国的水电建设得到了飞速发展，国家不断加大对水电建设的支持力度，这使得水利水电工程施工技术取得了前所未有的进展。作者结合长期的工程实践，对部分水利水电工程施工新技术进行了总结，旨在为工程技术人员提供有益的参考。

本书共包括四章，第一章水工地基处理技术，第二章隧洞工程，第三章混凝土工程，第四章生态护坡技术，主要从技术背景、技术特点、工艺流程等多个方面进行讲解。本书针对水利水电工程中涉及比较普遍的地基处理、隧洞工程、混凝土工程和生态护坡等施工技术进行较全面地介绍。同时，本书也侧重于对新技术新工艺及成熟工艺的更新发展的介绍，如地基基础工程中的双轮铣成槽技术、导杆式旋切成槽技术、SMW工法、TRD工法等，隧洞工程中的全断面隧道掘进机法（TBM），混凝土工程中的自密实混凝土、水下混凝土、高性能混凝土等，生态护坡工程中的生态袋植被护坡、生态混凝土护坡等新技术。

本书的编著人员有：谢文鹏、苗兴皓、姜旭民、唐文超、王艳玲、焦乐辉、孙秀玲、李健、李海峰、张云鹏、李振佳、刘为公、万明清。

本书在编著过程中，得到了山东省住房和城乡建设厅、山东省水利厅、山东大学、山东省建设执业资格注册中心、山东省水利科学院研究院、山东省建设文化传媒有限公司、滨州市水利局等单位的大力支持和帮助，在此一并感谢。

因编者水平有限，书中定会存在不当或错误之处，恳请读者批评指正。

作者

2019年12月

目　录

第1章　水工地基处理技术 …… 1

1.1　灌浆技术 …… 2

1.1.1　基岩灌浆技术 …… 3

1.1.2　覆盖层灌浆技术 …… 15

1.1.3　土坝灌浆技术 …… 17

1.1.4　高压喷射灌浆技术 …… 19

1.2　防渗墙技术 …… 24

1.2.1　混凝土防渗墙特点 …… 24

1.2.2　防渗墙的分类及适用条件 …… 25

1.2.3　防渗墙的作用与结构特点 …… 26

1.2.4　防渗墙的墙体材料 …… 27

1.2.5　防渗墙的施工工艺 …… 28

1.2.6　防渗墙的质量检查 …… 31

1.2.7　新型防渗墙墙体材料 …… 31

1.2.8　双轮铣成槽技术 …… 33

1.2.9　导杆式旋切成槽技术 …… 37

1.2.10　其他浅槽孔薄壁成槽技术 …… 40

1.3　水泥土搅拌桩技术 …… 42

1.3.1　概述 …… 42

1.3.2　加固机理 …… 43

1.3.3　适用范围 …… 43

1.3.4　施工机具 …… 44

1.3.5　工艺流程 …… 47

1.3.6　SMW 工法 …… 53

1.3.7　TRD 工法 …… 60

1.4　灌注桩工程 …… 67

1.4.1　适用地层 …… 68

1.4.2　桩型的选择 …… 68

1.4.3　设计原则 …… 68

1.4.4　灌注桩设计 …… 69

1.4.5　施工前的准备工作 …… 70

1.4.6 造孔 …… 72
1.4.7 钢筋笼制作与安装 …… 73
1.4.8 混凝土的配置与灌注 …… 74
1.4.9 灌注桩质量控制 …… 75
1.4.10 工程质量检查验收 …… 77
本章参考文献 …… 77

第2章 隧洞工程 …… 78

2.1 隧洞工程施工技术概述 …… 78
2.1.1 盾构法 …… 78
2.1.2 顶管法 …… 79
2.1.3 钻爆法 …… 79
2.1.4 新奥法 …… 80
2.1.5 全断面隧道掘进机法（TBM） …… 81
2.2 TBM掘进施工环节 …… 83
2.2.1 施工准备 …… 83
2.2.2 开挖掘进 …… 92
2.2.3 特殊地质条件隧道洞段掘进 …… 97
2.2.4 TBM接收与拆卸 …… 102
2.2.5 施工注意事项及影响因素 …… 106
2.2.6 TBM维护保养和检修 …… 107
本章参考文献 …… 113

第3章 混凝土工程 …… 114

3.1 模板工程 …… 114
3.1.1 模板基本类型 …… 114
3.1.2 模板受力分析 …… 123
3.1.3 模板的制作、安装和拆除 …… 126
3.2 碾压混凝土 …… 127
3.2.1 原料选择及配合比设计 …… 127
3.2.2 施工准备 …… 132
3.2.3 碾压混凝土生产 …… 141
3.2.4 仓面施工工艺 …… 144
3.2.5 温度控制 …… 148
3.2.6 异种混凝土浇筑 …… 149
3.2.7 变态混凝土浇筑 …… 149
3.3 自密实混凝土 …… 150
3.3.1 概述 …… 150
3.3.2 原料选择及配合比设计 …… 151

3.3.3 施工 …… 154
3.3.4 堆石混凝土施工 …… 155
3.4 水下混凝土 …… 155
3.4.1 概述 …… 155
3.4.2 分类及施工条件 …… 156
3.4.3 原材料及配合比设计 …… 157
3.4.4 施工 …… 158
3.5 高性能混凝土 …… 164
3.5.1 概述 …… 164
3.5.2 原材料及配合比设计 …… 165
3.5.3 施工 …… 166
3.6 干贫混凝土 …… 168
3.6.1 概述 …… 168
3.6.2 配合比 …… 168
3.6.3 施工 …… 168
3.6.4 工程实例 …… 169
3.7 挤压混凝土 …… 171
3.7.1 概述 …… 171
3.7.2 施工设备 …… 172
3.7.3 配合比设计 …… 172
3.7.4 施工 …… 173
3.8 模袋混凝土 …… 175
3.8.1 概述 …… 175
3.8.2 施工条件 …… 175
3.8.3 模袋及配合比设计 …… 176
3.8.4 施工 …… 177
本章参考文献 …… 178

第4章 生态护坡技术 …… 180

4.1 铺草皮护坡 …… 180
4.1.1 概述 …… 180
4.1.2 技术特点 …… 180
4.1.3 草皮生产技术 …… 181
4.1.4 设备与材料 …… 183
4.1.5 适用条件及施工工艺 …… 183
4.2 液力喷播植草护坡 …… 185
4.2.1 概述 …… 185
4.2.2 技术特点 …… 186
4.2.3 设备与材料 …… 186

4.2.4 适用条件及施工工艺 …… 189
4.3 客土喷播植被护坡 …… 190
4.3.1 概述 …… 190
4.3.2 技术特点 …… 191
4.3.3 设备与材料 …… 192
4.3.4 适用条件及施工工艺 …… 193
4.4 三维植被网护坡 …… 195
4.4.1 概述 …… 195
4.4.2 技术特点 …… 196
4.4.3 设备与材料 …… 197
4.4.4 适用条件及施工工艺 …… 198
4.5 植生带植草护坡 …… 199
4.5.1 概述 …… 199
4.5.2 技术特点 …… 200
4.5.3 植生带生产 …… 200
4.5.4 设备与材料 …… 201
4.6 框格骨架植被护坡 …… 203
4.6.1 概述 …… 203
4.6.2 浆砌石骨架植被护坡 …… 204
4.6.3 钢筋混凝土框格骨架植被护坡 …… 206
4.7 生态袋植被护坡 …… 211
4.7.1 概述 …… 211
4.7.2 技术特点 …… 212
4.7.3 生态袋护坡结构构成 …… 212
4.7.4 设计原则及施工工艺 …… 214
4.8 生态混凝土护坡 …… 218
4.8.1 概述 …… 218
4.8.2 技术特点 …… 219
4.8.3 生态混凝土制备 …… 219
4.8.4 施工工艺 …… 220
4.9 其他护坡方法 …… 222
4.9.1 喷植混凝土护坡 …… 222
4.9.2 石笼护岸 …… 223
4.9.3 多孔质护岸 …… 223
本章参考文献 …… 224

第1章　水工地基处理技术

基础是构成建筑物的必要组成部分，它位于建筑物的下部，其作用是将上部结构的自重及其所承受的荷载均衡地或按照设计要求的方式传递给地基，并与地基协调地共同工作，保持建筑物的稳定。水利工程中有一类结构物，它们处在水工建筑物基础的位置，其作用主要是为了截断或削减地基中的渗流，有时也兼有承重、传力的功能，例如各种防渗墙、防冲墙、齿墙等，这一类结构物，通常也归于基础工程之中。

建筑物建造在地基上，地基是承受由基础传来荷载的地层（土层或岩层）。地基可分为天然地基和人工地基两类。前者指不需人工加固即可满足建筑物要求的地基。由于水工建筑物规模通常都很大，其地基不仅要承受垂直荷载，还要承受水压力和土压力的作用，并且有防渗要求，受力状态常常比一般建筑物更复杂，要求更高。大多数地基都要经过人工处理，以提高其承载能力、抗变形能力和抗渗能力。

地基处理是指通过采取人工措施，改善或改变地基土（或岩石）的性质，使之能够满足上部结构物（包括基础）要求的工程措施。水工建筑物对地基的要求一般有承载能力（抗压强度）、刚度（变形模量）、抗滑稳定性（抗剪强度）和抗渗性能（渗透系数或透水率，渗透破坏比降）等，针对不同的地层和不同的工程要求，地基处理有多种多样的方法。水利工程中，通常可分为覆盖层地基和岩石地基。

覆盖层地基处理的目的包括对软土地基的加固和对透水地基的防渗。其中，加固地基的方法主要有：开挖置换，预压、排水、降水、夯实固结，灌浆挤密，振冲挤密，深搅、高喷固结，土层锚杆等。防渗处理的方法主要有：设置灌浆帷幕，高喷灌浆防渗墙，深层搅拌防渗墙，各种槽孔型防渗墙（混凝土防渗墙、自凝灰浆、固化灰浆防渗墙），桩柱式防渗墙等。

岩石地基处理的目的主要包括从整体上改善岩基的强度、刚度和防渗性能，以及对局部软弱岩体的加固。常用的方法有：水泥灌浆，化学灌浆，预应力锚固，以及对局部软弱带的开挖置换等。

地基的防渗处理除了“堵”的方法以外，有时还应辅以“排”的方法，即通过设置排水孔、减压井、排水沟、排水隧洞等工程措施，疏导、排除地层中的渗透水，以降低渗透压力，提高建筑物的安全度。在某些情况下，排水减压甚至是地基处理的主要措施。

地基处理工程的施工特点：

（1）地基处理工程属于地下隐蔽工程。由于地质条件复杂多变，一般难以全面了解，因此，施工前必须充分地调查研究，掌握比较准确的勘测试验资料，必要时应进行补充。

（2）施工质量要求高。水工建筑物地基处理关系工程的安全，发生事故难以补救。

（3）工程技术复杂、施工难度大。

（4）工艺要求严格、施工连续性要求强。

（5）工期紧、施工干扰大。

本章仅对水工建筑物常用的地基处理方法，如灌浆技术、高喷灌浆技术、防渗墙技术、水泥土搅拌桩及灌注桩等作简要介绍。

各种地基处理方法及其适用条件如表 1-1 所示。

表 1-1　地基处理方法及适用条件

序号	处理方法	主要作用	施工方法	一般适用条件
1	固结灌浆	增加强度及改善变形特性	钻孔，压力灌注水泥浆	围岩及岩石地基
2	回填灌浆	增强整体性	钻孔，压力灌注水泥砂浆	接触空隙和地下空洞
3	接触灌浆	充填接触带缝隙	钻孔，压力灌注水泥浆	接触面，收缩缝
4	帷幕灌浆	防渗	钻孔，压力灌注水泥（或水泥黏土）浆	岩石，砂砾石
5	化学灌浆	胶结，防渗，堵漏	钻孔，压力灌注化学浆液	粉细砂土，岩石及混凝土的细小裂缝
6	防渗墙	防渗	大孔径钻孔，浇筑混凝土	透水地层
7	混凝土灌注桩	提高承载能力	钻孔，浇筑混凝土	黏土，砂土，砂砾卵石
8	混凝土预制桩	提高承载能力	机械打入	黏土，砂土，砂壤土
9	钢板桩	挡土，阻水	机械打入	黏土，砂土，砂砾石
10	碎石桩	振密，加固，排水	振冲成孔，回填碎石	砂土，砂壤土
11	旋喷桩	固结，防渗	钻孔，高压旋喷水泥浆	砂土，砂砾石
12	砂桩	排水固结	机械打孔，灌砂	黏土，砂土，砂壤土
13	抗滑桩	防止地基滑动	钻孔，浇筑钢筋混凝土	危及建筑物稳定的岩石滑动面
14	开挖回填	地层置换	放炮，开挖，回填混凝土	断层破碎带
15	预应力锚固	基础与地基加固	钻孔，布索，张拉，灌浆	坝体锚固及大体积岩块锚固
16	截水槽	防渗	挖齿槽，回填不透水材料	较浅的透水地层
17	减压井	排水，降压	钻孔，下井管，填滤料	坝下游排水不畅地层
18	夯实	夯密	强夯	砂质黏性土
19	预压	压密	预先填土预压	壤土，砂壤土
20	换土	改变土质	挖除原土换优质土	不良土

1.1　灌浆技术

灌浆技术是一门古老而实用的技术，广泛应用于建筑、水利、水电、交通、铁路、矿山等领域。灌浆目的有如下几个方面：

（1）防渗。降低岩土的渗透性，消除或减少地下水的渗流量，降低工程扬压力或孔隙水压力，提高岩土的抵抗渗透变形能力。如水电工程坝基、坝肩和坝体的灌浆防渗处理。

（2）堵漏。截断水流，改善工程施工、运行条件。如井壁等地下工程漏水的封堵。

（3）固结。改善岩土或结构的力学性能，恢复其整体性。

（4）防止滑坡。提高边坡岩土体的抗滑能力。

（5）降低地表下沉。降低或匀化岩土的压缩性，提高其变形模量，改善其不均匀性。

（6）提高地基承载力。提高岩土的力学强度。

（7）回填。充填岩土体或结构的孔洞、缝隙，防止塌陷，改善结构的力学条件。

（8）加固。恢复结构的整体性和力学性能。

此外，减小挡土墙上土压力，防止岩土的冲刷，消除砂土液化，纠正建筑物偏斜等都可采用灌浆法。工程实践中，灌浆的目的并不是单一的，在达到某种目的的同时，往往收到其他几个方面的效果。

1.1.1　基岩灌浆技术

若基岩处于严重风化或破碎状态，首先考虑清除至新鲜的岩基为止。若风化层或破碎带很厚，无法清除干净时，则考虑采用灌浆的方法加固岩层和截止渗流。对于防渗，也可从结构上进行处理，如设截水墙和排水系统。

灌浆方法是钻孔灌浆（在地基上钻孔，用压力把浆液通过钻孔压入风化或破碎的岩基内部）。待浆液胶结或固结后，就能达到防渗或加固的目的。最常用的灌浆材料是水泥。当岩石裂隙多、空洞大，吸浆量很大时，为了节省水泥，降低工程造价，改善浆液性能，常加砂或其他材料；当裂隙细微，水泥浆难以灌入，基础的防渗不能达到设计要求或者有大的集中渗流时，可采用化学材料灌浆的方法处理。化学灌浆是一种以高分子有机化合物为主体材料的新型灌浆方法。这种浆材呈溶液状态，能灌入0.1mm以下的微细裂缝，浆液经过一定时间起化学作用，可将裂缝黏合起来或形成凝胶，起到堵水防渗以及补强的作用。

除了上述两类灌浆材料外，还有热柏油灌浆、黏土灌浆等，但这两种材料由于本身存在一些缺陷致使其应用受到一定限制。

对于破碎岩层或有裂隙的岩体以其单位吸水量 ω（L/min）来选择灌浆材料。各种灌浆材料的适用范围如表1-2所示。

表1-2　基岩灌浆各种灌浆材料的适用范围

<table>
<tr><td>单位吸水量 ω（L/min）</td><td>0.01～0.05</td><td>0.05～0.1</td><td>0.1～0.5</td><td>0.5～1.0</td><td>1.0～10.0</td><td>10～100</td><td>>100</td></tr>
<tr><td rowspan="4">灌浆材料</td><td colspan="7">←水泥灌浆→</td></tr>
<tr><td colspan="3">←冷柏油灌浆→</td><td colspan="4">←热柏油灌浆→</td></tr>
<tr><td colspan="3">←砂化法→</td><td colspan="4"></td></tr>
<tr><td colspan="2"></td><td colspan="5">←黏土灌浆→</td></tr>
</table>

1.1.1.1　基岩灌浆分类

水工建筑物的岩基灌浆按其作用，可分为固结灌浆、帷幕灌浆和接触灌浆。灌浆技术不仅大量运用于建筑物的基岩处理，而且也是进行水工隧洞围岩固结、衬砌回填、超前支护，混凝土坝体接缝以及建（构）筑物补强、堵漏等方面的主要措施。

1. 帷幕灌浆

布置在靠近建筑物上游迎水面的基岩内，形成一道连续的平行建筑物轴线的防渗幕墙。其目的是减少基岩的渗流量，降低基岩的渗透压力，保证基础的渗透稳定。帷幕灌浆的深度主要由作用水头及地质条件等确定，较之固结灌浆要深得多，有些工程的帷幕深度超过百米。在施工中，通常采用单孔灌浆，所使用的灌浆压力比较大。

帷幕灌浆一般安排在水库蓄水前完成，这样有利于保证灌浆的质量。由于帷幕灌浆的工程量较大，与坝体施工在时间安排上有矛盾，所以通常安排在坝体基础灌浆廊道内进行。这样既可实现坝体上升与基岩灌浆同步进行，也为灌浆施工储备一定厚度的混凝土压重，有利于提高灌浆压力、保证灌浆质量。

2. 固结灌浆

固结灌浆的目的是提高基岩的整体性与强度，并降低基础的透水性。当基岩地质条件较好时，一般可在坝基上、下游应力较大的部位布置固结灌浆孔；在地质条件较差而坝体较高的情况下，则需要对坝基进行全面的固结灌浆，甚至在坝基以外上、下游一定范围内也要进行固结灌浆。灌浆孔的深度一般为 5～8m，也有的深达 15～40m，各孔在平面上呈网格形交错布置。通常采用群孔冲洗和群孔灌浆。

固结灌浆宜在一定厚度的坝体基层混凝土上进行，这样可以防止基岩表面冒浆，并采用较大的灌浆压力，提高灌浆效果，同时也兼顾坝体与基岩的接触灌浆。如果基岩比较坚硬、完整，为了加快施工速度，也可直接在基岩表面进行无混凝土压重的固结灌浆。在基层混凝土上进行钻孔灌浆，必须在相应部位混凝土的强度达到 50%设计强度后，方可开始。或者先在岩基上钻孔，预埋灌浆管，待混凝土浇筑到一定厚度后再灌浆。同一地段的基岩灌浆必须按先固结灌浆后帷幕灌浆的顺序进行。

3. 接触灌浆

其目的是加强坝体混凝土与坝基或岸肩之间的结合能力，提高坝体的抗滑稳定性。一般是通过混凝土钻孔压浆或预先在接触面上埋设灌浆盒及相应的管道系统，也可结合固结灌浆进行。

接触灌浆应安排在坝体混凝土达到稳定温度以后进行，以利于防止混凝土收缩产生拉裂。

1.1.1.2 灌浆材料和浆液

灌浆的主要材料通常是水泥和水，根据工程需要也可加入黏土、粉煤灰、膨润土、砂等掺合料和外加剂。

基岩灌浆的浆液，一般应满足如下要求：

（1）浆液在受灌的岩层中应具有良好的可灌性，即在一定的压力下，能灌入裂隙、空隙或孔洞中，充填密实。

（2）浆液硬化成结石后，应具有良好的防渗性能、必要的强度和粘结力。

（3）为便于施工和增大浆液的扩散范围，浆液应具有良好的流动性。

（4）浆液应具有较好的稳定性，析水率低。

基岩灌浆以水泥灌浆最普遍。灌入基岩的水泥浆液，由水泥与水按一定配比制成，水泥浆液呈悬浮状态。水泥灌浆具有灌浆效果可靠，灌浆设备与工艺比较简单，材料成本低廉等优点。

水泥浆液所采用的水泥品种，应根据灌浆目的和环境水的侵蚀作用等因素确定。一般情况下，可采用强度等级不低于32.5的普通硅酸盐水泥或硅酸盐大坝水泥，如有耐酸等要求时，选用抗硫酸盐水泥。矿渣水泥与火山灰质硅酸盐水泥由于其析水快、稳定性差、早期强度低等缺点，一般不宜使用。

水泥颗粒的细度对于灌浆的效果有较大影响。水泥颗粒越细，越能够灌入细微的裂隙中，水泥的水化作用也越完全。对于帷幕灌浆，对水泥细度的要求为通过80μm方孔筛的筛余量不大于5%。灌浆用的水泥要符合质量标准，不得使用过期、结块或细度不合要求的水泥。

对于岩体裂隙宽度小于200μm的地层，普通水泥制成的浆液一般难以灌入。为了提高水泥浆液的可灌性，自20世纪80年代以来，许多国家陆续研制出各类超细水泥，并在工程中得到广泛应用。超细水泥颗粒的平均粒径约4μm，比表面积$8000cm^2/g$，它不仅具有良好的可灌性，同时在结石体强度、环保及价格等方面都具有很大优势，特别适合细微裂隙基岩的灌浆。

在水泥浆液中掺入一些外加剂（如速凝剂、减水剂、早强剂及稳定剂等），可以调节或改善水泥浆液的一些性能，满足工程对浆液的特定要求，提高灌浆效果。外加剂的种类及掺入量应通过试验确定。

在水泥浆液里掺入黏土、砂、粉煤灰，制成水泥黏土浆、水泥砂浆、水泥粉煤灰浆等，可用于注入量大、对结石强度要求不高的基岩灌浆。这主要是为了节省水泥、降低材料成本。砂砾石地基的灌浆主要是采用此类浆液。

当遇到一些特殊的地质条件如断层、破碎带、细微裂隙等，采用普通水泥浆液难以达到工程要求时，也可采用化学灌浆，即灌注以环氧树脂、聚氨酯、甲凝等高分子材料为基材制成的浆液。其材料成本比较高，灌浆工艺比较复杂。在基岩处理中，化学灌浆仅起辅助作用，一般是先进行水泥灌浆，再在其基础上进行化学灌浆，这样既可提高灌浆质量，也比较经济。

1.1.1.3　灌浆施工

在基岩处理施工前一般需进行现场灌浆试验。通过试验，可以了解基岩的可灌性、确定合理的施工程序与工艺、提供科学的灌浆参数等，为进行灌浆设计与施工准备提供主要依据。

基岩灌浆施工中的主要工序包括钻孔、钻孔（裂隙）冲洗、压水试验、灌浆、回填封孔等。

1. 钻孔

钻孔质量要求如下：

（1）确保孔位、孔深、孔向符合设计要求。钻孔的方向与深度是保证帷幕灌浆质量的关键。如果钻孔方向有偏斜，钻孔深度达不到要求，则通过各钻孔所灌注的浆液，不能连成一体，将形成漏水通路，如图1-1所示。

（2）力求孔径上下均一、孔壁平顺。孔径均一、孔壁平顺，则灌浆栓塞能够卡紧卡牢，灌浆时不致产生绕塞返浆。

（3）钻进过程中产生的岩粉细屑较少。钻进过程中如果产生过多的岩粉细屑，容易堵塞孔壁的缝隙，影响灌浆质量，同时也影响工人的作业环境。

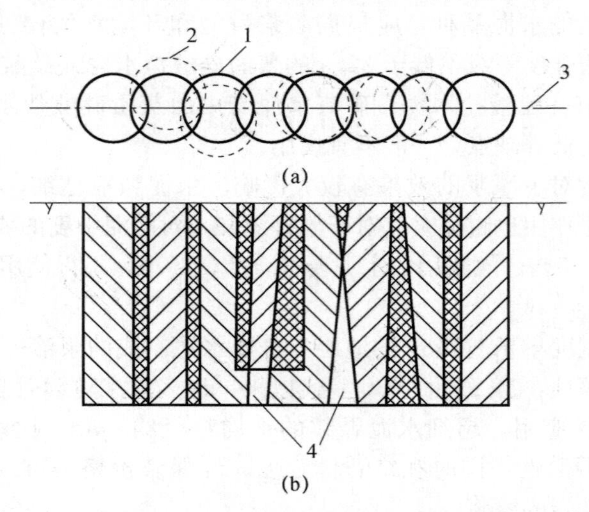

图 1-1　钻孔质量对帷幕灌浆质量的影响

(a) 平面图；(b) 剖面图

1—孔顶灌浆范围；2—孔底灌浆范围

根据岩石的硬度完整性和可钻性的不同，分别采用硬质合金钻头、钻粒钻头和金刚钻头。6～7 级以下的岩石多用硬质合金钻头；7 级以上用钻粒钻头；石质坚硬且较完整的用金刚石钻头。

帷幕灌浆的钻孔宜采用回转式钻机和金刚石钻头或硬质合金钻头，其钻进效率较高，不受孔深、孔向、孔径和岩石硬度的限制，还可钻取岩芯。钻孔的孔径一般在 75～91mm。固结灌浆则可采用各式合适的钻机与钻头。

孔斜的控制相对较困难，特别是钻设斜孔，掌握钻孔方向更加困难。在工程实践中，按钻孔深度不同规定了垂直或顶角小于 5°钻孔偏斜的允许值，如表 1-3 所示。当深度大于 60m 时，则允许的偏差不应超过钻孔的间距。钻孔结束后，应对孔深、孔斜和孔底残留物等进行检查，不符合要求的应采取补救处理措施。

表 1-3　钻孔孔底最大允许偏差值

钻孔深度（m）	20	30	40	50	60	80	100
允许偏差（m）	0.25	0.45	0.70	1.00	1.40	2.00	2.50

钻孔顺序。为了有利于浆液的扩散和提高浆液结合的密实性，在确定钻孔顺序时应和灌浆次序密切配合。一般是当一批钻孔钻进完毕后，随即进行灌浆。钻孔次序则以逐渐加密钻孔数和缩小孔距为原则。对排孔的钻孔顺序，先下游排孔，后上游排孔，最后中间排孔。对同一排孔而言，一般 2～4 次序孔施工，逐渐加密。

2. 钻孔冲洗

钻孔后，要进行钻孔及岩石裂隙的冲洗。冲洗工作通常分为：①钻孔冲洗，将残存在钻孔底和黏滞在孔壁的岩粉铁屑等冲洗出来；②岩层裂隙冲洗，将岩层裂隙中的充填物冲洗出孔外，以便浆液进入腾出的空间，使浆液结石与基岩胶结成整体。在断层、破碎带和细微裂隙等复杂地层中灌浆，冲洗的质量对灌浆效果影响极大。

一般采用灌浆泵将水压入孔内循环管路进行冲洗，将冲洗管插入孔内，用阻塞器将孔口堵紧，用压力水冲洗。也可采用压力水和压缩空气轮换冲洗或压力水和压缩空气混合冲洗的方法。

岩层裂隙冲洗方法分单孔冲洗和群孔冲洗两种。在岩层比较完整，裂隙比较少的地方，可采用单孔冲洗。冲洗方法有高压压水冲洗、高压脉动冲洗和扬水冲洗等。

当节理裂隙比较发育且在钻孔之间互相串通的地层中，可采用群孔冲洗。将两个或两个以上的钻孔组成一个孔组，轮换地向一个孔或几个孔压进压力水或压力水混合压缩空气，从另外的孔排出污水，这样反复交替冲洗，直到各个孔出水洁净为止。

群孔冲洗时，沿孔深方向冲洗段的划分不宜过长，否则冲洗段内钻孔通过的裂隙条数增多，这样不仅分散冲洗压力和冲洗水量，并且一旦有部分裂隙冲通以后，水量将相对集中在这几条裂隙中流动，使其他裂隙得不到有效的冲洗。

为了提高冲洗效果，有时可在冲洗液中加入适量的化学剂，如碳酸钠（Na_2CO_3）、氢氧化钠（NaOH）或碳酸氢钠（$NaHCO_3$）等，以利于促进泥质充填物的溶解。加入化学剂的品种和掺量，宜通过试验确定。

采用高压水或高压水气冲洗时，要注意观测，防止冲洗范围内岩层的抬动和变形。

3. 压水试验

在冲洗完成并开始灌浆施工前，一般要对灌浆地层进行压水试验。压水试验的主要目的是测定地层的渗透特性，为基岩的灌浆施工提供基本技术资料。压水试验也是检查地层灌浆实际效果的主要方法。

压水试验的原理：在一定的水头压力下，通过钻孔将水压入孔壁四周的缝隙中，根据压入的水量和压水的时间，计算出代表岩层渗透特性的技术参数。一般可采用透水率 q 来表示岩层的渗透特性。所谓透水率，是指在单位时间内，通过单位长度试验孔段，在单位压力作用下所压入的水量。试验成果可按式（1-1）计算：

$$q=\frac{Q}{LP} \tag{1-1}$$

式中 q——地层的透水率，Lu（吕容）；

Q——单位时间内试验段的注水总量，L/min；

P——作用于试验段内的全压力，MPa；

L——压水试验段的长度，m。

灌浆施工时的压水试验，使用的压力通常为同段灌浆压力的80%，但一般不大于1MPa。

4. 灌浆方法与工艺

为了确保岩基灌浆的质量，必须注意以下问题：

（1）钻孔灌浆的次序

基岩的钻孔与灌浆应遵循分序加密的原则进行。一方面可以提高浆液结石的密实性，另一方面，通过后灌序孔透水率和单位吸浆量的分析，可推断先灌序孔的灌浆效果，同时还有利于减少相邻孔串浆现象。

(2) 灌浆方式

按照灌浆时浆液灌注和流动的特点，灌浆方式有纯压式和循环式两种。对于帷幕灌浆，应优先采用循环式，如图 1-2 所示。

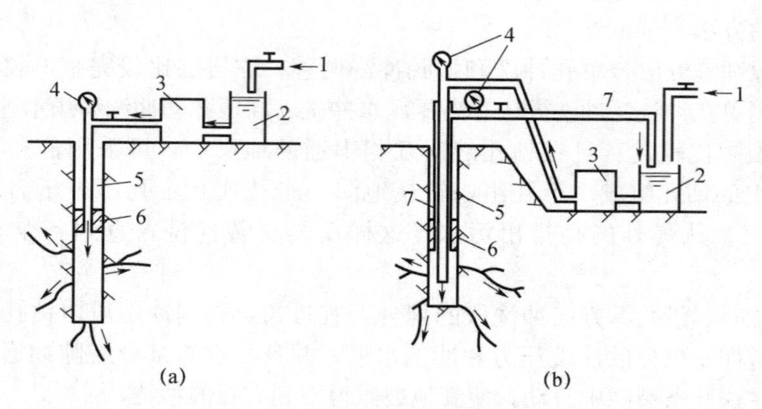

图 1-2 纯压式和循环式灌浆示意

(a) 纯压式；(b) 循环式

1—水；2—拌浆桶；3—灌浆泵；4—压力表；5—灌浆管；6—灌浆塞；7—回浆管

纯压式灌浆，就是一次将浆液压入钻孔，并扩散到岩层裂隙中。灌注过程中，浆液从灌浆机向钻孔流动，不再返回；这种灌注方式设备简单，操作方便，但浆液流动速度较慢，容易沉淀，造成管路与岩层缝隙的堵塞，影响浆液扩散。纯压式灌浆多用于吸浆量大，有大裂隙存在，孔深不超过 12～15m 的情况。

循环式灌浆，灌浆机把浆液压入钻孔后，浆液一部分被压入岩层缝隙中，另一部分由回浆管返回拌浆筒中。这种方法一方面可使浆液保持流动状态，减少浆液沉淀；另一方面可根据进浆和回浆浆液密度的差别，来了解岩层吸收情况，并作为判定灌浆结束的一个条件。

(3) 钻灌方法

按照同一钻孔内的钻灌顺序，有全孔一次钻灌和全孔分段钻灌两种方法。全孔一次钻灌系将灌浆孔一次钻到全深，并沿全孔进行灌浆。这种方法施工简便，多用于孔深不超过 6m，地质条件良好，基岩比较完整的情况。

全孔分段钻灌又分自上而下法、自下而上法、综合灌浆法及孔口封闭法等。

① 自上而下分段钻灌法。其施工顺序是：钻一段，灌一段，待凝一定时间以后，再钻灌下一段，钻孔和灌浆交替进行，直到设计深度。其优点是：随着段深的增加，可以逐段增加灌浆压力，借以提高灌浆质量；由于上部岩层经过灌浆，形成结石，下部岩层灌浆时，不易产生岩层抬动和地面冒浆等现象；分段钻灌，分段进行压水试验，压水试验的成果比较准确，有利于分析灌浆效果，估算灌浆材料的需用量。但缺点是钻灌一段以后，要待凝一定时间，才能钻灌下一段，钻孔与灌浆须交替进行，设备搬移频繁，影响施工进度。

② 自下而上分段钻灌法。一次将孔钻到全深，然后自下而上逐段灌浆，这种方法的优缺点与自上而下分段灌浆刚好相反。一般多用在岩层比较完整或基岩上部已有足够压重不致引起地面抬动的情况。

③ 综合钻灌法。在实际工程中，通常是接近地表的岩层比较破碎，越往下岩层愈完整。因此，在进行深孔灌浆时，可以兼取以上两法的优点，上部孔段采用自上而下法钻灌，下部孔段则用自下而上法钻灌。

④ 孔口封闭灌浆法。其要点是：先在孔口安装不小于 2m 的孔口管，以便安设孔口封闭器；采用小孔径的钻孔，自上而下逐段钻孔与灌浆；上段灌后不必待凝，进行下段的钻灌，如此循环，直至终孔；可以多次重复灌浆，可以使用较高的灌浆压力。其优点是：工艺简便、成本低、效率高，灌浆效果好。其缺点是：当灌注时间较长时，容易造成灌浆管被水泥浆凝住的现象。

一般情况下，灌浆孔段的长度多控制在 5～6m。如果地质条件好，岩层比较完整，段长可适当放长，但也不宜超过 10m；在岩层破碎，裂隙发育的部位，段长应适当缩短，可取 3～4m；而在破碎带、大裂隙等漏水严重的地段以及坝体与基岩的接触面，应单独分段进行处理。

（4）灌浆压力

灌浆压力通常是指作用在灌浆段中部的压力，可由式（1-2）来确定：

$$p=p_1+p_2\pm p_f \tag{1-2}$$

式中　P——灌浆压力，MPa；

P_1——灌浆管路中压力表的指示压力，MPa；

P_2——计入地下水水位影响以后的浆液自重压力，浆液的密度按最大值计算，MPa；

P_f——浆液在管路中流动时的压力损失，MPa。

计算 P_f时，如压力表安设在孔口进浆管上（纯压式灌浆），则按浆液在孔内进浆管中流动时的压力损失进行计算，在公式中取负号；当压力表安设在孔口回浆管上（循环式灌浆），则按浆液在孔内环形截面回浆管中流动时的压力损失进行计算，在公式中取正号。

灌浆压力是控制灌浆质量、提高灌浆经济效益的重要因素。确定灌浆压力的原则是：在不致破坏基础和建筑物的前提下，尽可能采用比较高的压力。高压灌浆可以使浆液更好地压入细小缝隙内，增大浆液扩散半径，析出多余的水分，提高灌注材料的密实度。灌浆压力的大小，与孔深、岩层性质、有无压重以及灌浆质量要求等有关，可参考类似工程的灌浆资料，特别是现场灌浆试验成果确定，并且在具体的灌浆施工中结合现场条件进行调整。

（5）灌浆压力的控制

在灌浆过程中，合理地控制灌浆压力和浆液稠度，是提高灌浆质量的重要保证。灌浆过程中灌浆压力的控制基本上有两种类型，即一次升压法和分级升压法。

① 一次升压法。灌浆开始后，一次将压力升高到预定的压力，并在这个压力作用下，灌注由稀到浓的浆液。当每一级浓度的浆液注入量和灌注时间达到一定限度以后，就变换浆液配比，逐级加浓。随着浆液浓度的增加，裂隙将被逐渐充填，浆液注入率将逐渐减少，当达到结束标准时结束灌浆。这种方法适用于透水性不大，裂隙不甚发育，岩层比较坚硬完整的地方。

② 分级升压法。是将整个灌浆压力分为几个阶段，逐级升压直到预定的压力。开

始时，从最低一级压力起灌，当浆液注入率减少到规定的下限时，将压力升高一级，如此逐级升压，直到预定的灌浆压力。

(6) 浆液稠度的控制

灌浆过程中，必须根据灌浆压力或吸浆率的变化情况，适时调整浆液的稠度，使岩层的大小缝隙既能灌饱，又不浪费。浆液稠度的变换按先稀后浓的原则控制，这是由于稀浆的流动性较好，宽细裂隙都能进浆，使细小裂隙先灌饱，而后随着浆液稠度逐渐变浓，其他较宽的裂隙也能逐步得到良好的充填。

(7) 灌浆的结束条件与封孔

灌浆的结束条件，一般用两个指标来控制，一个是残余吸浆量，又称最终吸浆量，即灌到最后的限定吸浆量；另一个是闭浆时间，即在残余吸浆量不变的情况下保持设计规定压力的延续时间。

帷幕灌浆时，在设计规定的压力之下，灌浆孔段的浆液注入率小于0.4L/min时，再延续灌注60min（自上而下法）或30min（自下而上法）；或浆液注入率不大于1.0L/min时，继续灌注90min或60min，就可结束灌浆。

对于固结灌浆，其结束标准是浆液注入率不大于0.4L/min，延续时间30min，灌浆可以结束。

灌浆结束以后，应随即将灌浆孔清理干净。对于帷幕灌浆孔，宜采用浓浆灌浆法填实，再用水泥砂浆封孔；对于固结灌浆，孔深小于10m时，可采用机械压浆法进行回填封孔，即通过深入孔底的灌浆管压入浓水泥浆或砂浆，顶出孔内积水，随浆面的上升，缓慢提升灌浆管。当孔深大于10m时，其封孔与帷幕孔相同。

5. 质量检查

基岩灌浆属于隐蔽性工程，必须加强灌浆质量的控制与检查。为此，一方面要认真做好灌浆施工的原始记录，严格灌浆施工的工艺控制，防止违规操作；另一方面，要在一个灌浆区灌浆结束以后，进行专门性的质量检查，做出科学的灌浆质量评定。基岩灌浆的质量检查结果，是整个工程验收的重要依据。

灌浆质量检查的方法很多，常用的有：在已灌地区钻设检查孔，通过压水试验和浆液注入率试验进行检查；通过检查孔，钻取岩芯进行检查，或进行钻孔照相和孔内电视，观察孔壁的灌浆质量；开挖平洞、竖井或钻设大口径钻孔，检查人员直接进去观察检查，并在其中进行抗剪强度、弹性模量等方面的试验；利用地球物理勘探技术，测定基岩的弹性模量、弹性波速等，对比这些参数在灌浆前后的变化，借以判断灌浆的质量和效果。

1.1.1.4 化学灌浆

化学灌浆是在水泥灌浆基础上发展起来的新型灌浆方法。它是将有机高分子材料配制成的浆液灌入地基或建筑物的裂缝中经胶凝固化后，达到防渗、堵漏、补强、加固的目的。

它主要用于：裂隙与空隙细小（0.1mm以下），颗粒材料不能灌入；对基础的防渗或强度有较高要求；渗透水流的速度较大，其他灌浆材料不能封堵等情况。

1. 化学灌浆的特性

化学灌浆材料有很多品种，每种材料都有其特殊的性能，按灌浆的目的可分为防渗堵漏和补强加固两大类。属于防渗堵漏的有水玻璃、丙凝类、聚氨酯类等，属于补强加固的有环氧树脂类、甲凝类等。化学浆液有以下特性。

（1）化学浆液的黏度低，有的接近于水，有的比水还小。其流动性好，可灌性高，可以灌入水泥浆液灌不进去的细微裂隙中。

（2）化学浆液的聚合时间可以比较准确地控制，从几秒到几十分钟，有利于机动灵活地进行施工控制。

（3）化学浆液聚合后的聚合体，渗透系数很小，一般为 $10^{-6}\sim10^{-5}$cm/s，防渗效果好。

（4）有些化学浆液聚合体本身的强度及粘结强度比较高，可承受高水头。

（5）化学灌浆材料聚合体的稳定性和耐久性均较好，能抗酸、碱及微生物的侵蚀。

（6）化学灌浆材料都有一定毒性，在配制、施工过程中要十分注意防护，并切实防止对环境的污染。

2. 化学灌浆的施工

化学灌浆一般采用压力为主或吸浆率为主的控制方法，也可以两种方法结合使用。

由于化学材料配制的浆液为真溶液，不存在粒状灌浆材料所存在的沉淀问题，故化学灌浆都采用纯压式灌浆。

化学灌浆的钻孔和清洗工艺及技术要求，与水泥灌浆基本相同，也遵循分序加密的原则进行钻孔灌浆。

化学灌浆的方法，按浆液的混合方式区分，有单液法灌浆和双液法灌浆。一次配制成的浆液或两种浆液组分在泵送灌注前先行混合的灌浆方法称为单液法。两种浆液组分在泵送后才混合的灌浆方法称为双液法。前者施工相对简单，在工程中使用较多。为了保持连续供浆，现在多采用电动式比例泵提供压送浆液的动力。比例泵是专用的化学灌浆设备，由两个出浆量能够任意调整，可实现按设计比例压浆的活塞泵构成。对于小型工程和个别补强加固的部位，也可采用手压泵。

以上两种方法的管路装置示意图见图 1-3，图 1-4。

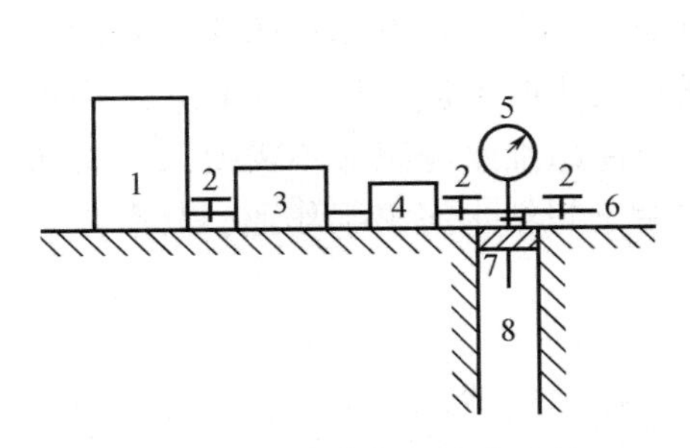

图 1-3　单液灌浆法管路示意

1—盛浆桶；2—阀门；3—泵；4—流量计；5—压力表；6—排气管；7—止浆塞；8—钻孔

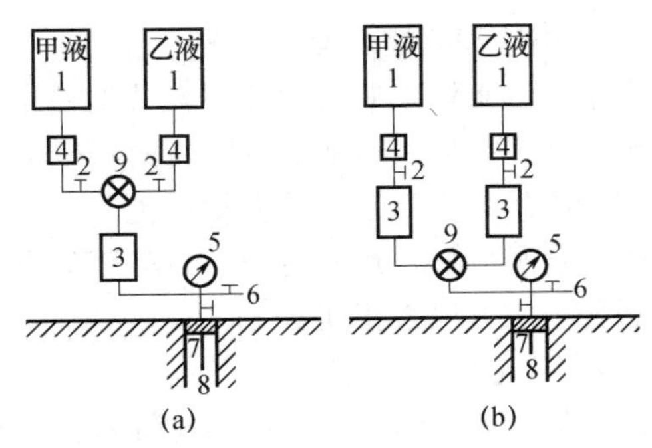

图 1-4　双液灌浆法管路装置示意

（a）双液法泵前混合灌浆；（b）双液法泵后混合灌浆

1—盛浆桶；2—阀门；3—泵；4—流量计；5—压力表；6—排气管；7—止浆塞；8—钻孔；9—混合器

单液法和双液法的主要区别为：单液法只适用于进浆率较小的孔段，而双液法不受进浆率大小的限制；单液法适用于胶凝时间较长的浆液，而双液法不受胶凝时间长短的限制；单液法浆液配比较精确，而双液法浆液配比可能有误差。单液法一般灌泵均能适用，而双液法必须要求用能调节流量的计量泵，使两种浆液按比例进浆。

1.1.1.5 超细水泥灌浆

普通水泥颗粒较大，渗透能力有限，一般只能渗入大于0.1mm的裂隙或孔隙。为解决细小孔隙的灌浆问题，有时不得不使用化学灌浆材料，但同时存在价格较贵、耐久性差、结石体强度低，甚至环境污染等问题。为解决普通水泥颗粒较大、渗透能力有限的问题，多年来，灌浆工程界采用干法和湿法磨细水泥方式以期能够改善。

普通水泥要求颗粒细度比表面积不小于300m²/kg，细水泥颗粒细度要求不小于500m²/kg，超细水泥颗粒细度要求不小于800m²/kg。细水泥和超细水泥可通过干磨和湿磨的方法来生产。湿磨细水泥是将普通水泥浆液通过湿磨机磨细，其细度与湿磨机型式及研磨时间有关，采用胶体磨3台串联工作可达到$D97\leqslant 40\mu m$，$D50=10\sim 12\mu m$，采用珠磨机还可以磨得更细一些。

1. 超细水泥的性质

超细水泥灌浆材料由极细的水泥颗粒组成。它的化学成分与性质和水泥类似，其粒径小于10μm占到90%以上，平均粒径仅4μm左右，比表面积在600～800m²/kg以上，这一性质使超细水泥浆液有良好的可注性。据资料介绍能注入渗透系数为$10^{-3}\sim 10^{-7}$cm/s的细砂层。超细水泥接近化学浆液的注入性，其结石强度高于低分子化学灌浆材料，对地下水和环境污染有限。

2. 超细水泥浆液的特性

用超细水泥制备的浆液经过充分搅拌，具有较好的物理力学特性。其浆液黏度在同样水灰比的情况下，超细水泥浆液黏度比普通水泥及胶体水泥浆液黏度都低。浆液的稳定性较好，龄期3d的结石强度可达25.0MPa以上，91d龄期可达62.0Mpa。浆液的注入能力明显高于普通水泥和胶体水泥浆液，与脲醛树脂和木质素化学浆液相似，其强度却远高于这些化学材料。

3. 超细水泥浆液的灌浆工艺

由于超细水泥浆液中固体颗粒分散性很高，沉淀分离性小，有助于防止管路的堵塞和设备磨损。但因超细水泥比表面积较大，在低水灰比时，流动性相对较差，可加入一定量高效减水剂改善其流动性能。一般来说，灌注超细水泥浆液不需要采用特殊的灌浆设备和方法，凡适用于压力灌浆的设备都适用于超细水泥灌浆作业。其灌注工艺也和普通压力灌浆相同。

4. 适用范围

由于粒径小，因而细水泥和超细水泥可用于灌注微细缝隙，适用于岩体微细裂隙和张开度小于0.5mm的坝体接缝、裂缝灌浆。

5. 湿磨水泥灌浆技术

与超细水泥类似，为了提高水泥浆液的可注性，改进灌浆效果，采用湿磨水泥的制浆方法（简称WMC），使制成的水泥浆可以获得类似甚至超过黏土浆的性能。它是利用湿磨水泥浆设备，将已制成浆体的水泥颗粒进一步磨细，以改善水泥浆液的分散性和稳定性，提高水泥浆液的可注性。湿磨水泥灌浆系统工艺流程布置见图1-5。

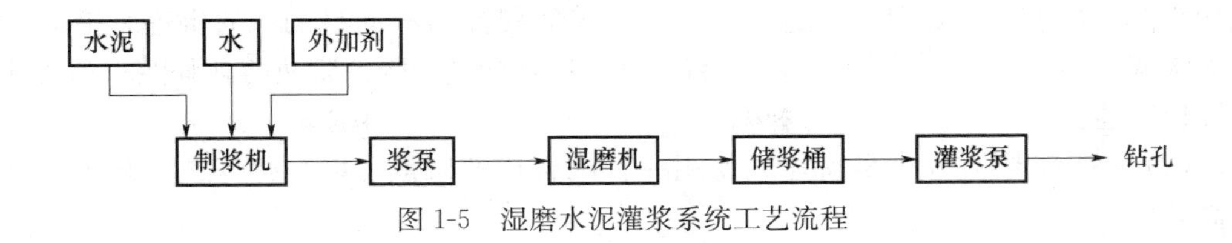

图 1-5　湿磨水泥灌浆系统工艺流程

1.1.1.6　GIN 灌浆

1. 灌浆机理

20 世纪 90 年代初期，15 届国际大坝会议主席、瑞士学者 G・隆巴迪提出了一种新的设计和控制灌浆工程的方法——“灌浆强度值”（Grouting Intensity Number，缩写 GIN）方法。这种方法的基本概念是，对任意孔段的灌浆，都是一定能量的消耗，这个能量消耗的数值，近似等于该孔段最终灌浆压力 P 和灌入浆液体积 V 的乘积 PV，PV 就叫作灌浆强度值，即 GIN。

由于裂隙岩体灌浆时，大裂隙常常注入量大而使用压力小，细裂隙常常注入量小而使用压力高。隆巴迪认为，可以在各个灌浆段的全部灌浆过程中，都控制 GIN 为一常数。

一旦选定了灌浆强度值后，则该强度值不仅用于低压下大量吸浆的易注裂隙，而且也适用于在相当高压下吸浆量很少的较细微的裂隙，从而保持灌浆过程中 PV 为一常数值。这样，对宽裂缝中的大注入量情况可自动地限制，而对较密实及吸浆量小的裂隙，则可使压力自动升高。从而避免了高压大注入量的情况下，易导致水力劈裂的危险；同样地对细微裂隙的低压低注入量的情况也消除了。

GIN 法就是根据选定的灌浆强度值控制灌浆过程，控制的目标是使 PV＝GIN＝常数，这在 P—V 直角坐标系里是一条双曲线，如图 1-6 中的 AB 弧线。为了避免在注入量小的细裂隙岩体中使用过高的灌浆压力，导致岩体破坏，还需确定一个压力上限 P_{max}（AE 线）；为了避免在宽大裂隙岩体中注入过量的浆液，同样需要确定一个累计极限注入量 V_{max}（BF 线）。这样一来，灌浆结束条件受三个因素制约：或灌浆压力达到压力上限，或累计注入量达到规定限值，或灌浆压力与累计注入量的乘积达到 GIN。AE、AB、BF 三条线称作包络线。

由上述可知，严格地说 GIN 法不是一种工艺方法，而是一种控制灌浆过程的规定或程序。

2. GIN 方法灌浆要点

GIN 方法灌浆所采用的灌浆方式多是自下而上纯压式灌浆。灌浆孔布置与常规灌浆方法一样，采用一序到三序或四序的逐渐加密布孔方法。正式施工前，应通过现场灌浆试验，选定最合适的一序孔孔距。该孔距要求能使以后的二序孔、三序孔每一序次都持续降低 25%～75%的注入率（一般一序孔孔距为 10～12m）。

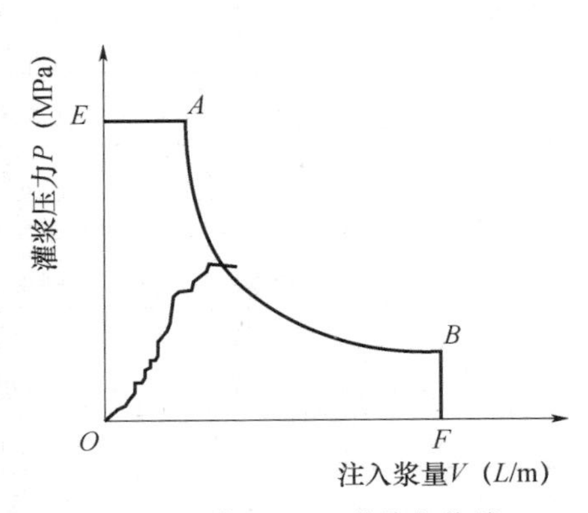

图 1-6　典型 GIN 灌浆包络线

（1）应用稳定的、中等稠度的浆液，以达到减少沉淀，防止过早阻塞渗透通道和获得紧密的浆液结石的目的。为保证浆液稠度，浆液水灰比宜为0.67～0.8：1；并在其中加入超增塑剂以降低浆液的黏聚性和黏滞性，增强稳定性。

（2）整个灌浆过程中尽可能只使用一种配合比的浆液，以简化工艺，减少故障，提高效率。

（3）用GIN曲线控制灌浆压力，在需要的地方尽量使用高的压力，在有害和无益的地方避免使用高压力。

（4）用计算机监测和控制灌浆过程，实时控制灌浆压力和注入率，绘制 P—V 过程曲线，掌握灌浆结束条件。

3. GIN方法灌浆注意事项

（1）依据不同的地质条件及灌浆位置，确定合理的GIN值及单位注入量和灌浆压力的限制值。

（2）选定一序孔中四分之一的灌浆孔作勘探灌浆孔，以便能进一步了解局部地区的水文、地质条件，为最终确定灌浆孔深度及选定GIN值提供依据。

（3）在地下水位以上的任何段灌浆前，应预先注入清水，使岩石部分饱和，以便降低浆体过分失水、堵塞通道的危险。

（4）通过计算机利用GIN曲线和可注入性曲线控制灌浆过程，同时显示压力 P、流量 q、累积注入量 V 及注入度 q/P 随时间变化的曲线。使整个灌浆过程更明了，为后续灌浆提供可靠依据。

（5）随时对灌浆成果进行分析总结，以便评定灌浆孔布置及工艺参数的合理性。

4. 与常规灌浆法的比较

GIN灌浆法与我国《水工建筑物水泥灌浆施工技术规范》中规定的、工程界通常采用的灌浆方法与工艺要求的比较见表1-4。

表1-4 GIN灌浆法与我国常用灌浆方法的比较

项目		GIN灌浆法	我国常用灌浆法
浆液		稳定浆液	各种浆液
灌浆过程	水灰比变换	不变换	一般应变换
	灌浆压力	缓慢升高	尽快升至设计压力
	注入率	以稳定的中低流量灌注	根据压力选择最优注入率
结束条件	灌浆压力	小于或等于最大设计压力	达到最大设计压力
	注入率	无要求	达到很小（如小于1L/min）
	累计注入量	小于或等于设计最大注入量	无要求
	灌浆强度值	达到规定的GIN值	无
	持续时间	无明确要求	持续一定时间
计算机监测		使用计算机进行实时监测	不用，也可用
灌浆方法		一般为自下而上纯压式灌浆	优先采用自上而下循环式灌浆

GIN灌浆法在一定程度上自动适应了岩体地质条件的不规则性，使得沿帷幕体的总的注入浆量得到较合理分配，灌浆帷幕的效益-投资比率达到最大。GIN法在美

洲一些国家的工程中首先应用，取得了较好的效果。但也有学者提出质疑，认为该法不适用于细微裂隙和宽大裂隙（包括岩溶）岩体的灌浆，隆巴迪本人也承认这一局限性。

我国于 1994 年引进该法，先后在黄河小浪底水利枢纽、长江三峡水利枢纽和湖南江垭水利枢纽等工程进行了灌浆试验或应用，但未曾大面积推广。20 世纪 70～80 年代，我国在乌江渡水电站灌浆施工中，提出了注入率与灌浆压力相适应的原则，二滩工程灌浆试验中提出了“双限灌浆压力控制技术”，机理相似，也曾取得良好效果。

总地看来，该法理论明确、施工简便、工效较高，但地质针对性不强，用以构建的帷幕防渗标准较低，另外某些工程照搬 GIN 技术带来一些和现行国内设计要求、灌浆规范不一致的情况，主要有：

（1）灌浆效果和设计要求有距离。

（2）高压灌浆、低压结束，和现行规范规定不一致。

（3）采用浓浆、循环灌浆易出现射浆管铸死在孔内的事故。

（4）灌浆过程按 GIN 图控制，施工难度较大，整理资料与常规不一致。

1.1.2　覆盖层灌浆技术

1.1.2.1　地层可灌性

覆盖层地基的可灌性是指砂砾石地基能否接受灌浆材料灌入的一种特性，是决定灌浆效果的先决条件。其主要取决于地层的颗粒级配、灌浆材料的细度、灌浆压力和灌浆工艺等。可通过可灌比 M 表示。

$$M=\frac{D_{15}}{d_{85}} \tag{1-3}$$

式中　M——可灌比；

D_{15}——覆盖层粒径指标，小于该粒径的土体质量占覆盖层总质量的 15%，mm；

d_{85}——浆液材料粒径指标，小于该粒径的材料质量占材料总质量的 85%，mm。

可灌比 M 越大，接受颗粒灌浆材料的可灌性越好。一般 $M>10$ 时，可以灌注水泥黏土浆；当 $M>15$ 时，可以灌水泥浆。

1.1.2.2　灌浆材料

灌浆浆液可采用水泥黏土（或膨润土）浆、水泥浆、黏土浆。水泥和黏土灌浆不能满足工程要求时，可采用化学灌浆材料。各种浆液的配比应由浆液试验确定。水泥黏土浆宜采用水泥：黏土＝1：1～1：4（重量比，下同），水：干料（水固比）＝3：1～1：1。当对浆液结石有强度要求时，水泥的掺量可采用较大值。

1.1.2.3　钻灌方法

覆盖层灌浆常用方法有：①打管灌浆；②套管灌浆；③循环钻灌；④预埋花管灌浆等。

1. 打管灌浆

打管灌浆就是将带有灌浆花管的厚壁无缝钢管，直接打入受灌地层中，并利用它进行灌浆。其程序是：先将钢管打入到设计深度，再用压力水将管内冲洗干净，然后用灌浆泵灌浆，或利用浆液自重进行自流灌浆。灌完一段以后，将钢管起拔一个灌浆段高度，再进行冲洗和灌浆，如此自下而上，拔一段灌一段，直到结束。

这种方法设备简单，操作方便，适用于砂砾石层较浅、结构松散、颗粒不大、容易打管和起拔的场合。用这种方法所灌成的帷幕，防渗性能较差，多用于临时性工程（如围堰）。

2. 套管灌浆

套管灌浆的施工程序是：一边钻孔，一边跟着下护壁套管。或者，一边打设护壁套管，一边冲掏管内的砂砾石，直到套管下到设计深度。然后将钻孔冲洗干净，下入灌浆管，起拔套管到第一灌浆段顶部，安好止浆塞，对第一段进行灌浆。如此自下而上，逐段提升灌浆管和套管，逐段灌浆，直到结束。

采用这种方法灌浆，由于有套管护壁，不会产生第二段灌浆坍孔埋钻等事故。但是，在灌浆过程中，浆液容易沿着套管外壁向上流动，甚至产生地表冒浆。如果灌浆时间较长，则又会胶结套管，造成起拔的困难。

3. 循环钻灌

循环钻灌法又称孔口封闭法，是一种自上而下，钻一段灌一段，钻孔与灌浆循环进行的施工方法。钻孔时用黏土浆或最稀一级水泥黏土浆固壁。钻孔长度，也就是灌浆段的长度，视孔壁稳定和砂砾石层渗漏程度而定，容易坍孔和渗漏严重的地层，分段短一些，反之则长一些，一般为1～2m。灌浆时可利用钻杆作灌浆管。

用这种方法灌浆，做好孔口封闭，是防止地面抬动和地表冒浆，提高灌浆质量的有效措施。

4. 预埋花管灌浆

预埋花管灌浆的施工程序：

（1）用回转式钻机或冲击钻钻孔，跟着下护壁套管，一次直达孔的全深；

（2）钻孔结束后，立即进行清孔，清除孔壁残留的石渣；

（3）在套管内安设花管，花管的直径一般为73～108mm，沿管长每隔33～50cm钻一排3～4个射浆孔，孔径1cm，射浆孔外面用橡皮箍紧。花管底部要封闭严密牢固，安设花管要垂直对中，不能偏在套管的一侧。

（4）在花管与套管之间灌注填料，边下填料边起拔套管，连续灌注，直到全孔填满套管拔出为止。

（5）填料待凝10d左右，达到一定强度，严密牢固地将花管与孔壁之间的环形圈封闭起来。

（6）在花管中下入双栓灌浆塞，灌浆塞的出浆孔要对准花管上准备灌浆的射浆孔。然后用清水或稀浆逐渐升压，压开花管上的橡皮圈，压穿填料，形成通路，为浆液进入砂砾石层创造条件，称为开环。开环以后，继续用稀浆或清水灌注5～10min，再开始灌浆。每排射浆孔就是一个灌浆段。灌完一段，移动双栓灌浆塞，使其出浆孔对准另一排射浆孔，进行另一灌浆段的开环灌浆。由于双栓灌浆塞的构造特点，可以在任意灌浆段进行开环灌浆，必要时还可以进行复灌，比较机动灵活。

用预埋花管法灌浆，由于有填料阻止浆液沿孔壁和管壁上升，很少发生冒浆、串浆现象，灌浆压力可相对提高，灌浆比较机动，可以重复灌浆，对灌浆质量较有保证。

国内外比较重要的砂砾石层灌浆，多采用这种方法，其缺点是花管被填料胶结以后，不能起拔，耗用管材较多。

1.1.3 土坝灌浆技术

土坝灌浆技术，主要包括土坝坝体劈裂灌浆技术、土坝坝基劈裂灌浆技术和土坝充填灌浆技术等。所谓劈裂灌浆，是根据岩土体小主应力的分布规律布孔，利用水力劈裂原理，有控制性地劈裂岩土体，并灌入合适的浆液，形成防渗帷幕，同时使所有与浆缝连通的裂缝、洞穴、软弱夹层等岩土体隐患，均能得到浆液的充填挤压密实，达到防渗加固目的的一种灌浆方法。

1.1.3.1 灌浆机理

劈裂灌浆主要是利用浆体的压力，有控制地将土体和地层劈开，注入浆材，通过灌浆压力的劈裂挤压作用，使之互相连接，形成连续的浆体防渗帷幕，以解决地基土的渗透稳定问题。首先，土坝坝体或堤坝坝基的自身应力分布规律，使浆液沿小主应力面劈裂成为可能；其次，灌浆过程中的浆液与坝体间产生劈裂充填、浆坝互压作用，以及坝体随之产生的湿陷固结、应力调整作用，使得浆脉得以形成、固结，达到加固目的。

该技术多用于颗粒浆材无法渗入的粉细砂和黏土层中，尤其在水利工程的土坝坝体加固和堤坝基础防渗加固中得到了较为广泛的应用，并已初步形成了较完整的灌浆理论与施工工艺。水利工程中，主要分为土坝坝体劈裂灌浆和堤坝坝基劈裂灌浆。

1.1.3.2 灌浆机具

灌浆机具包括动力、运输、钻孔、制浆、输浆、灌浆、控制及量测等设备。灌浆的关键设备包括钻机、灌浆机（泥浆泵）、灌浆管及输浆管等。应优先采用灌浆新设备。

灌浆机械一般布置在坝顶，输浆管约30m，可控制50m坝段。当坝顶过长时，可设储浆箱分段泵送灌浆。如果坝顶有交通要求时，可在坝坡筑临时平台或在坝轴线两侧布置。土料可分段堆放，也可连续堆放，以不干扰灌浆施工并以减少运料距离为宜。

1.1.3.3 灌浆材料

灌灌浆材一般应依据工程目的与要求来确定。以防渗为主要目的的工程，可采用黏土浆液或黏土水泥浆液。以加固地基为主要目的的工程，则应以流动性能良好的稳定性水泥浆液为主。为了使注入地层的浆液凝结体与地层有良好的附合性（即弹性模量值相近），一般在黏土体中宜采用黏土浆液，在砂层中则宜采用黏土水泥浆液。

土坝坝体劈裂灌浆材料可采用粉质黏土或黏土，其性能指标宜满足表1-5的要求，浆液物理力学性能指标宜满足表1-6的要求。堤坝地基劈裂灌浆宜灌注水泥黏土浆液，水泥含量宜为干料质量的30％～40％，浆液中水和干料质量比宜为1.5：1～0.8：1，也可通过试验确定。灌浆前应对本地黏性土料制成的不同稠度泥浆进行物理力学试验，以掌握各种浆液的物理力学性质，在灌浆施工中选用合适的泥浆。坝体劈裂灌浆对泥浆的一般要求是：可灌性好，稳定性高，析水固结快，形成的浆体防渗性能强，弹性模量和坝体土基本相近。

有特殊要求时，土坝坝体劈裂浆液中可根据需要掺入其他材料。当需要提高浆液的流动性时，可掺入水玻璃，掺量宜为干土质量的0.5%～1.0%，或通过试验确定。当需要加速浆液凝固和提高浆液固结强度时，可掺入水泥，掺量宜为干料质量的10%～15%。与已有建筑物接触部位，水泥掺量应适当增加，必要时应通过试验确定。当需要提高浆液的稳定性时，可掺入适量膨润土或其他外加剂。当需要结合灌浆防止生物危害时，可在浆液中掺入适量的相应药物，但要防止污染环境。

表1-5 劈裂灌浆土料性能指标要求

项　目	指　标	项　目	指　标
塑性指数	10～25	砂粒含量（%）	0～30
黏粒含量（%）	20～45	有机质含量（%）	≤2
粉粒含量（%）	30～70	水溶盐含量（%）	≤3

表1-6 劈裂灌浆浆液物理力学性能要求

项　目	指　标	项　目	指　标
密度（g/cm^3）	1.3～1.6	胶体率（%）	≥70
黏度（s）	20～100	失水量（$cm^3/30min$）	10～30
稳定性（g/cm^3）	0～0.15		

1.1.3.4　灌浆施工

1. 布孔

坝体劈裂灌浆宜按河床段、岸坡段、弯曲段和其他特殊坝段的不同情况分别进行设计。

在坝体河床段宜沿坝轴线（或稍偏上游）单排布孔。当隐患程度特别严重时，可根据坝体隐患的范围和程度，分两排或多排布孔。终孔孔距在河床段，孔深不小于20m时，可采用5～10m；孔深小于20m时，可采用3～5m。也可通过现场灌浆试验确定。

在岸坡段、弯曲坝段和其他特殊坝段布孔，宜布多排孔，并适当缩小孔距，或通过试验确定。

2. 钻孔

可以采用干钻或湿钻法成孔。干法钻孔主要是担心湿钻会有大量水分进入坝体，影响灌浆质量。干法成孔宜用锤击钻孔法，锤击钻孔效率高，但适用于孔深30m以内。当坝高大于30m或坝高小于30m，但有大量砂砾石时，宜用泥浆护壁钻孔。实践证明，坝高大于30m的坝干法成孔时进尺慢，在浸润线以下坝体土含水量高，易缩孔和塌孔，容易使坝体土受到扰动。所以，当坝高大于30m时，不能强求干钻。灌浆孔应为铅直孔。钻孔深度应超过隐患深度2～3m。在主排孔两侧出现沉陷缝时，主排孔灌浆结束后应布置副排孔，孔深可为主排孔孔深的1/3。

3. 灌浆

堤坝坝体劈裂灌浆采用纯压式灌浆方式进行。应先灌河床段，后灌岸坡段和弯曲段；多排孔灌浆时，应先灌边排孔，再灌中排孔。同一排孔灌浆，应先灌第一序孔，再灌第二序孔、第三序孔；对于坝体质量较差的宽顶坝，可采用相邻两孔或多孔同时灌浆的方法。灌浆管应下至距离孔底0.5～1m处，自下而上分段灌浆。当孔底段经过多次灌注、灌浆量或灌浆孔孔口压力达到设计要求时，应提升灌浆管3～6m，继续上面一段的灌浆，依次进行。当灌浆管出浆口提升至距坝顶10m时，不应再提升，直至灌浆达到结束标准。灌浆开始先用稀浆灌注，经过3～5min的灌浆，坝体劈裂后，再加大浆液稠度。若孔口压力下降或出现负压（压力表读数为“0”以下），应加大浆液稠度。灌浆量应按设计要求控制。坝的岸坡段、弯曲段和其他特殊坝段灌浆，可采用缩小孔距、减小灌浆压力和每次灌浆量、增加复灌次数、相邻多孔同时灌注的方法。

堤坝地基劈裂灌浆采用纯压式灌浆方式进行灌浆。灌浆宜采用相邻两孔或多孔同时灌浆的方法。套管与灌浆管之间应设阻浆塞，灌浆宜一次灌至设计要求。需要分次灌浆时，每次灌浆结束前应灌注3～5min黏土浆，防止灌浆管堵塞。

坝体和坝基都需要灌浆时，应先灌坝基部分，然后提升套管与灌浆管，再进行坝体部分灌浆。

4. 灌浆结束标准及封孔

满足下述条件之一时，可结束灌浆：经过分段多次灌浆，浆液已灌注至孔口，且连续复灌3次不再吃浆；灌浆孔的灌浆量或灌浆孔口压力已达到设计要求。

灌浆结束后的封孔工作，是灌浆施工中不可缺少的一个环节，特别是在水利工程堤坝加固灌浆中，封孔工作的成功与否，直接影响帷幕或堤坝体的安全。当每孔灌浆结束后，应进行灌浆封孔。封孔时应将灌浆管拔出，向孔内灌注密度大于1.5g/cm^{3}的稠浆，多次灌注，直至浆面升至孔口不再下降为止。待孔口完全析水后，应用含水率适中的制浆土料将孔口回填捣实整平。

5. 质量检查

灌浆质量检查的主要内容包括：泥墙厚度、密度、连续性、均匀性，对原有裂缝、洞穴、隐患的充填密实情况，坝体变形、坝顶裂缝、浸润线出逸点及坝后渗流量变化情况等。

灌浆质量检查应对照灌浆前的隐患部位仔细察看和量测，主要检查坝后渗流量、下游坝坡渗水出逸点的位置和洇湿面积的大小，以及在相同库水位情况下，对比灌浆前后的变化情况，分析灌浆的效果。必要时，可采用钻孔、探井（槽）开挖检查、取样测定、物探等方法验证灌浆质量。

1.1.3.5　充填灌浆

当堤坝坝体存在局部裂缝及洞穴等隐患时，可按充填灌浆设计。布孔时一般孔位布置在隐患位置，可按梅花形布置多排孔，终孔孔距可为1～2m，或按试验确定。钻孔深度应超过隐患深度1～2m，如为深孔灌浆，可以下套管分段灌浆，灌浆压力应小于50kPa。对灌浆土料和浆液性能，宜满足表1-5和表1-6的要求。

充填灌浆一般一次灌注至设计要求。如隐患规模较大，也可多次灌注，每米孔深每次灌浆量应根据隐患程度通过现场试验确定。当无试验资料时，可取每米孔深每次灌浆量为0.3～0.5m^3。若已知洞穴较大，可适当增加灌浆量和提高浆液稠度。

1.1.4　高压喷射灌浆技术

高压喷射灌浆于1968年首创于日本，20世纪70年代初我国铁路及冶金系统引进，水利系统于1980年首先将此技术用于山东省白浪河水库土石坝中，目前已在水利工程广泛采用。该技术既可用于低水头土坝坝基防渗，也可用于松散地层的防渗堵漏、截潜流和临时性围堰等工程，还可进行混凝土防渗墙断裂以及漏洞、隐患的修补。

高压喷射灌浆是利用旋喷机具造成旋喷桩以提高地基的承载能力，也可以作联锁桩施工或定向喷射成连续墙用于防渗。可适用于砂土、黏性土、淤泥等地基的加固，对砂卵石（最大粒径小于20cm）的防渗也有较好的效果。

20世纪70年代初，日本将高压水射流技术应用于软弱地层的灌浆处理，成为一种新的地基处理方法——高压喷射灌浆法。它是利用钻机造孔，然后将带有特制合金喷嘴的灌浆管下到地层预定位置，以高压把浆液或水、气高速喷射到周围地层，对地层介质产生冲切、搅拌和挤压等作用，同时被浆液置换、充填和混合，待浆液凝固后，就在地层中形成一定形状的凝结体。

通过各孔凝结体的连接，形成板式或墙式的结构，不仅可以提高基础的承载力，而且成为一种有效的防渗体。由于高压喷射灌浆具有对地层条件适用性广、浆液可控性好、施工简单等优点，近年来在国内外均得到了广泛应用。

1.1.4.1 技术特点

高压喷射灌浆防渗加固技术适用于软弱土层，包括第四纪冲积层、洪积层、残积层以及人工填土等。实践证明，对砂类土、黏性土、黄土和淤泥等土层，效果较好。对粒径过大和含量过多的砾卵石以及有大量纤维质的腐殖土地层，一般应通过现场试验确定施工方法，对含有粒径2～20cm的砂砾石地层，在强力的升扬置换作用下，仍可实现浆液包裹作用。

高压喷射灌浆不仅在黏性土层、砂层中可用，在砂砾卵石层中也可用。经多年的研究和工程试验证明，只要控制措施和工艺参数选择得当，在各种松散地层均可采用，以烟台市夹河地下水库工程为例，采用高喷灌浆技术的半圆相向对喷和双排摆喷菱形结构的新的施工方案，成功地在夹河卵砾石层中构筑了地下水库截渗坝工程。

该技术具有可灌性、可控性好，接头连接可靠，平面布置灵活，适应地层广，深度较大，对施工场地要求不高等特点。

1.1.4.2 高压喷射灌浆作用

高压喷射灌浆的浆液以水泥浆为主，其压力一般在10～30MPa，它对地层的作用和机理有如下几个方面：

（1）冲切掺搅作用。高压喷射流通过对原地层介质的冲击、切割和强烈扰动，使浆液扩散充填地层，并与土石颗粒掺混搅和，硬化后形成凝结体，从而改变原地层结构和组分，达到防渗加固的目的。

（2）升扬置换作用。随高压喷射流喷出的压缩空气，不仅对射流的能量有维持作用，而且造成孔内空气扬水的效果，使冲击切割下来的地层细颗粒和碎屑升扬至孔口，空余部分由浆液代替，起到了置换作用。

（3）挤压渗透作用。高压喷射流的强度随射流距离的增加而衰减，至末端虽不能冲切地层，但对地层仍能产生挤压作用；同时，喷射后的静压浆液对地层还产生渗透凝结层，有利于进一步提高抗渗性能。

（4）位移握裹作用。对于地层中的小块石，由于喷射能量大，以及升扬置换作用，浆液可填满块石四周空隙，并将其握裹；对大块石或块石集中区，如降低提升速度，提高喷射能量，可以使块石产生位移，浆液便深入到空（孔）隙中去。

总之，在高压喷射、挤压、余压渗透以及浆气升串的综合作用下，产生握裹凝结作用，从而形成连续和密实的凝结体。

1.1.4.3　防渗性能

在高压喷射流的作用下切割土层，被切割下来的土体与浆液搅拌混合，进而固结，形成防渗板墙。不同地层及施工方式形成的防渗结构体的渗透系数稍有差别，一般说来其渗透系数小于 10^{-7}cm/s。

1.1.4.4　高压喷射凝结体

1. 凝结体的型式

凝结体的型式与高压喷射方式有关。常见的有如下三种：

① 喷嘴喷射时，边旋转边垂直提升，简称旋喷，可形成圆柱形凝结体；

② 喷嘴的喷射方向固定，则称定喷，可形成板状凝结体；

③ 喷嘴喷射时，边提升边摆动，简称摆喷，形成哑铃状或扇形凝结体。

高压喷射灌浆的三种方式如图 1-7 所示。

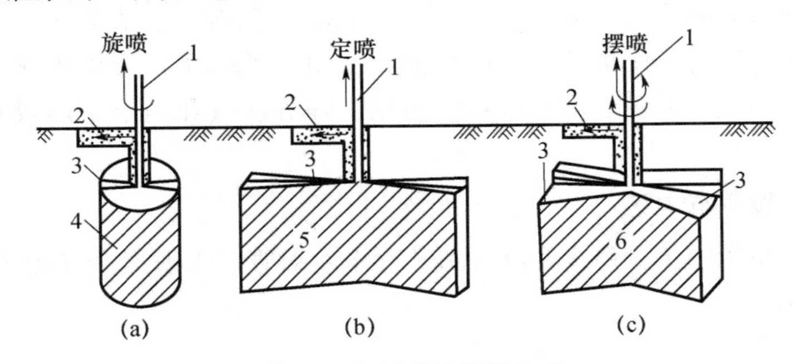

图 1-7　高压喷射灌浆方式

（a）旋喷；（b）定喷；（c）摆喷

1—喷射灌浆管；2—冒浆；3—射流；4—旋转成桩；5—定喷成桩；6—摆喷成桩

为了保证高压喷射防渗板（墙）的连续性与完整性，必须使各单孔凝结体在其有效范围内相互可靠连接，这与设计的结构布置型式及孔距有很大关系。

2. 高压喷射灌浆的施工方法

目前，高压喷射灌浆的基本方法有单管法、二管法、三管法及多管法几种，它们各具特点，应根据工程要求和地层条件选用。参见表 1-7 所示。

（1）单管法。采用高压灌浆泵以大于 2.0MPa 的高压将浆液从喷嘴喷出，冲击、切割周围地层，并产生搅和、充填作用，硬化后形成凝结体。该方法施工简易，但有效范围小。

（2）双管法。有两个管道，分别将浆液和压缩空气直接射入地层，浆压达 45～50MPa，气压 1～1.5MPa。由于射浆具有足够的射流强度和比能，易于将地层加压密实。这种方法工效高，效果好，尤其适合处理地下水丰富、含大粒径块石及孔隙率大的地层。

(3) 三管法。用水管、气管和浆管组成喷射杆，水、气的喷嘴在上，浆液的喷嘴在下。随着喷射杆的旋转和提升，先有高压水和气的射流冲击扰动地层，再以低压注入浓浆进行掺混搅拌。常用参数为：水压38～40MPa，气压0.6～0.8MPa，浆压0.3～0.5MPa。

如果将浆液也改为高压（浆压达20～30MPa）喷射，浆液可对地层进行二次切割、充填，其作用范围则更大。这种方法称为新三管法。

表1-7 各种旋喷方法及使用的机具

喷射方法	喷射情况	主要施工机具	成桩直径
单管法	喷射水泥浆或化学浆液	高压泥浆泵，钻机，单旋喷管	0.3～0.8m
二重管法	高压水泥浆（或化学浆液）与压缩空气同轴喷射	高压泥浆泵，钻机，空压机，二重旋喷管	介于单管法和三重管法之间
三重管法	高压水、压缩空气和水泥浆液（或化学浆液）同轴喷射	高压水泵，钻机，空压机，泥浆泵，三重旋喷管	1.0～2.0m

(4) 多管法。其喷管包含输送水、气、浆管，泥浆排出管和探头导向管。采用超高压水射流（40MPa）切削地层，所形成的泥浆由管道排出，用探头测出地层中形成的空间，最后由浆液、砂浆、砾石等置换充填。多管法可在地层中形成直径较大的柱状凝结体。

1.1.4.5 施工程序与工艺

高压喷射灌浆的施工程序主要有：造孔、下喷射管、喷射提升（旋转或摆动）、最后成桩或墙。

1. 造孔

在软弱透水的地层进行造孔，应采用泥浆固壁或跟管（套管法）的方法确保成孔。造孔机具有回转式钻机、冲击式钻机等。目前就用较多的是立轴式液压回转钻机。

为保证钻孔质量，孔位偏差应不大于1～2cm，孔斜率小于1%。

2. 下喷射管

用泥浆固壁的钻孔，可以将喷射管直接下入孔内，直到孔底。用跟管钻进的孔，可在拔管前向套管内注入密度大的塑性泥浆，边拔边注，并保持液面与孔口齐平，直至套管拔出，再将喷射管下到孔底。

将喷嘴对准设计的喷射方向，不偏斜，是确保喷射灌浆成墙的关键。

3. 喷射灌浆

根据设计的喷射方法与技术要求，将水、气、浆送入喷射管，喷射1～3min待注入的浆液冒出后，按预定的速度自上而下边喷射边转动、摆动，逐渐提升到设计高度。

进行高压喷射灌浆的设备由造孔、供水、供气、供浆和喷灌等五大系统组成。

旋喷桩施工的主要参数见表1-8。

表 1-8　旋喷法施工的主要技术参数

旋喷方法	喷嘴		钻机（慢挡）		高压泵		空压机		泥浆泵	
	孔径（mm）	数目（个）	旋转速度（r/min）	提升速度（cm/min）	压力（MPa）	流量（L/min）	压力（MPa）	流量（m^3/min）	压力（MPa）	流量（L/min）
单管法	2.0～3.0	2	20	20～25	20～40	浆液 60～120	—	—	—	—
二重管法	2.0～3.0	1 或 2	10 左右	10 左右	20～40	浆液 60～120	0.7	1～3	—	—
三重管法	2.0～3.0	1 或 2	5～15	5～15	20～40	水 60～120	0.7	1～3	3～5	100～150

4. 施工要点

（1）管路、旋转活接头和喷嘴必须拧紧，达到安全密封；高压水泥浆液、高压水和压缩空气各管路系统均应不堵、不漏、不串。设备系统安装后，必须经过运行试验，试验压力达到工作压力的 1.5～2.0 倍。

（2）旋喷管进入预定深度后，应先进行试喷，待达到预定压力、流量后，再提升旋喷。中途发生故障，应立即停止提升和旋喷，以防止桩体中断。同时进行检查，排除故障。若发现浆液喷射不足，影响桩体质量时，应进行复喷。施工中应做好详细记录。旋喷水泥浆应严格过滤，防止水泥结块和杂物堵塞喷嘴及管路。

（3）旋喷结束后要进行压力灌浆，以补填桩柱凝结收缩后产生的顶部空穴。每次施工完毕后，必须立即用清水冲洗旋喷机具和管路，检查磨损情况，如有损坏零部件应及时更换。

1.1.4.6　旋喷桩的质量检查

旋喷桩的质量检查通常采取钻孔取样、贯入试验、荷载试验或开挖检查等方法。对于防渗的联锁桩、定喷桩，应进行渗透试验。主要包括钻孔注水试验和布设围井进行注水试验等。

1.1.4.7　钻喷一体化高喷灌浆

高压喷射灌浆技术具有较好的地层适用性，可用于淤泥质土、粉质黏土、粉土、砂土、砾石、卵（碎）石等松散透水地基或填筑体内的防渗加固工程。即使对含有较多漂石或块石的地层，在进行现场高压喷射灌浆试验调整施工参数后，也能适用。同时，钻孔深度大、钻孔方向可调，高喷灌浆可以对特定部位、特定深度进行重点处理。所以几十年来，高喷灌浆技术逐渐在水利、交通、铁路、城建等行业得到推广应用。

针对工艺本身存在的造价较高、废浆浪费和环境污染等问题，工程技术人员开发了钻喷一体化技术，根据成孔工艺的不同，主要分为深搅高喷工艺和振孔高喷工艺两种。

（1）深搅高喷灌浆设备是在深层搅拌设备基础上改进而成的，因此具有强大的动力和设备自重，可以保证在砂卵石层中成功造孔。在成孔后，直接启用高喷灌浆系统，用高压水泥浆冲切搅拌地层，省去移机、提钻、重新下喷射管的工序，因此使工效大大提高，且减少了塌孔的可能。

（2）振孔高压旋喷灌浆是一种钻喷一体化的高喷灌浆技术，常采用二重管法，以大功率振动锤将高压喷射管快速振入地基，至设计高程，振孔同时在钻头喷射水泥浆护壁；而后匀速提升高压喷射管，同时喷射高压介质，进行高压喷射灌浆作业。

某工程振孔高喷灌浆施工参数如表 1-9 所示。

表 1-9　某工程振孔高喷灌浆施工参数表

项目＼参数	压力（MPa）	风量（m^3/min）	浆量（L/min）	提升速度（cm/min）	旋转速度（r/min）	浆液密度（g/cm^3）	喷嘴（个・mm）
气	0.7～1.2	1.5～3.0	—	15～20	15～25	——	2・2.9
浆	35～38	—	≥140	岩面上 20cm 及斜坡 1m 内为 5～10cm/min		1.4～1.45	

1.2　防渗墙技术

防渗墙是一种修建在松散透水地层或土石坝中起防渗作用的地下连续墙。防渗墙技术在 20 世纪 50 年代起源于欧洲，因其结构可靠、施工简单、适应各类地层条件、防渗效果好以及造价低等优点，现在国内外得到了广泛应用。

我国防渗墙施工技术的发展始于 1958 年，在此以前，我国在坝基处理方面对较浅的覆盖层大多采用大开挖后再回填黏土截水墙的办法。对于较深的覆盖层，采用大开挖的办法难以进行，因而采用水平防渗的处理办法，即在上游填筑黏土铺盖，下游坝脚设反滤排水及减压设施，用延长渗径和排水减压的办法控制渗流。这种处理办法虽可以保证坝基的渗流稳定，但局限性较大。

1959 年在山东省青岛市月子口水库，利用联锁桩柱法在砂砾石地基中首次建成了桩柱式防渗墙。1959 年在密云水库防渗墙施工中又摸索出一套槽形孔防渗墙的造孔施工方法，仅用七个月就修建了一道长 784.8m、深 44m、厚 0.8m、面积达 13 万平方米的槽孔式混凝土防渗墙。

几十年来，我国的防渗墙施工技术不断发展，现已成为水利水电工程覆盖层及土石围堰防渗处理的首选方案。

1.2.1　混凝土防渗墙特点

（1）适用范围较广：多种地质条件，如砂土、砂壤土、粉土以及直径小于 10mm 的卵砾石土层都可以做连续墙，对于岩石地层可以使用冲击钻成槽。

（2）实用性较强：广泛应用于水利水电、工业民用建筑、市政建设等各个领域。塑性混凝土防渗墙可以在江河、湖泊、水库堤坝中起到防渗加固作用；刚性混凝土连续墙可以在建筑、市政及地铁工程建设中起到挡土、承重作用。混凝土连续墙深可达 100 多米。三峡二期围堰轴线全长 1439.6m，最大高度 82.5m，最大填筑水深达 60m，最大挡水水头达 85m，防渗墙最大高度 74m。

（3）施工限制条件少：地下连续墙施工时噪声低、振动小，可在较复杂条件下施工，可昼夜施工，加快工程进度。

（4）质量可靠：地下连续墙技术自诞生以来有了较大快发展，在接头的连接技术上也有了很大进步，较好地完成了段与段之间的连接，其渗透系数可达到 10^{-7}cm/s 以下。如在工程中作为承重和挡土墙，可以做成刚度较大的钢筋混凝土连续墙。

（5）工程造价较低：10cm 厚的混凝土防渗墙造价约为 240 元/m²，40cm 厚的防渗墙造价约为 430 元 m²。

1.2.2　防渗墙的分类及适用条件

按结构型式防渗墙可分为：桩柱型、槽孔型和混合型三类防渗墙（图 1-8）。其中槽孔型防渗墙使用更为广泛。

按墙体材料防渗墙可分为：混凝土、黏土混凝土、钢筋混凝土、自凝灰浆、固化灰浆和少灰混凝土防渗墙等。

防渗墙的分类及其适用条件见表 1-10 所示。

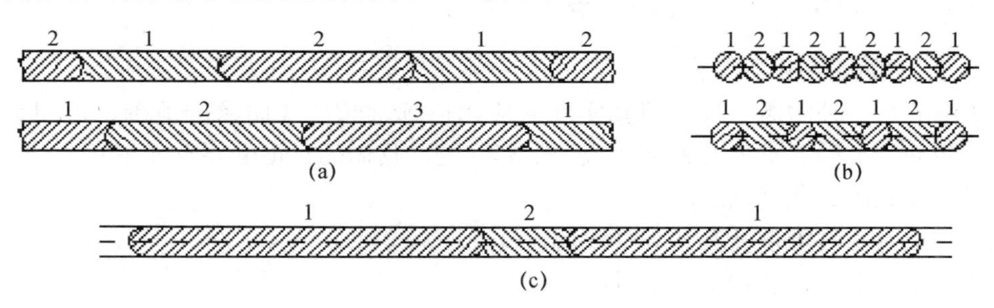

图 1-8　水工混凝土防渗墙的结构型式

（a）槽孔型防渗墙；（b）桩柱型防渗墙；（c）混合型防渗墙

1、2、3、4 为槽孔编号

表 1-10　防渗墙的类型及适用条件

防渗墙类型			特　点	适用条件
按结构型式分类	桩柱型	搭接	单孔钻进后浇筑混凝土建成桩柱，桩柱间搭接一定厚度成墙，不易塌孔。造孔精度要求高，搭接厚度不易保证，难以形成等厚度的墙体	各种地层，特别是深度较浅、成层复杂、容易塌孔的地层。多用于低水头工程
		连接	单号孔先钻进建成桩柱，双号孔用异形钻头和双反弧钻头钻进，可连接建成等厚度墙体，施工工艺机具较复杂，不易塌孔，单接缝多	各种地层，特殊条件下，多用于地层深度较大的工程
	槽孔（板）型		将防渗墙沿轴线方向分成一定长度的槽段，各槽段分期施工，槽段间卸料用不同联接型式连接成墙。接缝少，工效高，墙厚均匀，防渗效果好。措施不当易发生塌孔现象和不易保证墙体质量	采用不同机具，适用各种不同深度的地层
	板桩灌注型		打入特制钢板桩，提桩灌浆成墙，工效高，墙厚小，造价低	深度较浅的松软地层，低水头堤、闸、坝防渗处理

续表

防渗墙类型		特　点	适用条件
按墙体材料分类	混凝土	普通混凝土，抗压强度和弹性模量较高，抗渗性能好	一般工程
	黏土混凝土	抗渗性能好	一般工程
	钢筋混凝土	能承受较大的弯矩和应力	结构有特殊要求
	自凝灰浆	灰浆固壁、自凝成墙，或泥浆固壁然后向泥浆内掺加凝结材料成墙，强度低，弹性模量低，塑性好	多用于低水头或临时建筑物
	固化灰浆和少灰混凝土	利用开挖渣料，掺加黏土和少量水泥，采用岸坡倾灌法浇筑成墙	临时性工程，或有特殊要求的工程

1.2.3　防渗墙的作用与结构特点

1. 防渗墙的作用

防渗墙是一种防渗结构，但其实际的应用已远远超出了防渗的范围，可用来解决防渗、防冲、加固、承重及地下截流等工程问题。具体的运用主要有如下几个方面：

（1）控制闸、坝基础的渗流。

（2）控制土石围堰及其基础的渗流。

（3）防止泄水建筑物下游基础的冲刷。

（4）加固一些有病害的土石坝及堤防工程。

（5）作为一般水工建筑物基础的承重结构。

（6）拦截地下潜流，抬高地下水位，形成地下水库。

2. 防渗墙的构造特点

防渗墙的类型较多，但从其构造特点来说，主要是两类：槽孔（板）型防渗墙和桩柱型防渗墙。前者是我国水利水电工程中混凝土防渗墙的主要型式。防渗墙系垂直防渗措施，其立面布置有封闭式与悬挂式两种型式。封闭式防渗墙是指墙体插入基岩或相对不透水层一定深度，以实现全面截断渗流的目的。而悬挂式防渗墙，墙体只深入地层一定深度，仅能加长渗径，无法完全封闭渗流。对于高水头的坝体或重要的围堰，有时设置两道防渗墙，共同作用，按一定比例分担水头。这时应注意水头的合理分配，避免造成单道墙承受水头过大而破坏，这对另一道墙也是很危险的。

防渗墙的厚度主要由防渗要求、抗渗耐久性、墙体的应力与强度及施工设备等因素确定。其中，防渗墙的耐久性是指抵抗渗流侵蚀和化学溶蚀的性能，这两种破坏作用均与水力梯度有关。

不同的墙体材料具有不同的抗渗耐久性，其允许水力梯度值也就不同。如普通混凝土防渗墙的允许水力梯度值一般在80～100，而塑性混凝土因其抗化学溶蚀性能较好，可达300，水力梯度值一般在50～60。

3. 防渗性能

根据混凝土防渗墙深度、水头压力及地质条件的不同，混凝土防渗墙可以采用不同的厚度，从1.5～0.20m不等。在长江监利县南河口大堤用过的混凝土防渗墙深度为15～20m，墙体厚度为7.5cm。渗透系数$K<10^{-7}$cm/s，抗压强度大于1.0MPa。目前，塑性混凝土防渗墙越来越受到重视，它是在普通混凝土中加入黏土、膨润土等掺合料，大幅度降低水泥掺量而形成的一种新型塑性防渗墙体材料。塑性混凝土防渗墙因其弹性模量低，极限应变大，使得塑性混凝土防渗墙在荷载作用下，墙内应力和应变都很低，可提高墙体的安全性和耐久性，而且施工方便，节约水泥，降低工程成本，具有良好的变形和防渗性能。

有的工程对墙的耐久性进行了研究，粗略地计算防渗墙抗溶蚀的安全年限。根据已经建成的一些防渗墙统计，混凝土防渗墙实际承受的水力坡降可达100。如南谷洞土坝防渗墙水力坡降为91，毛家村土坝防渗墙为80～85，密云土坝防渗墙为80。对于较浅的混凝土防渗墙在承受低水头的情况下，可以使用薄墙，厚度为0.22～0.35m。

1.2.4　防渗墙的墙体材料

防渗墙的墙体材料，按其抗压强度和弹性模量，一般分为刚性材料和柔性材料。可据工程性质及技术经济比较后，选择合适的墙体材料。

刚性材料包括普通混凝土、黏土混凝土和掺粉煤灰混凝土等，其抗压强度大于5MPa，弹性模量大于10000MPa。柔性材料的抗压强度则小于5MPa，弹性模量小于10000MPa，包括塑性混凝土、自凝灰浆和固化灰浆等。另外，现在有些工程开始使用强度大于25MPa的高强混凝土，以适应高坝深基础对防渗墙的技术要求。

1. 普通混凝土

普通混凝土是指强度在7.5～20MPa，不加其他掺合料的高流动性混凝土。由于防渗墙的混凝土是在泥浆下浇筑，故要求混凝土能在自重下自行流动，并有抗离析与保持水分的性能。其坍落度一般为18～22cm，扩散度为34～38cm。

2. 黏土混凝土

在混凝土中掺入一定量的黏土（一般为总量的12%～20%），不仅可以节省水泥，还可以降低混凝土的弹性模量，改变其变形性能，增加其和易性，改善其易堵性。

3. 粉煤灰混凝土

在混凝土中掺加一定比例的粉煤灰，能改善混凝土的和易性，降低混凝土发热量，提高混凝土密实性和抗侵蚀性，并具有较高的后期强度。

4. 塑性混凝土

以黏土和（或）膨润土取代普通混凝土中的大部分水泥所形成的一种柔性墙体材料。

塑性混凝土与黏土混凝土有本质区别，因为后者的水泥用量降低并不多，掺黏土的主要目的是改善和易性，并未过多改变弹性模量。塑性混凝土的水泥用量仅为80～100kg/m³，使得其强度低，特别是弹性模量值低到与周围介质（基础）相接近，这时，墙体适应变形的能力大大提高，几乎不产生拉应力，减少了墙体出现开裂现象的可能性。

5. 自凝灰浆

自凝灰浆是在固壁浆液（以膨润土为主）中加入水泥和缓凝剂所制成的一种灰浆。

凝固前作为造孔用的固壁泥浆，槽孔造成后则自行凝固成墙。

6. 固化灰浆

在槽段造孔完成后，向固壁的泥浆中加入水泥等固化材料，砂子、粉煤灰等掺合料，水玻璃等外加剂，经机械搅拌或压缩空气搅拌后，凝固成墙体。

1.2.5 防渗墙的施工工艺

槽孔（板）型的防渗墙，是由一段段槽孔套接而成的地下墙。尽管在应用范围、构造型式和墙体材料等方面存在各种类型的防渗墙，但其施工程序与工艺是类似的，主要包括：①造孔前的准备工作；②泥浆固壁和泥浆系统；③造孔成槽；④终孔验收与清孔换浆；⑤墙体浇筑。

1. 造孔准备

造孔前准备工作是防渗墙施工的一个重要环节。

必须根据防渗墙的设计要求和槽孔长度的划分，作好槽孔的测量定位工作，并在此基础上设置导向槽。

导向槽的作用：导墙是控制防渗墙各项指标的基准，导墙和防渗墙的中心线必须一致，导墙宽度一般比防渗墙的宽度多3～5cm，它指示挖槽位置，为挖槽起导向作用；导墙竖向面的垂直度是决定防渗墙垂直度的首要条件，导墙顶部应平整，保证导向钢轨的架设和定位；导墙可防止槽壁顶部坍塌，保持泥浆压力，防止坍塌和阻止废浆脏水倒流入槽，保证地面土体稳定，在导墙之间每隔1～3m加设临时木支撑；导墙经常承受灌注混凝土的导管、钻机等静、动荷载，可以起到重物支承台的作用；维持稳定液面的作用，特别是地下水位很高的地段，为维持稳定液面，至少要高出地下水位1m；导墙内的空间有时可作为稳定液的贮藏槽。

导向槽可用木料、条石、灰拌土或混凝土制成。导向槽沿防渗墙轴线设在槽孔上方，其净宽一般等于或略大于防渗墙的设计厚度，高度以1.5～2.0m为宜。为了维持槽孔的稳定，要求导向槽底部高出地下水位0.5m以上。为了防止地表积水倒流和便于自流排浆，其顶部高程应比两侧地面略高。导向槽结构如图1-9所示。

钢筋混凝土导墙常用现场浇筑法。其施工顺序是：平整场地、测量位置、挖槽与处理弃土、绑扎钢筋、支模板、灌注混凝土、拆模板并设横撑、回填导墙外侧空隙并碾压密实。

导墙的施工接头位置，应与防渗墙的施工接头位置错开。另外还可设置插铁以保持导墙的连续性。

导向槽安设好后，在槽侧铺设造孔钻机的轨道，安装钻机，修筑运输道路，架设动力和照明路线以及供水供浆管路，作好排水排浆系统，并向槽内充灌泥浆，保持泥浆液面在槽顶以下30～50cm。做好这些准备工作以后，就可开始造孔。

2. 固壁泥浆和泥浆系统

在松散透水的地层和坝（堰）体内进行造孔成墙，如何维持槽孔孔壁的稳定是防渗墙施工的关键技术之一。工程实践表明，泥浆固壁是解决这类问题的主要方法。泥浆固壁的原理是：由于槽孔内的泥浆压力要高于地层的水压力，使泥浆渗入槽壁介质中，其中较细的颗粒进入空隙，较粗的颗粒附在孔壁上，形成泥皮。泥皮对地下水的流动形成阻力，使槽孔内的泥浆与地层被泥皮隔开。泥浆一般具有较大的密度，所产生的侧压力通过泥皮作用在孔壁上，就保证了槽壁的稳定。泥浆固壁原理如图 1-10 所示。

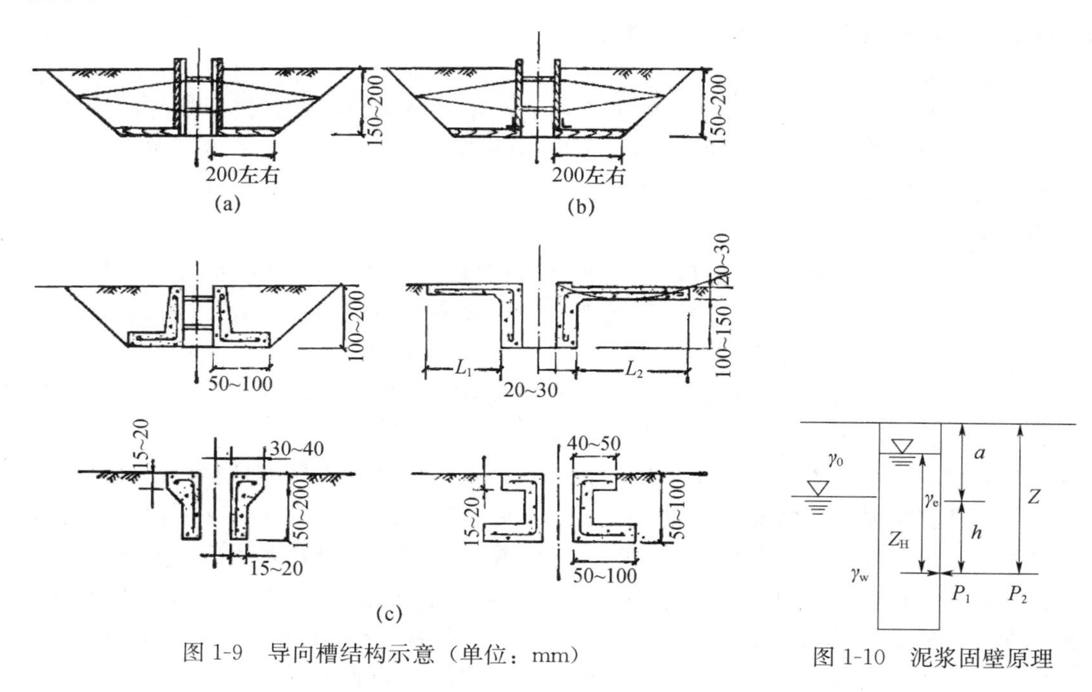

图 1-9　导向槽结构示意（单位：mm）

图 1-10　泥浆固壁原理

孔壁任一点土体侧向稳定的极限平衡条件为：

$$p_1 = p_2 \tag{1-4}$$

即

$$\gamma_e H = \gamma h + [\gamma_0 a + (\gamma_w - \gamma) h] K \tag{1-5}$$

其中：

$$K = \mathrm{tg}^2\left(45^0 - \frac{\varphi}{2}\right)$$

式中　p_1——泥浆压力，kN/m²；

p_2——地下水压力和土压力之和，kN/m²；

γ_e——为泥浆的重度，kN/m³；

γ——水的重度，kN/m³；

γ_0——土的干重度，kN/m³；

γ_w——土的饱和重度，kN/m³；

K——土的侧压力系数；

φ——土的内摩擦角，一般可取 $K=0.5$。

泥浆除了固壁作用外，在造孔过程中，还有悬浮和携带岩屑、冷却润滑钻头的作用；成墙以后，渗入孔壁的泥浆和胶结在孔壁的泥皮，还对防渗起辅助作用。由于泥浆的特殊重要性，在防渗墙施工中，国内外工程对于泥浆的制浆土料、配比以及质量控制等方面均有严格要求。

泥浆的制浆材料主要有膨润土、黏土、水以及改善泥浆性能的掺合料，如加重剂、增黏剂、分散剂和堵漏剂等。制浆材料通过搅拌机进行拌制，经筛网过滤后，放入专用储浆池备用。

我国根据大量的工程实践，提出制浆土料的基本要求是：黏粒含量大于50%，塑性指数大于20，含砂量小于5%，氧化硅与三氧化二铝含量的比值以3～4为宜。配制而成的泥浆，其性能指标应根据地层特性、造孔方法和泥浆用途等，通过试验选定。

3. 造孔成槽

造孔成槽工序约占防渗墙整个施工工期的一半。槽孔的精度直接影响防渗墙的质量。选择合适的造孔机具与挖槽方法对于提高施工质量、加快施工速度至关重要。混凝土防渗墙的发展和广泛应用，也是与造孔机具的发展和造孔挖槽技术的改进密切相关的。

用于防渗墙开挖槽孔的机具，主要有冲击钻机、回转钻机、钢绳抓斗及液压铣槽机等。它们的工作原理、适用的地层条件及工作效率有一定差别。对于复杂多样的地层，一般要多种机具配套使用。

进行造孔挖槽时，为了提高工效，通常要先划分槽段，然后在一个槽段内，划分主孔和副孔，采用钻劈法、钻抓法或分层钻进等方法成槽。

各种造孔挖槽的方法，均是采用泥浆固壁，在泥浆液面下钻挖成槽的。在造孔过程中，要严格按操作规程施工，防止掉钻、卡钻、埋钻等事故发生；必须经常注意泥浆液面的稳定，发现严重漏浆，要及时补充泥浆，采取有效的止漏措施；要定时测定泥浆的性能指标，并控制在允许范围以内；应及时排除废水、废浆、废渣，不允许在槽口两侧堆放重物，以免影响工作，甚至造成孔壁坍塌；要保持槽壁平直，保证孔位、孔斜、孔深、孔宽以及槽孔搭接厚度、嵌入基岩的深度等满足规定的要求，防止漏钻漏挖和欠钻欠挖。

4. 终孔验收和清孔换浆

终孔验收的项目和要求，见表1-11。验收合格方准进行清孔换浆，清孔换浆的目的是在混凝土浇筑前，对留在孔底的沉渣进行清除，换上新鲜泥浆，以保证混凝土和不透水地层连接的质量。清孔换浆应该达到的标准是：经过1h后，孔底淤积厚度不大于10cm，孔内泥浆密度不大于1.3，黏度不大于30s，含砂量不大于10%。一般要求清孔换浆以后4h内开始浇筑混凝土。如果不能按时浇筑，应采取措施，防止落淤，否则，在浇筑前要重新清孔换浆。

表1-11　防渗墙终孔验收项目及要求

终孔验收项目	终孔验收要求	终孔验收项目	终孔验收要求
槽位允许偏差	±3cm	一、二期槽孔搭接孔位中心偏差	≤1/3设计墙厚
槽宽要求	≥设计墙厚	槽孔水平断面上	没有梅花孔、小墙
槽孔孔斜	≤4‰	槽孔嵌入基岩深度	满足设计要求

5. 墙体浇筑

防渗墙的混凝土浇筑和一般混凝土浇筑不同，是在泥浆液面下进行的。泥浆下浇筑混凝土的主要特点是：

① 不允许泥浆与混凝土掺混形成泥浆夹层；

② 确保混凝土与基础以及一、二期混凝土之间的结合；

③ 连续浇筑，一气呵成。

泥浆下浇筑混凝土常用直升导管法。清孔合格后，立即下设钢筋笼、预埋管、导管和观测仪器。导管由若干节管径 20～25cm 的钢管连接而成，沿槽孔轴线布置，相邻导管的间距不宜大于 3.5m，一期槽孔两端的导管距端面以 1.0～1.5m 为宜，开浇时导管口距孔底 10～25cm，把导管固定在槽孔口。当孔底高差大于 25cm 时，导管中心应布置在该导管控制范围的最低处。这样布置导管，有利于全槽混凝土面的均衡上升，有利于一、二期混凝土的结合，并可防止混凝土与泥浆掺混。槽孔浇筑应严格遵循先深后浅的顺序，即从最深的导管开始，由深到浅一个一个导管依次开浇，待全槽混凝土面浇平以后，再全槽均衡上升。

每个导管开浇时，先下入导注塞，并在导管中灌入适量的水泥砂浆，准备好足够数量的混凝土，将导注塞压到导管底部，使管内泥浆挤出管外。然后将导管稍微上提，使导注塞浮出，一举将导管底端被泻出的砂浆和混凝土埋住，保证后续浇筑的混凝土不致与泥浆掺混。

在浇筑过程中，应保证连续供料，一气呵成；保持导管埋入混凝土的深度不小于 1m；维持全槽混凝土面均衡上升，上升速度不应小于 2m/h，高差控制在 0.5m 范围内。

混凝土上升到距孔口 10m 左右，常因沉淀砂浆含砂量大，稠度增浓，压差减小，增加浇筑困难。这时可用空气吸泥器，砂泵等抽排浓浆，以便浇筑顺利进行。

浇筑过程中应注意观测，做好混凝土面上升的记录，防止堵管、埋管、导管漏浆和泥浆掺混等事故的发生。

1.2.6　防渗墙的质量检查

对混凝土防渗墙的质量检查应按规范及设计要求进行，主要有如下几个方面：

(1) 槽孔的检查，包括几何尺寸和位置、钻孔偏斜、入岩深度等。

(2) 清孔检查，包括槽段接头、孔底淤积厚度、清孔质量等。

(3) 混凝土质量的检查，包括原材料、新拌料的性能、硬化后的物理力学性能等。

(4) 墙体的质量检测，主要通过钻孔取芯、超声波及地震透射层析成像（CT）技术等方法全面检查墙体的质量。

1.2.7　新型防渗墙墙体材料

防渗墙技术近年来发展的方向，主要是根据防渗性能和工程特点，在槽孔建造和墙体材料两个方面，取得突破。在墙体材料方面，自凝灰浆和固化灰浆技术日益成熟；槽孔建造方面，研发出了射水成槽技术、锯槽机技术、双轮铣技术和导杆式旋切成槽技术等。

自凝灰浆和固化灰浆都是以护壁泥浆为基本浆材，在泥浆中加入水泥等固化材料后凝固而成防渗墙墙体材料。所不同的是，自凝灰浆在制浆时就加入了固化材料和缓凝剂，在造孔挖槽时起护壁作用，在造孔结束后的一定时间内自行凝固成墙；而固化灰浆是在单槽造孔结束后才在护壁泥浆中加入固化材料。为了不影响造孔，对自凝灰浆的稠度有所限制，因此其密度和强度也相对较小。自凝灰浆和固化灰浆具有水泥土的性质。使用自凝灰浆和固化灰浆作为防渗墙墙体材料，省去或简化了浇筑工序，具有泥浆废弃少、墙段连接施工简便、接缝质量高、造价较低、便于拆除等优点。各种浆材性能比较见表1-12。

表1-12　防渗墙墙体材料性能比较

墙体材料种类	坍落度(cm)	扩散度(cm)	抗压强度(MPa)	弹性模量(MPa)	抗渗等级	渗透系数(cm/s)	允许渗透坡降	密度(g/cm^3)
普通混凝土	18～22	34～40	15.0～35.0	22000～31500	≥W8	$\leqslant 4.19\times10^{-9}$	150～250	2.4～2.5
黏土混凝土	18～22	34～40	7.0～12.0	14000～18000	W4～W8	$\leqslant 7.8\times10^{-9}$	80～150	2.3～2.4
塑性混凝土	18～22	34～40	1.5～5.0	300～2000	—	$n\times10^{-6}\sim n\times10^{-9}$	50～80	2.1～2.3
固化灰浆	—	—	0.3～1.0	50～200	—	$n\times10^{-6}\sim n\times10^{-8}$	30～50	1.4～1.7
自凝灰浆	—	—	0.1～0.5	10～50	—	$n\times10^{-6}\sim n\times10^{-7}$	20～30	1.3～1.4

1.2.7.1　自凝灰浆特性

自凝灰浆常用的配合比是：单位体积水泥用量不应小于100kg/m³，不宜大于300kg/m³，常用量为200～300kg/m³、膨润土的用量宜为40～60kg/m³、水850kg/m³左右，也可加掺合料（如砂、粉煤灰、石粉或磨细的高炉矿渣等）以调节自凝灰浆性能，缓凝剂一般采用糖蜜或木质素磺酸盐类材料，其品种和加量通过试验确定。

自凝灰浆凝固后的无侧限抗压强度为0.2～0.4MPa。当灰水比为0.2～0.4时，变形模量为40～300MPa，无侧限极限应变为0.6～1.0%；当侧限压力为0.1～0.3MPa时，极限应变为3～5%，这与土层和砂砾石层十分接近。自凝灰浆的渗透系数为$10^{-5}\sim10^{-7}$cm/s，破坏渗透比降大于200。

自凝灰浆在低水头堤、坝基础防渗工程和临时围堰防渗工程中应用较多。国外使用该种材料的最大墙深已达50m。

自凝灰浆还可用于配合装配式钢筋混凝土防渗墙和钢板桩防渗墙施工。即在槽孔完成后插入预制的墙板或钢板桩，墙板或钢板桩与槽壁之间的空隙由自凝灰浆所充填，使预制墙或钢板桩与地层紧密连接，预制墙板或钢板桩之间的接缝防渗也由自凝灰浆承担。

1.2.7.2　自凝灰浆施工

自凝灰浆先用于造孔护壁，然后自行凝固成墙；故要求造孔的速度较快，否则造孔工作尚未完成，槽内泥浆已开始凝固，造孔工作则无法继续进行。自凝灰浆一般采用“两步法”制备：

（1）第一步先按设计配合比用水、膨润土、分散剂（Na_2CO_3）制成膨润土泥浆，然后放入泥浆池溶胀12h后待用。

（2）第二步在泥浆中加入水泥、缓凝剂、掺合料等制成自凝灰浆原浆，供挖槽使用，随制随用，不应存放。膨润土浆及自凝灰浆原浆均宜用高速搅拌机拌制。

建造过程中应采用泥浆非循环法建造自凝灰浆防渗墙，槽孔施工设备宜选用抓斗、反铲等挖槽机械。自凝灰浆防渗墙成槽施工可采用连续成槽法或间断成槽法，无论采用何种方法，成槽施工应在该部位槽内灰浆初凝前完成。各槽段施工结束，静置24h后，应抽去泌水，补入新制灰浆。槽内浆体凝固后，应用厚度不小于0.3m的湿土覆盖墙顶。

1.2.7.3 固化灰浆特性

固化灰浆是在槽段造孔完毕后，向泥浆中加入水泥等固化材料，砂子、粉煤灰等掺合料，水玻璃等外加剂，经机械搅拌或压缩空气搅拌后形成的固结体

泥浆固化工艺有原位搅拌法和置换法。当采用原位搅拌法时，固化灰浆的密度宜为1.4～1.5g/cm³；当采用置换法时，固化灰浆的密度不宜小于1.7g/cm³。

配制固化灰浆的泥浆，漏斗黏度宜为38～58s（马氏漏斗黏度），密度应根据固化灰浆的配合比控制。固化灰浆单位体积的水泥用量不宜少于200kg/m³，水玻璃用量宜为35kg/m³左右，砂的用量不宜少于200kg/m³。新拌混合浆液失去流动性的时间不宜小于5h，固化时间不宜大于24h。

某工程用原位搅拌法施工的固化灰浆配合比见表1-13；置换法施工的固化灰浆配合比见表1-14。固化灰浆物理力学性能见表1-15。

表1-13 原位搅拌法固化灰浆配合比（kg/m³）

护壁泥浆	水泥	水	水玻璃	粉煤灰	砂	外加剂	泥浆（L）	备注
黏土浆	200	80.3	35	27	143	0.54	770	泥浆密度1.30g/cm³
膨润土浆	250	90.0	36	30	160	0.60	760	泥浆密度1.15g/cm³

表1-14 置换法固化灰浆配合比（kg/m³）

水泥	黏土	水	粉煤灰	砂	外加剂
160～200	60～200	400～600	40～60	500～800	适量

表1-15 固化灰浆物理力学性能

固化灰浆类型	密度（g/cm³）	抗压强度 R_{28}（MPa）	弹性模量 E_{28}（MPa）	变形模量 E_1（MPa）	渗透系数 K_{28}（cm/s）	抗剪强度	
						C（MPa）	φ（°）
黏土浆	1.4～1.7	0.5～1.0	80～500	50～200	10^{-7}～10^{-8}	0.12～0.21	30～40
膨润土浆	1.3～1.4	0.3～0.5	50～100	30～80	10^{-6}～10^{-7}	0.08～0.17	20～30

1.2.7.4 固化灰浆施工

固化材料加入槽孔前，应将槽孔内的泥浆搅拌均匀。水泥宜与砂搅拌成水泥砂浆加入，水泥砂浆的密度不宜小于1.7g/cm³。原位搅拌可根据密度要求采用气拌、机械搅拌等方法。当采用气拌方法时，空压机的风压应不小于最大浆柱压力的1.5倍。每根风管均应下到槽孔底部，风管底部应安装水平出风花管。加料应在2h内结束，中途不应停风，加料结束后应继续气拌至少30min。槽孔内混合浆液固化后，应用厚度不小于0.3m的湿土覆盖墙顶。

1.2.8 双轮铣成槽技术

1.2.8.1 工作原理

双轮铣设备的成槽原理是通过液压系统驱动下部两个轮轴转动，水平切削、破碎

地层，采用反循环出渣（见图 1-11）。双轮铣设备主要由三部分组成：起重设备、铣槽机、泥浆制备及筛分系统等。铣槽时，两个铣轮低速转动，方向相反，其铣齿将地层围岩铣削破碎，中间液压马达驱动泥浆泵，通过铣轮中间的吸砂口将钻掘出的岩渣与泥浆混合物排到地面泥浆站进行集中除砂处理、然后将净化后的泥浆返回槽段内，如此往复循环，直至终孔成槽。在地面通过传感器控制液压千斤顶系统伸出或缩回导向板、纠偏板，调整铣头的姿态，并调慢铣头下降速度，从而有效地控制了槽孔的垂直度。

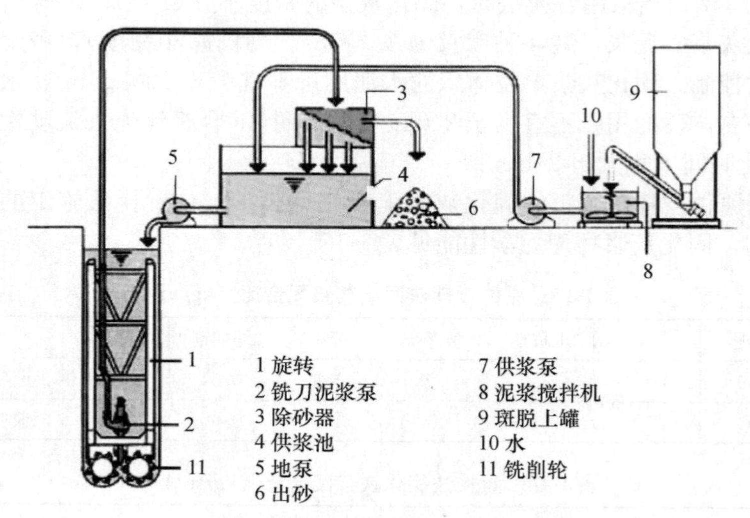

图 1-11　双轮铣成槽技术工作原理

1.2.8.2　主要优缺点

1. 双轮铣成槽技术的优点

（1）对地层适应性强，从软土到岩石地层均可实施切削搅拌，更换不同类型的刀具即可在淤泥、砂、砾石、卵石及中硬强度的岩石、混凝土中开挖。

（2）钻进效率高。在松散地层中钻进效率 20～40m^3/h，双轮铣设备施工进度与传统的抓槽机和冲孔机在土层、砂层等软弱地层中大约为抓槽机的 2～3 倍；在微风岩层中可达到冲孔成槽效率的 20 倍以上，同时也可以在岩石中成槽。

（3）孔形规则（墙体垂直度可控制在 3‰以下）。

（4）运转灵活，操作方便。

（5）排渣同时即清孔换浆，减少了混凝土浇筑准备时间。

（6）低噪声、低振动，可以贴近建筑物施工。

（7）设备成桩深度大，远大于常规设备。

（8）设备成桩尺寸、深度、灌浆量、垂直度等参数控制精度高，可保证施工质量，工艺没有“冷缝”，可实现无缝连接，形成无缝墙体。

2. 局限性

（1）不适用于存在孤石、较大卵石等地层，此种地层下需和冲击钻或爆破配合使用。

(2) 受设备限制连续墙槽段划分不灵活，尤其是二期槽段。

(3) 设备维护复杂且费用高。

(4) 设备自重较大对场地硬化条件要求较传统设备高。

1.2.8.3　施工准备

(1) 测量放样：施工前使用 GPS 放样防渗墙轴线，然后延轴线向两侧分别引出桩点，便于机械移动施工。

(2) 机械设备：主要施工机械有双轮铣、水泥罐、空气压缩机、制浆设备及挖掘机等。

(3) 施工材料：水泥选用强度等级为 42.5 级的矿渣水泥。进场水泥必须具备出厂合格证，并经现场取样送试验室复检合格，水泥罐储量要充分满足施工需要。

(4) 施工供水、供电等。

1.2.8.4　施工工艺

工艺流程包括清场备料、放样接高、安装调试、开沟铺板、移机定位、铣削掘进搅拌、浆液制备、输送、铣体混合输送等、回转提升、成墙移机等。施工工艺如图 1-12 所示。

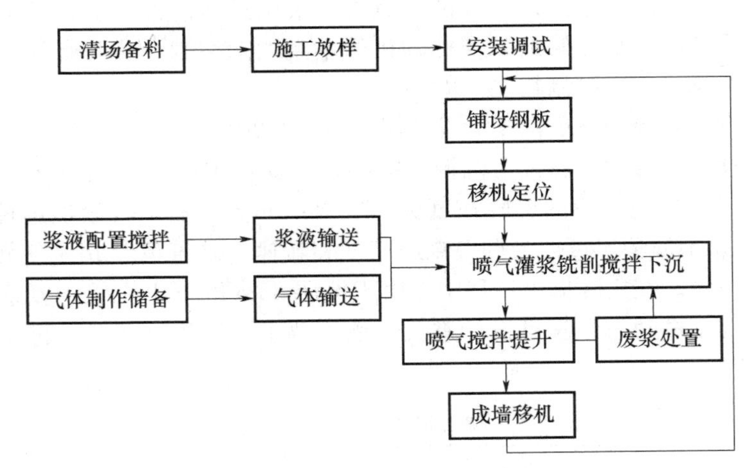

图 1-12　双轮铣施工工艺流程

1.2.8.5　造墙方式

液压双轮铣槽机和传统深层搅拌的技术特点相结合，在掘进灌浆、供气、铣、削和搅拌的过程中，四个铣轮相对相向旋转，铣削地层；同时通过矩形方管施加向下的推进力进行掘进切削。在此过程中，通过供气、灌浆系统同时向槽内分别注入高压气体、固化剂和添加剂（一般为水泥和膨润土），直至达到设备要求的深度。此后，四个铣轮作相反方向相向旋转，通过矩形方管慢慢提起铣轮，并通过供气、灌浆管路系统再向槽内分别注入气体和固化液，并与槽内的基土相混合，从而形成由基土、固化剂、水、添加剂等形成的水泥土混合物的固化体，成为等厚水泥土连续墙。幅间连接为完全铣削结合，第二幅与第一幅搭接长度为 20～30cm，接合面无冷缝。造墙方式如图 1-13所示。

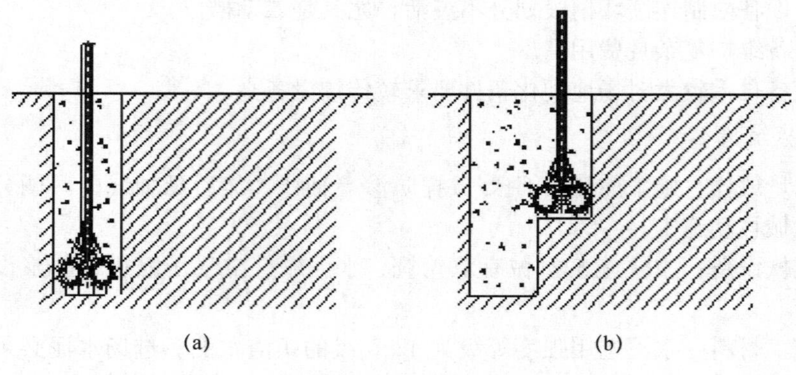

图 1-13　造墙方式

(a) 第一幅施工程序；(b) 第二幅施工程序

1.2.8.6　造墙管理

(1) 铣头定位：根据不同的地质情况选用适合该地层的铣头，随后将双轮铣机的铣头定位于墙体中心线和每幅标线上。

(2) 垂直的精度：对于矩形方管的垂直度，采用经纬仪作三支点桩架垂直度的初始零点校准，由支撑矩形方管的三支点辅机的垂直度来控制，从而有效地控制槽形的垂直度。其墙体垂直度可控制在3‰以内；

(3) 铣削深度：控制铣削深度为设计深度的±0.2m。

(4) 铣削速度：开动双轮铣主机掘进搅拌，并徐徐下降铣头与基土接触，按设计要求灌浆、供气。控制铣轮的旋转速度为22～26r/min左右，一般铣进控速为0.4～1.5m/min。根据地质情况可适当调整掘进速度和转速，以避免形成真空负压，孔壁坍陷，造成墙体空隙。在实际掘进过程中，由于地层35m以下土质较为复杂，需要进行多次上提和下沉掘进动作，满足设计进尺及灌浆要求。搅拌时间及钻进、提升关系如图1-14所示。

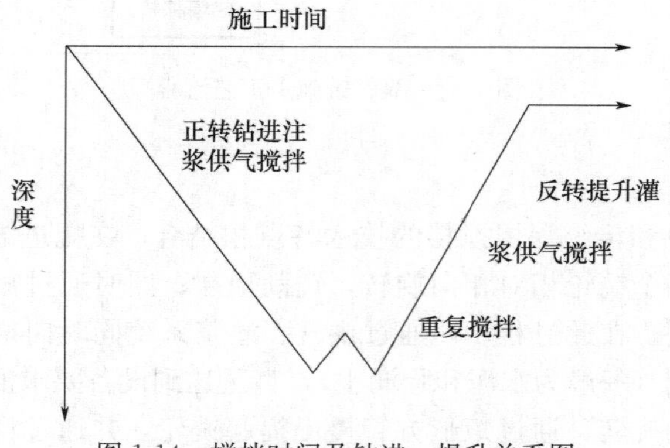

图 1-14　搅拌时间及钻进、提升关系图

(5) 灌浆：制浆桶制备的浆液放入储浆桶，经送浆泵和管道送入移动车尾部的储浆桶，再由灌浆泵经管路送至挖掘头。灌浆量的大小由装在操作台的无级电机调速器和自动瞬时流速计及累计流量计监控；一般根据钻进尺速度与掘削量在100～350L/

min内调整。在掘进过程中按设计要求进行一、二次灌浆，灌浆压力一般为2.0～3.0MPa。若中途出现堵管、断浆等现象，应立即停泵，查找原因进行修理，待故障排除后再掘进搅拌。当因故停机超过半小时时，应对泵体和输浆管路妥善清洗。

(6) 供气：由装在移动车尾部的空气压缩机制成的气体经管路压至钻头，其量大小由手动阀和气压表配给；全程气体不得间断；控制气体压力为0.3～0.7MPa左右。

(7) 成墙厚度：为保证成墙厚度，应根据铣头刀片磨损情况定期测量刀片外径，当磨损达到1cm时必须对刀片进行修复。

(8) 墙体均匀度：为确保墙体质量，应严格控制掘进过程中的灌浆均匀性以及由气体升扬置换墙体混合物的沸腾状态。

(9) 墙体连接：每幅间墙体的连接是地下连续墙施工最关键的一道工序，必须保证充分搭接。液压铣削施工工艺形成矩形槽段，在施工时严格控制墙（桩）位并做出标识，确保搭接在30cm左右，以达到墙体整体连续作业；严格与轴线平行移动，以确保墙体平面的平整（顺）度。

(10) 水泥掺入比：水泥掺入量控制在20%左右，一般为下沉空搅部分占有效墙体部位总水泥量的70%左右。

(11) 水灰比：下沉过程水灰比一般控制在1.4：1.5左右；提升过程水灰比为1。

(12) 浆液配制：浆液不能发生离析，水泥浆液严格按预定配合比制作，用密度计或其他检测手法量测控制浆液的质量。为防止浆液离析，放浆前必须搅拌30s再倒入存浆桶；浆液性能试验的内容为密度、黏度、稳定性，初凝、终凝时间。凝固体的物理性能试验为抗压强度、抗折强度。现场质检员对水泥浆液进行密度检验，监督浆液质量及存放时间，水泥浆液随配随用，搅拌机和料斗中的水泥浆液应不断搅动。施工水泥浆液严格过滤，在灰浆搅拌机与集料斗之间设置过滤网。

(13) 特殊情况处理：供浆必须连续。一旦中断，将铣削头掘进至停供点以下0.5m（因铣削能力远大于成墙体的强度），待恢复供浆时再提升1～2m复搅成墙。当因故停机超过30min时，应对泵体和输浆管进行路妥善清洗。当遇地下构筑物时，用采取高喷灌浆对构筑物周边及上下地层进行封闭处理。

(14) 施工记录与要求：及时填写现场施工记录，每掘进1幅位记录一次该时刻的浆液密度、下沉时间、供浆量、供气压力、垂直度及桩位偏差。

(15) 出泥量的管理：当提升铣削刀具离开基面时，将置存于储留沟中的水泥土混合物导回，以补充填墙料之不足。多余混合物待干硬后外运至指定地点堆放。

1.2.9 导杆式旋切成槽技术

1.2.9.1 设备组成

导杆式旋切成槽机由机台、动力头、导杆、切削成槽系统、浆液循环系统五部分组成。①机台：由导轨、钢结构平台、履带行走及牵引卷扬等构成。②动力头：由大功率调频电机、减速机及操作系统构成。③导杆：双管单动组合导杆，外层为矩形管，内层为厚壁无缝钢管，内管与减速机转轴连接。④切削成槽系统：包括成槽器和无岩心钻头（交替布置)。⑤浆液循环系统：由大流量泥浆泵、管路等组成。详见图1-15。

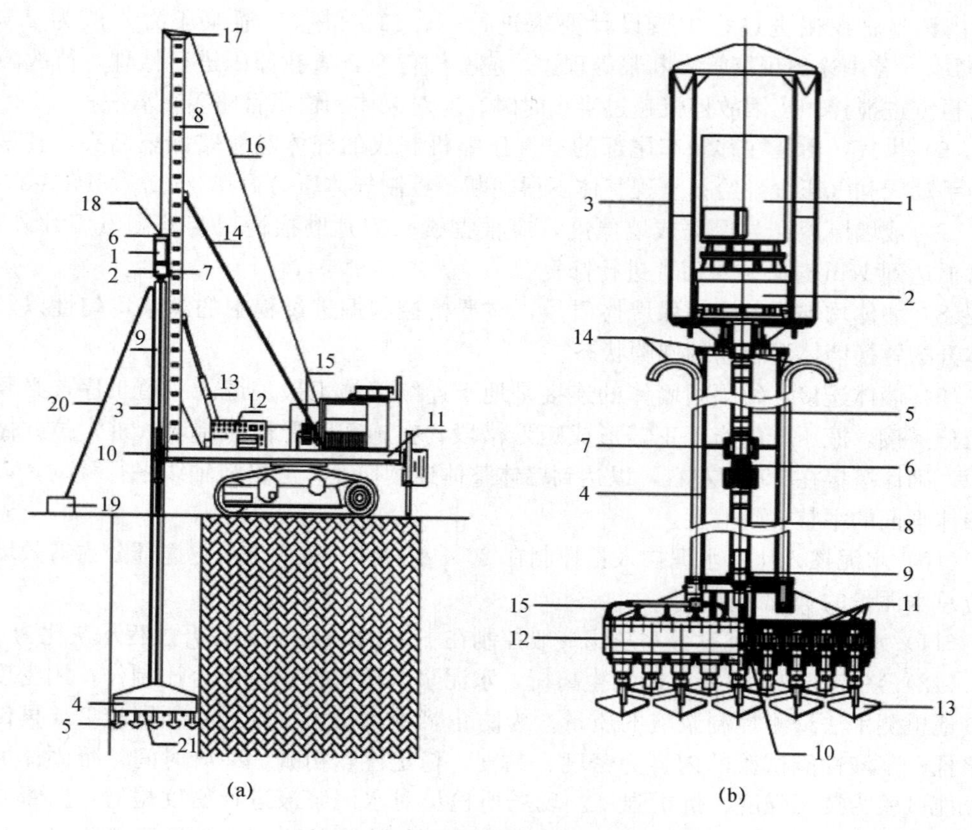

图 1-15　导杆式旋切成槽机设备示意

（a）设备组成；（b）成槽系统

（a）中：1—变频调速电机；2—减速机；3—钻杆；4—钻具箱；5—无岩芯钻头群；6—动力头机架；7—滑套；8—桅杆；9—导杆；10—井口装置；11—机台；12—液压泵站；13—液压支撑；14—钢撑杆；15—卷扬机；16—钢丝绳；17—定滑轮；18—钢丝绳挂点；19—泥浆泵；20—浆液管道；21—喷浆口

（b）中：1—电机；2—减速机；3—动力头机架；4—导杆；5—钻杆 1；6—连接件 1；7—钻杆限位器；8—钻杆 2；9—连接件 2；10—主动齿轮；11—从动齿轮；12—钻具箱；13—无岩芯钻头；14—浆液管路 1；15—浆液分离管。

1.2.9.2　施工工艺

导杆式旋切成槽机采用导杆定位给进，多轴竖向旋切开槽，由动力头、导杆、成槽器、泥浆泵组成开槽系统。动力头通过内置于导杆内的钻杆提供扭矩给成槽器，带动无岩心钻头组转动。泥浆泵通过浆液管道、槽孔形成浆液循环，用于护壁和排除钻渣。导杆沿开槽机机架竖向运动，对成槽器进行定向、加压、提升，最终形成规则的槽孔。该设备成槽宽度在 20～40cm 之间，单回次开槽长度 1.8～3.4m，垂直度小于 5‰。

（1）成槽器型式：箱体长 3.3m，宽 25cm，箱体端部上下交替设置直径为 360mm、315mm 的 V 形无芯钻头各 1 排，间距 190mm，共计 17 组钻头。动力经减速机、钻杆、齿轮箱传递至钻头组，转速控制在 100～150r/min，槽型见图 1-16。

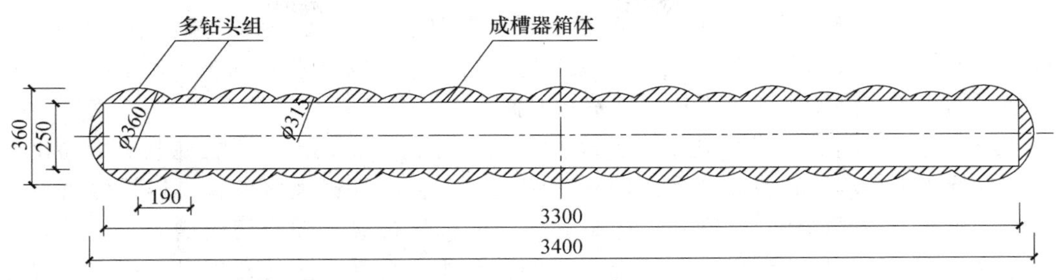

图1-16　成槽示意

为防范槽壁坍塌以及清孔换浆，优先选用膨润土固壁泥浆，制备膨润土需经溶胀12h后方可经强制式灰浆搅拌机制浆，固壁泥浆配比采用膨润土：水＝0.2：1（质量比），泥浆密度控制在1.15～1.25g/cm³范围内。

（2）槽段划分与接头处理：槽段划分为Ⅰ、Ⅱ期槽分序进行施工，槽孔长由成槽器的长度确定，采用单孔一次成槽。二期槽孔施工时，采用"套打法"与Ⅰ期槽段连接，即二期槽对一期槽墙体接头部位进行铣削套打，搭接长度为20cm。套打接头时，为保证接头质量，接头侧灌浆管采用侧喷形式洗刷接缝处，保证Ⅰ、Ⅱ期槽段连接良好。Ⅰ、Ⅱ期槽段施工时间间隔不应小于48h，不宜大于120h。

（3）清孔：槽段开挖至设计深度后，即进行清孔换浆。一般采用正循环清孔，清孔换浆时间不小于20min。清孔换浆质量标准：槽底沉渣厚度≤100mm。槽内泥浆密度控制在1.25～1.35g/cm³间，利用泥浆密度计进行指标控制。

（4）灰浆灌注：每槽段灰浆连续灌注，固化灰浆灌注量应满足计算要求。灌注灰浆完成后，孔口设置盖板，防止杂物散落到槽孔内。在灰浆浇筑时，认真做好测量、观察记录。

水泥浆搅拌、输送：将比例为0.8：1的水泥与水进行搅拌之后利用泥浆泵将水泥浆输送至待灌机台处的储浆罐。

灌注：成槽机台泥浆泵的吸浆管切换至水泥浆罐，将成槽器下至设计深度，利用开槽的循环管路把水泥浆输送至槽底，边搅拌边提升钻具，灌浆过程中钻具箱出浆口埋入固化灰浆浆液中的最小深度不宜小于2m，则成槽器下至设计深度后应开泵保持灌注1～2min，待槽底固化浆液面上升并满足最小埋入深度后，再缓慢提升钻具，钻具提升速度应控制在1.5m/min。原位机械搅拌转速控制在50～100r/min，灌浆泵流量控制在800L/min。

（5）泌水后补浆：槽孔内固化灰浆经过泌水沉淀后，排出孔口泌水，进行补浆。补浆时间不宜大于6h。补充浆液拌制与固化灰浆拌制要求相同。补浆完成后须用0.3m厚湿土覆盖槽孔。

1.2.9.3　技术特点

（1）设备购置费用低、场地条件要求低，综合施工单价低。导杆式旋切成槽机全套设备购置费用仅为进口和国产液压抓斗成槽主机购置费用的1/5～1/4；此外，成槽机配套附属设备少，场地条件要求低、配套临建工程量小，其综合施工单价比目前采用液压抓斗工法的施工单价降低20%～40%，具有更好的价格竞争优势。

(2) 依靠成槽装置自重和钻头组旋切共同作用成槽，施工相对简单，地层扰动小、槽孔稳定性好。采用多轴竖向旋切成槽工艺，相比抓切成槽来说对地层扰动小，有利于槽孔的稳定，降低了发生塌槽埋钻事故的概率。

(3) 浇筑材料选择多样化、工效高。该工法可浇筑混凝土、塑性混凝土、固化灰浆、自凝灰浆等墙体材料。若采用固化灰浆浇筑工艺，其最大特点就是连续墙可一次成槽、成墙，相邻两槽孔之间省去接头管插拔的衔接过渡，即旋切成槽后，通过导杆内导管向槽底注入固化浆液，开槽器前端的钻头组边旋转、边缓慢提升，将固化浆液与槽内泥浆进行充分掺搅形成水泥固化凝结体，施工简单，工效得到明显提升。在相同条件下施工，采用导杆式旋切成槽工艺的连续墙比采用液压抓斗工期缩短10%～20%。

1.2.9.4 适用范围

该工法主要适用于粉土、粉砂、砂壤土、壤土、黏土等粒径≤60mm的第四系覆盖层，目前最大施工深度30m。可满足防渗墙入岩深度要求（胶结砾岩、风化岩、砂岩、泥岩等）。

1.2.9.5 防渗效果检测

参照防渗墙施工检测程序和要求进行。

1.2.10 其他浅槽孔薄壁成槽技术

1.2.10.1 射水成槽机

为适应堤防防渗工程的需要，近年来我国开发了多种施工浅槽孔薄防渗墙的钻孔机械。该机以高压射水冲击破坏土体，土渣与水混合回流溢出地面，或反循环抽出，经矩形成槽箱修整后形成槽孔。造孔过程中采用自然泥浆固壁，成槽后用直升导管法浇筑混凝土成墙。射水成槽机主要由正反循环泵组、成型器和拌和浇筑机组成。它的构造见图1-17，其技术性能各厂家的产品略有不同。该机主要适用粒径不大于10cm的细颗粒地层，其成墙深度不超过30m、厚度不超过0.5m、垂直偏差小于1/300。一般工效为100～120m^2/台日，高峰时可达150～200m^2/台日。

1.2.10.2 锯槽机

锯槽机是通过锯管的上下往复运动，以锯齿取土，形成连续的沟槽，再浇筑墙体材料成墙，见图1-18。该种机械适宜于含少量砾石，最大粒径不大于80mm、标贯击数N不大于30的地层，以及对墙底高程无严格要求的悬挂式帷幕。当槽底有起伏不平的岩面、陡坡时，施工难度大。

锯管上下运动的频率决定锯槽机工作的平稳性和锯槽效率。根据经验，锯管运动的频率以25～30次/min为宜。锯槽机适宜的施工深度为15～30m，最大成槽深度50m，成槽宽度为0.1～0.4m。在20m以内借助辅助的推力装置可以取得较快的锯进效果，一般锯槽效率为120～360m^2/台日。

锯槽成墙所用的材料一般为固化灰浆，便于实现连续施工。

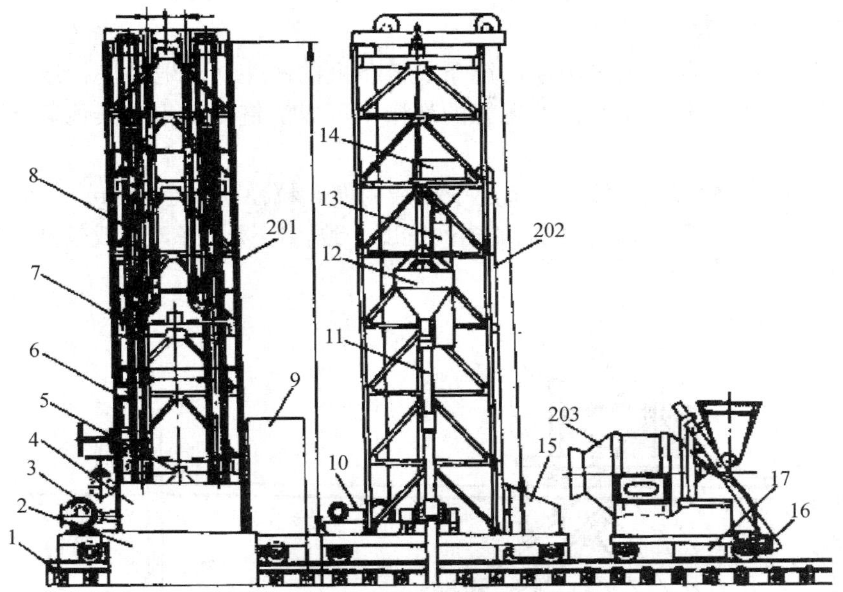

图 1-17　射水法造墙机的主要构造

1—铁轨枕木；2—护筒；3—8sh-P 水泵；4—成形器；5—22kW 卷扬机；
6—上水管；7—机械手；8—下水管；9—配电柜；10—7.5kW 卷扬机；
11—混凝土导管；12—混凝土下料斗；13—混凝土斜槽；14—混凝土接料斗；
15—混凝土料桶；16—行走轮；17—混凝土搅拌机水箱；201—造孔机；
202—混凝土浇筑机；203—混凝土搅拌机

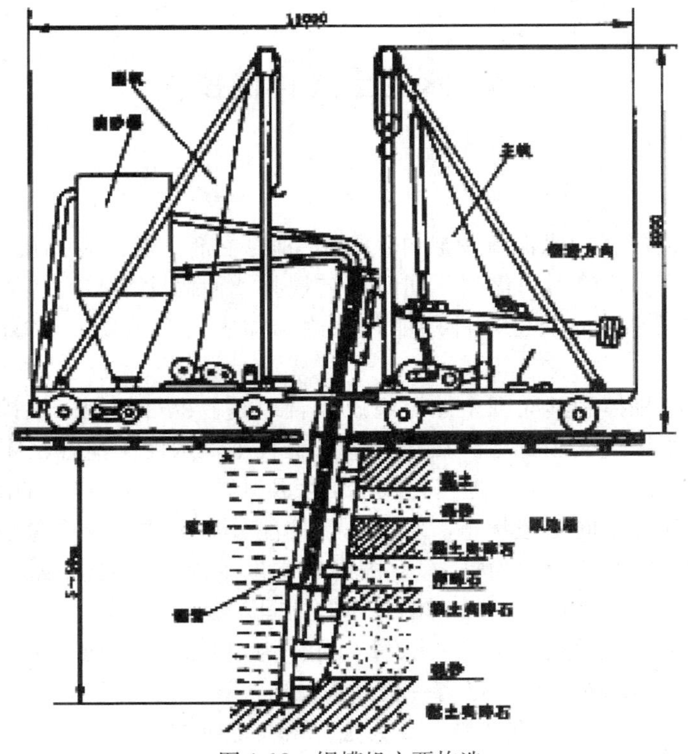

图 1-18　锯槽机主要构造

1.2.10.3　链斗式挖槽机

悬臂式链斗挖槽机是通过串联的链条及链条上的链斗，对地层进行连续挖掘和排出钻渣，形成沟槽，见图1-19。挖掘好的沟槽中可以浇筑混凝土或其他墙体材料，也可以铺设土工膜。

该设备适于在砂壤土中施工，土层中夹杂的卵石粒径应小于130mm。其最大挖槽深度12m，槽宽0.15～0.3m。挖掘的槽孔宽度一致，连续性好，工效较高，平均工效450～600m²/d。

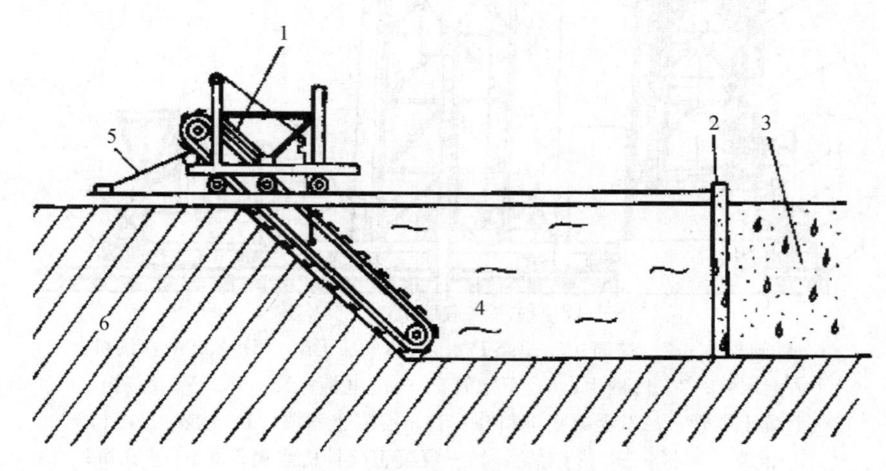

图1-19　链斗式挖槽机施工示意

1—链斗式挖槽机；2—隔离膜袋；3—已浇筑混凝土；4—正挖槽的槽孔；5—牵引绳；6—地层

1.3　水泥土搅拌桩技术

1.3.1　概述

水泥土搅拌桩是利用水泥等材料作为固化剂的主剂，通过专用的深层搅拌机械，在地基土中边钻进、边喷射固化剂，同时旋转搅拌，使固化剂与土体充分拌和，形成具有整体性的水泥土（或灰土）桩柱体，以达到加固地基或防止渗漏的目的的工程措施。

水泥土搅拌桩柱体和其周围土体可组成复合地基，也可相割搭接排成一列形成连续墙体，还可相割搭接成多排墙。在水利水电工程中，水泥土搅拌法主要用于水工建筑物地基加固，形成建筑物复合地基，或在堤坝及其地基中形成连续的防渗墙等。

⑴按使用水泥的不同物理状态，水泥土搅拌法分为湿法（或称深层搅拌法）和干法（或称水泥粉体喷搅法或粉喷桩法）。国内通常以水泥土深层搅拌桩应用较为广泛，粉喷桩法则常应用于含水量大于30％的土体的加固。

⑵按深层搅拌机械单机的搅拌头数量，可分为单头、双头和多头深层搅拌桩。目前国内一机可以多至六头，国外已有一机八头。

⑶根据桩体内是否有加筋材料，分为加筋和非加筋桩。加筋材料一般采用毛竹、

钢筋或轻型角钢等，以增强其抗弯强度。逐渐在国内推广的日本 SMW 工法，主要是在水泥土深层搅拌桩中插入 H 型钢。

深层搅拌形成的桩体的直径一般为 200～800mm，形成的连续墙的厚度一般为 120～300mm。其加固深度一般大于 5.0m，国内最大加固深度已达 27m，国外最大加固深度可达 60m。

1.3.2　加固机理

土体中喷入水泥浆再经搅拌拌和后，水泥和土主要产生如下物理化学反应：①水泥的水解和水化反应；②离子交换与团粒化反应；③硬凝反应；④碳酸化反应。一般说来，水化反应减少了软土中的含水量，增加了颗粒之间的粘结力；离子交换与团粒化作用可以形成坚固的联合体；硬凝反应又能增加水泥土的强度和足够的水稳定性；碳酸化反应还能进一步提高水泥土的强度。

在水泥土浆被搅拌达到流态的情况下，若保持孔口微微翻浆，则可形成密实的水泥土桩，同时水泥土浆在自重作用下可渗透填充被加固土体周围一定距离土层中的裂隙，在土层中形成大于搅拌桩径的影响区。

1.3.3　适用范围

深层搅拌法适合于加固淤泥、淤泥质土和含水量较高而地基承载力小于 140kPa 的黏性土、粉质黏土、粉土、砂土等软土地基。当土中含高岭石、多水高岭石、蒙脱石等矿物时，可取得最佳加固效果；当土中含伊利石、氯化物和水铝英石等矿物时，或土的原始抗剪强度小于 20～30kPa 时，加固效果较差。当用于泥炭土或土中有机质含量较高，酸碱度较低（pH 值<7）及地下水有侵蚀性时，宜通过先期试验确定其适用性。当地表杂填土厚度大且含直径大于 100mm 的石块或其他障碍物时，应将其清除后，再进行深层搅拌。

深层搅拌法由于对地基具有加固、支承、止水等多种功能，用途十分广泛，例如：加固软土地基，以形成复合地基而支承水工建筑物、结构物基础；作为泵站、水闸等的深基坑和地下管道沟槽开挖的围护结构，同时还可作为防渗帷幕；当在搅拌桩中插入型钢作为围护结构时，可加大基坑开挖深度；另外，也可用于稳定边坡、河岸、桥台或高填方路堤，以及作为堤坝防渗墙等。

水泥土搅拌桩施工进度和质量不受地下水位的影响。从浆液搅拌混合后形成"复合土"的物理性质分析，这种复合土属于"柔性"材料，从防渗墙的开挖过程还可以看到，防渗墙与原地基土无明显的分界面，形成的水泥土桩与周边土胶结良好。因而，目前防洪堤的垂直防渗处理，在墙身高度不大于 18m 的条件下可优先选用深层搅拌桩水泥土防渗墙。近年来，多头小直径深层搅拌桩机的问世，使防渗墙的施工厚度变为 8～45cm，该工艺在江苏、湖北、江西、山东、福建等省广泛应用，并已取得较好的社会效益。

此外，水泥土搅拌桩施工时无振动、无噪声、无污染、一般不引起土体隆起或侧面挤出，因此对环境的适应性较强。

1.3.4 施工机具

目前，国内常用的深层搅拌桩机分为动力头式及转盘式两大类。动力头式深层搅拌桩机可采用液压马达或机械式电动机减速器驱动。这类搅拌桩机主电机悬吊在机架上，重心高，必须配有足够重量的底盘。另一方面，由于主电机与搅拌钻具连成一体，钻具重量较大，因此可以不必配备钻进加压装置。转盘式深层搅拌桩机多采用大口径转盘，配置步履式底盘，主机安装在底盘上，安有链轮、链条加压装置。其主要优点是：重心低、比较稳定，钻进及提升速度易于控制。

动力头式深层搅拌桩机，国内已经开发出动力头式单头和双头深层搅拌桩机，主要用于施工复合地基中的水泥土桩。

转盘式深层搅拌桩机，国内已经开发出转盘式单头和多头（三头、四头、五头和六头）深层搅拌桩机。单头深层搅拌桩机主要用于施工复合地基中的水泥土桩，多头深层搅拌桩机主要用于施工水泥土防渗墙。

1.3.4.1 BJS 型三钻头小直径深层搅拌桩机

BJS 型三钻头小直径深层搅拌桩机（图 1-20），钻头直径为 200～450mm。主要用于江河、湖泊及水库堤坝截渗工程。主要技术参数见表 1-16。

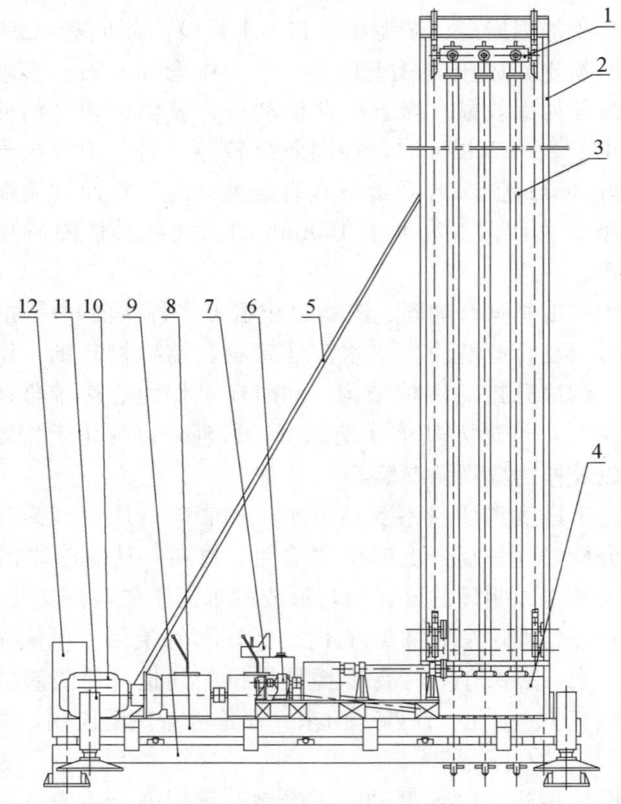

图 1-20　BJS 型多头小直径深层搅拌桩机示意

1—水龙头；2—立架；3—钻杆；4—主变速箱；5—稳定杆；6—离合操纵；7—操作台；8—上车架；9—下车架；10—电动机；11—支腿；12—电控柜；

表 1-16　BJS 型深层搅拌机械技术参数表

机型		BJS-12.5B	BJS-15B	BJS-18B
搅拌装置	搅拌轴规格（mm）	108×108	114×114	120×120
	搅拌轴数量（个）	3	3	3
	搅拌叶片外径（mm）	200～300	200～400	200～450
	搅拌轴转数（r/min）（正反）	20、34、59、95	20、34、59、95	20、34、59、95
	最大扭矩（kN・m）	18	21	25
	电机功率（kW）	45	55	60
起吊设备	提升能力（kN）	105	115	155
	提升高度（m）	14	17	20
	升降速度（m/min）	0.32～1.55	0.32～1.55	0.32～1.55
	接地压力（kPa）	40	40	40
制浆系统	制浆机容量（L）	300	300	300
	储浆罐容量（L）	800	800	800
	BW150 灰浆泵量（L/min）	11～50	11～50	11～50
	灰浆泵工作压力（kPa）	1000～2000	1000～2000	1000～2000
生产能力	加固一单元墙长（m）	1.35	1.35	1.35
	最大加固深度（m）	12.5	15	18.0
	效率（m^2/台班）	100～150	100～150	100～150
质量（kg）		14.8	16.5	19.5

1.3.4.2　ZCJ 型多头深层搅拌桩机

该机可为 3～6 头，主要优点是一次可形成一个防渗墙单元墙段。钻杆间中心距为 30cm，钻杆之间带有联锁装置，解决了 BJS 型桩机在较大施工深度时可能产生的搭接错位问题。ZCJ 型多头深层搅拌桩机结构如图 1-21。

各部件作用如下：

（1）水龙头：水泥浆经水龙头进入钻杆。

（2）滑板：沿桅杆两侧的滑道带动钻杆上升、下降。

（3）立柱：提升机构的支撑点，两侧为滑板组的滑道。

（4）钻杆：用于钻进和浆液通道。

（5）液压马达：升降钢丝绳组。

（6）深度仪标尺：每格间距 0.1m，钻杆上升、下降，升降度量仪自动积累。

（7）支腿油缸：桩机的四只支腿伸缩。

（8）上下车架：上底盘支承主机上的所有部件；下底盘通过液压装置可使上下底架之间作前后左右的相对运动。

（9）钻杆联锁器：钻杆之间的约束装置，作业时能保证墙体搭接，防止桩位之间分叉。

（10）钻头：分左旋和右旋钻头，起钻进搅拌作用。

（11）操作台：电器系统、液压系统的操作手柄均布在操作台上，可发送操作指令。

（12）垂直度及深度显示器：反映桩机的水平情况，桩机工作时的钻深，并有桩机倾斜时安全保护报警功能。

（13）测斜仪：监测桩机塔架的垂直度。

设备主要技术参数见表1-17。

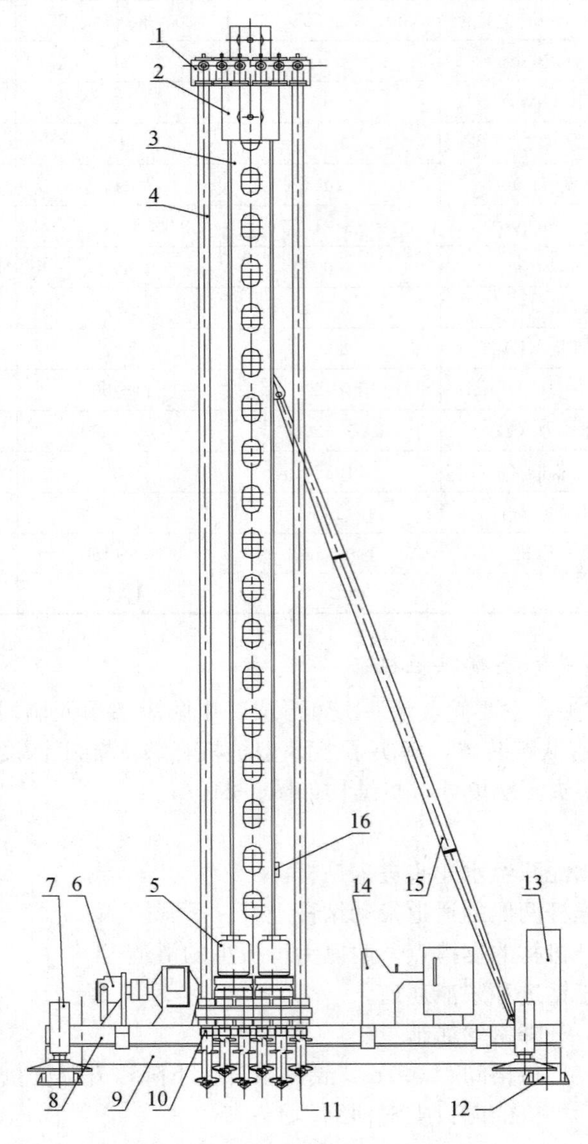

图1-21　ZCJ型深层搅拌桩机示意

1—水龙头；2—滑板；3—立柱；4—钻杆；5—电机；6—液压马达；7—支腿；8—上车架；9—下车架；10—联锁器；11—钻头；12—滑枕；13—配电柜；14—操作台；15—稳定杆；16—测斜仪

表 1-17　ZCJ 型深层搅拌机械技术参数表

机型		ZCJ-17	ZCJ-22	ZCJ-25
搅拌装置	搅拌轴规格（mm）	114×114	114×114	120×120
	搅拌轴数量（个）	6	4	3～5
	搅拌叶片外径（mm）	300～420	300～420	300～450
	搅拌轴转数（r/min）（正反）	40	40	24、44、71
	最大扭矩（kN·m）	18	21	44
	电机功率（kW）	2×45	2×55	2×55
起吊设备	提升能力（kN）	150	200	200
	提升高度（m）	19	24	28
	升降速度（m/min）	0.0～1.2	0.0～1.2	0.3～1.5
	接地压力（kPa）	40	40	67
制浆系统	制浆机容量（L）	300	400	400
	储浆罐容量（L）	800	1000	1200
	2×BW150 灰浆泵量（L/min）	22～100	22～100	22～100
	灰浆泵工作压力（kPa）	1000～2000	1000～2000	1000～2000
生产能力	加固一单元墙长（m）	1.8	1.2	0.96～1.6
	最大加固深度（m）	17	22	25
	效率（m^2/台班）	150～250	120～200	150～200
质量（kg）		30	33	39

1.3.5　工艺流程

1.3.5.1　深层搅拌桩

水利工程中，深层搅拌桩主要用于水工建筑物的地基加固，如泵站、水闸、坝基等。通常桩径为 500～800mm，加固深度为 5～18m，加固后复合地基承载力可提高1～2 倍。工程中可根据需要把桩排列成梅花形、正方形、条形等多种形式，可不受置换率的限制。

1. 深层搅拌工艺流程如图 1-22 所示。

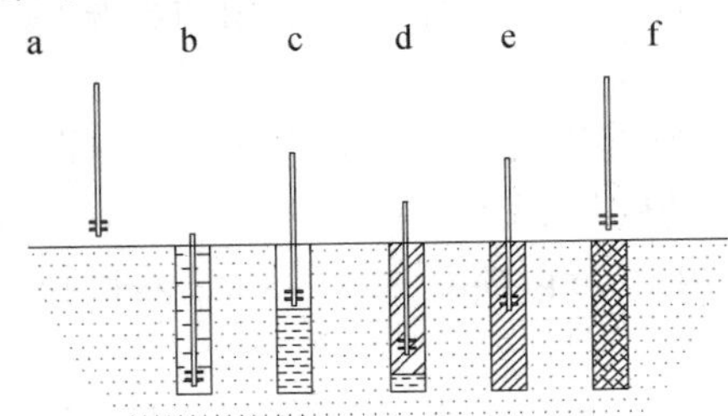

图 1-22　动力头式深层搅拌桩机施工搅拌桩流程

a—桩机就位；b—喷浆钻进搅拌；c—喷浆提升搅拌；
d—重复喷浆钻进搅拌；e—重复喷浆提升搅拌；f—成桩完毕

（1）桩机就位。搅拌桩机及配套设备安装就位，移动调平主机，钻头对准孔位。

（2）喷浆钻进搅拌。启动搅拌桩机，钻头正向旋转，实施钻进作业；为了防止堵塞钻头上的喷射口，钻进过程中适当喷浆，同时可减小负载扭矩，确保顺利钻进。钻进速度、旋转速度、喷浆压力、喷浆量应根据工艺试验时确定的参数操作。钻进喷浆成桩到设计桩长或层位后，原地喷浆半分钟，再反转匀速提升。

（3）喷浆提升搅拌。搅拌头自桩底反转匀速搅拌提升直到地面，并喷浆。

（4）重复喷浆钻进搅拌。若设计要求复搅，则按上述（2）操作要求进行。

（5）重复喷浆提升搅拌。若设计要求复搅，则按上述（3）操作步骤进行。

（6）成桩完毕。当钻头提升至高出设计桩顶30cm时，停止喷浆，将钻头提出地面。至此制桩完成。开动灌浆泵，清洗管路中残存的水泥浆，移机至另一桩位施工。

施工参数可参见表1-18。

表1-18 复合地基施工参数参考

项目	参数	备注
水灰比	0.5～1.2	土层天然含水量多取小值，否则取大值
供浆压力（MPa）	0.3～1.0	根据供浆量及施工深度确定
供浆量（L/min）	20～50	与提升搅拌速度协调
钻进速度（m/min）	0.3～0.8	根据地层情况确定
提升速度（m/min）	0.6～1.0	与搅拌速度及供浆量协调
搅拌轴转速（r/min）	30～60	与提升速度协调
垂直度偏差（%）	＜1.0	指施工时机架垂直度偏差
桩位对中偏差（m）	＜0.01	指施工时桩机对中的偏差

2. 在复合地基深层搅拌施工中应注意的事项

（1）拌制好的水泥浆液不得发生离析，存放时间不应过长。当气温在10℃以下时，不宜超过5h；当气温在10℃以上时，不宜超过3h；浆液存放时间超过有效时间时，应按废浆处理；存放时应控制浆体温度在5℃～40℃范围内。

（2）搅拌中遇有硬土层，搅拌钻进困难时，应启动加压装置加压，或边输入浆液边搅拌钻进成桩，也可采用冲水下沉搅拌法。采用后者钻进时，喷浆前应将输浆管内的水排尽。

（3）搅拌桩机喷浆时应连续供浆，上提喷浆时因故停浆，需要立即通知操作者。此时为防止断桩，应将搅拌桩机下沉至停浆位置以下0.5m（如采用下沉搅拌送浆工艺时则应提升0.5m），待恢复供浆时再喷浆施工。因故停机超过3h，应拆卸输浆管，彻底清洗管路。

（4）当喷浆口被提升到桩顶设计标高时，停止提升，搅拌数秒，以保证桩头均匀密实。

（5）施工时，停浆面应高出桩顶设计标高0.3m，开挖时再将超出桩顶标高部分凿除。

（6）桩与桩搭接时，相邻桩施工的间隔时间不应大于 24h。如间隔时间过长，搭接质量无保证时，应采取局部补桩或灌浆措施。

（7）单桩施工记录应齐全完备。

施工中常见的问题和处理方法见表 1-19。

表 1-19　施工中常见问题和处理方法

常见问题	发生原因	处理方法
预搅下沉困难，电流值大，开关跳闸	电压偏低	调高电压
	土质硬，阻力太大	适量冲水或加稀浆下沉
	遇大石块、树根等障碍物	挖除障碍物，或移桩位
搅拌桩机下不到预定深度，但电流不大	土质黏性大、或遇密实砂砾石等地层，搅拌机自重不够	增加搅拌机自重或开动加压装置
喷浆未到设计桩顶面（或底部桩端）标高，储浆罐浆液已排空	投料不准确	新标定输浆量
	灰浆泵磨损漏浆	检修灰浆泵使其不漏浆
	灰浆泵输浆量偏大	调整灰浆泵输浆量
喷浆到设计位置，储浆罐剩浆液过多	拌浆加水过量	调整拌浆用水量
	输浆管路部分阻塞	清洗输浆管路
输浆管堵塞爆裂	输浆管内有水泥结块	拆洗输浆管
	喷浆口球阀间隙太小	调整喷浆口球阀间隙
搅拌钻头和混合土同步旋转	灰浆浓度过大	调整浆液水灰比
	搅拌叶片角度不适宜	调整叶片角度或更换钻头

1.3.5.2　深层搅拌防渗墙

深层搅拌防渗墙主要用于江河、湖泊、堤防及病险库的防渗加固中。其特点是墙体连续性要求较高，而且墙体较长，少则几百米，多则达数千米。目前使用的设备有 BJS 型三头深层搅拌桩机和 ZCJ 型 4～6 头深层搅拌桩机。BJS 型深层搅拌桩机最大深度可达 18m，成墙有效厚度 12～30cm。ZCJ 型深层搅拌桩机最大成墙深度可达 25m，成墙有效厚度为 18～33cm。

一般来说，深层搅拌防渗墙渗透系数小于 $i\times10^{-6}$ cm/s（$1<i<10$）、抗压强度大于 500kPa、渗透破坏比降可达 200 以上、变形模量小于 1000MPa。

1. 成墙工艺

（1）工艺流程

深层搅拌防渗墙的工艺流程是：桩机就位、调平；启动主机，通过主机的传动装置，带动主机上的钻杆转动，钻头搅拌，并以一定的推动力把钻头向土层推进至设计深度；提升搅拌到孔口。在钻进和提升的同时，用水泥浆泵将水泥浆由高压输浆管输进钻杆，经钻头喷入土体，使水泥浆和原土充分拌和完成一个流程的施工。纵向移动搅拌桩机，重复上述过程，最后形成一道水泥土防渗墙。施工工艺流程图见图 1-23。

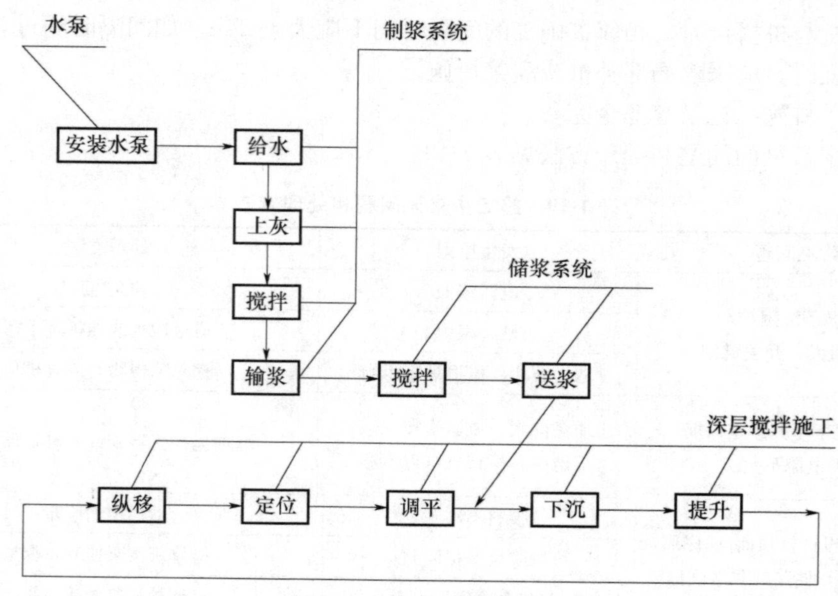

图 1-23　施工工艺流程图

（2）成墙施工方法

1）BJS 型深层搅拌桩机施工方法。

BJS 型深层搅拌桩机按设计要求的桩直径不同，在施工过程可分三次成墙和两次成墙。图 1-24 是三次成墙施工顺序示意。其施工方法是：先完成 A 序三根桩的施工，然后完成 B 序，最后完成 C 序，即完成一个单元墙段的施工。这种施工方法适用于施工钻头直径 200～300mm，桩深不超过 15m 的防渗墙。图 1-25 是二次成墙施工顺序示意。其施工方法是先后完成 A、B 两序，即完成一个单元墙的施工。该成墙方法适用于施工钻头直径 320～450mm，桩深不超过 18m 的防渗墙。

2）ZCJ 型深层搅拌桩机施工方法。

ZCJ 型深层搅拌桩机，一机具有 3～6 个钻头，可根据钻进阻力的大小选择钻头数，钻头中心距 32cm，钻头间带有刚性连锁装置，一个工艺流程可形成一个单元墙段。ZCJ 型六头深层搅拌桩机成墙方法见图 1-26。该施工方法适用于钻头直径 350～450mm，最大施工深度可达 25m。搭接方法为套孔。

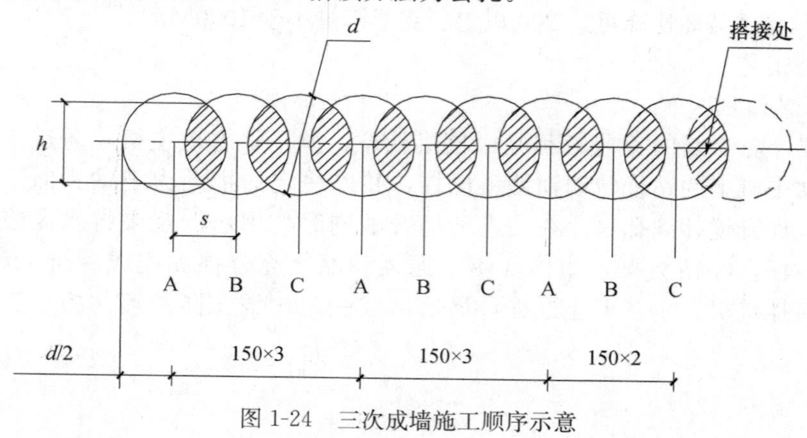

图 1-24　三次成墙施工顺序示意

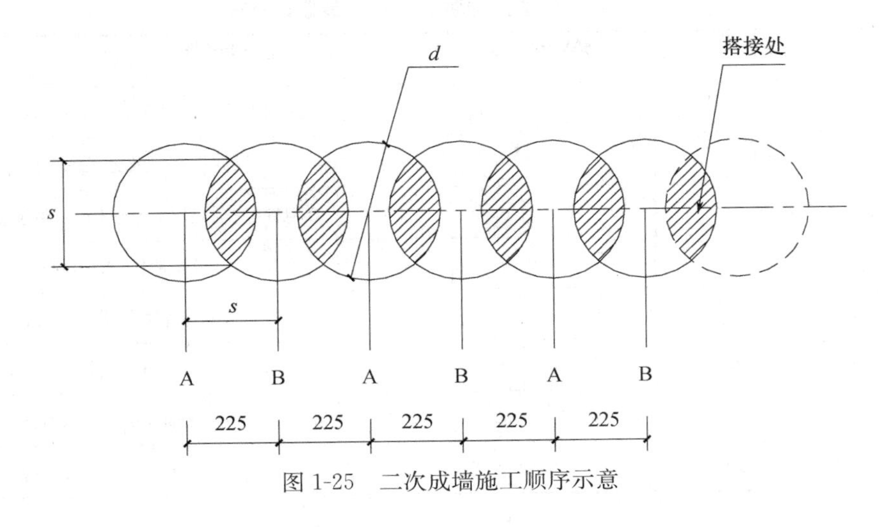

图 1-25　二次成墙施工顺序示意

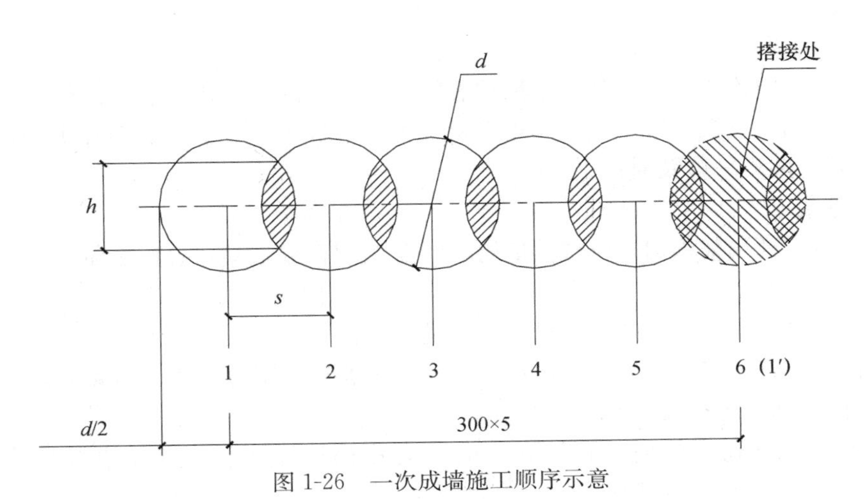

图 1-26　一次成墙施工顺序示意

最小成墙厚度可按式（1-6）计算：

$$h=2\sqrt{\left(\frac{d}{2}\right)^2-\left(\frac{s}{2}\right)^2} \tag{1-6}$$

式中　h——最小成墙墙厚，mm；

d——钻头直径，mm；

s——桩间距，mm。

图 1-24 三次成墙施工顺序示意中 A、B、C 分别表示三次成墙钻头的位置，间距是由 BJS 型桩机三轴间距离决定，三轴间距为 450mm，三次成墙即 150mm；图 1-25 二次成墙施工顺序示意中 A、B 分别表示二次成墙钻头的位置，间距是由 BJS 型深层搅拌桩机三轴间距离决定，三轴间距离为 450mm，二次成墙即 225mm；图 1-26 一次成墙施工顺序示意中 1、2、3、4、5、6 为多头钻钻头位置，其间距由 ZCJ 型深层搅拌桩机钻头中心距决定，钻头中心距为 320mm。

（3）施工参数（见表 1-20）

表 1-20　深层搅拌防渗墙施工参数参考表

项目	参数	备注
水灰比	1.0～2.0	土层天然含水量多取小值，否则取大值
供浆压力（MPa）	0.3～1.0	根据供浆量及施工深度确定
供浆量（L/min）	10～60	与提升搅拌速度及每 1m 需要浆量协调
钻进速度（m/min）	0.3～0.8	根据地层情况确定
提升速度（m/min）	0.6～1.2	与搅拌速度及供浆量协调
搅拌轴转速（r/min）	30～60	与提升速度协调
垂直度偏差（%）	＜0.3	指施工时机架垂直度偏差
桩位对中偏差（m）	＜0.02	指施工时桩机对中的偏差

2. 施工要点

(1) 主机调平

1) 施工前应检查主机上的水平测控装置，确保主机机架处于铅垂状态。

2) 通过四个支腿油缸调平。应重点检查施工过程中，支腿是否存在下陷或油缸泄压现象，若有此现象应及时调平。

(2) 输浆

1) 尽量保证输浆均匀，应根据地层吃浆变化调整输浆量，总输浆量应不少于设计要求。

2) 输浆量应有专门的装置计量，如流量仪等。

3) 输浆应有一定的压力，但也不宜过大，一般输浆压力为 0.3MPa～1.0MPa。

(3) 提升和钻进速度

1) 为保证桩孔不偏斜，开始入土时不宜用高速钻进，一般钻进速度不应大于 0.8m/min；土层较硬时，速度不大于 0.6m/min。

2) 提升速度和输浆量应密切配合。提升速度快，输浆量应大。二者关系可按设计水泥掺入量来确定。

(4) 桩的定位精度

定位是影响桩与桩之间的搭接尺寸的因素之一。主机调平后，在施工中也可能因振动产生整机滑移，造成桩位偏差。为了减少累计误差，每施工 10 个单元段应校核一次，并及时调整。

(5) 施工深度

1) 计算出各施工段（一般 100m 为一个施工段）的施工深度。

2) 施工前核定深度盘读数，读数允许误差应小于 5cm。

3. 防渗墙施工的注意事项

(1) 垂直度的影响因素

1) 主机本身的误差。施工前可用经纬仪检查桩架垂直度，若垂直度误差超过 0.1%时，应对主机进行调整。

2）操作过程中的调平误差、支腿下陷误差。设备应安设测斜装置，若机架倾斜大于 0.3%时应及时调平。

3）地层中障碍物阻碍钻进，造成钻杆钻头移位。施工前开挖约 0.5m 深的导向沟，若有障碍物可挖除。当障碍物埋深大于 2m 时，可避开障碍物成墙。

（2）输浆量和提升下降速度的协调

1）施工前应先做试验了解地层软硬，适宜的下钻和提升速度，地层吸浆情况和浆量多少等。同一个施工段吸浆情况变化不会太大，但若遇有孔洞或松散土层，吸浆会大大增加，应即时补浆，直至孔口微微翻浆。

2）主机操控和输浆作业应密切配合，在操作时要有约定的信号。

（3）水灰比的影响

1）减小水灰比可提高土层中的水泥掺入量，提高水泥土的抗渗能力。

2）对水泥土搅拌均匀程度的影响：在堤顶施工防渗墙时，由于堤身土含水量低，若水灰比过小，容易使得水泥浆和原土搅拌不均匀，甚至水泥浆和土分离，导致无法成墙，达不到截渗效果。

3）多头小直径深层搅拌桩机，输浆管管径小，过稠的浆液容易堵塞管道。

4. 防渗墙接头

施工过程中因故停机时间超过 24h，墙体出现接头时，接头处理可采取图 1-27 中的任一形式。先施工防渗墙，再于墙体凝固一段时间后，用工程钻机钻孔至设计墙深，向钻孔中灌注水泥砂浆。

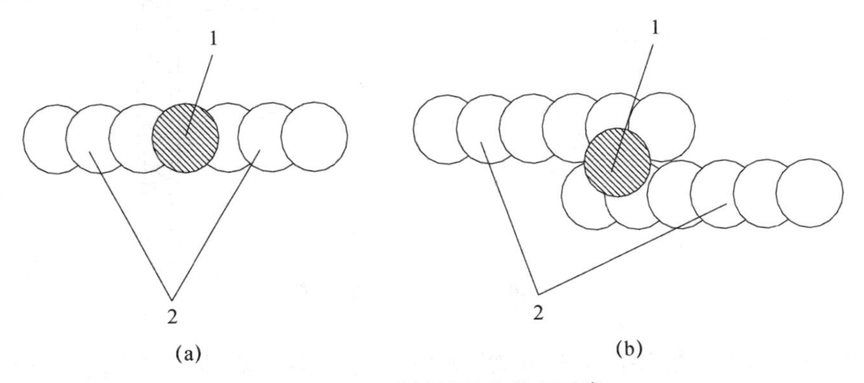

图 1-27　防渗墙的接头处理示意

1—接头；2—防渗墙

1.3.6 SMW 工法

1.3.6.1　工艺原理

SMW 工法（Soil Mixed Wall），又称型钢水泥土搅拌墙（见图 1-28），是一种在连续套接的三轴水泥土搅拌桩内插入型钢形成的复合挡土截水结构，即利用三轴搅拌桩钻机在原地层中切削土体，同时钻机前端低压注入水泥浆液，与切碎土体充分搅拌形成截水性较高的水泥土柱列式挡墙，在水泥土浆液尚未硬化前插入型钢的一种地下工程施工技术。

SMW工法即型钢水泥土搅拌墙，源于水泥土搅拌桩技术。水泥土搅拌桩在基坑工程中主要承担支护与截水防渗的作用，但由于水泥土加固体抗拉、抗剪强度低，故多按照重力式挡土墙设计，多排布设。SMW工法充分发挥了水泥土混合体和型钢的力学特性，利用型钢承担基坑荷载，水泥土防渗截水，具有经济、工期短、高截水性、对周围环境影响小等特点。型钢水泥土搅拌墙围护结构在地下室施工完成后，可以将H型钢从水泥土搅拌桩中拔出，达到回收和再次利用的目的。因此该工法与常规的围护形式相比不仅工期短，施工过程低污染，场地整洁干净、噪声小，而且可以节约社会资源，加以推广应用具有很强的现实意义。

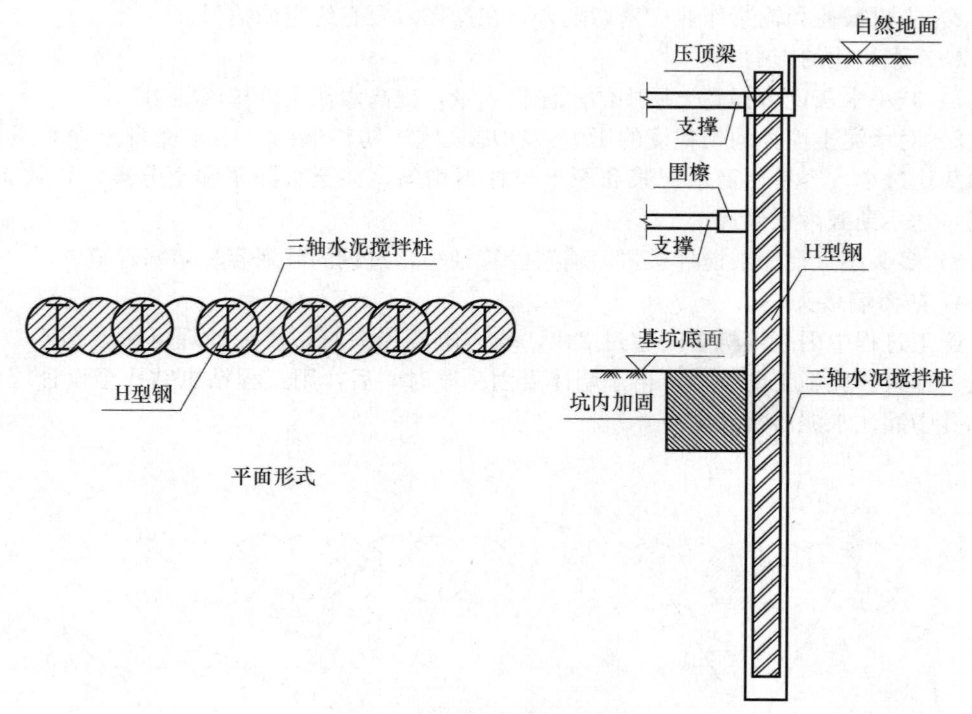

图1-28　型钢水泥土搅拌墙

目前工程上水泥土搅拌桩主要分为双轴和三轴两种。双轴水泥土搅拌桩相对于三轴水泥土搅拌桩，具有成桩质量差、钻杆易弯曲、临桩搭接不完全等缺点。而型钢水泥土搅拌墙中的搅拌桩不仅起到基坑的截水帷幕作用，更重要的是还承担着对型钢的包裹嵌固作用，因此型钢水泥土搅拌墙中的搅拌桩应采用三轴水泥土搅拌桩，以确保施工质量和围护结构较好的截水封闭性。

1.3.6.2　技术特点

型钢水泥土搅拌墙是一种由水泥土搅拌桩柱列式挡墙和型钢（一般采用H型钢）组成的复合围护结构，同时具有截水和承担水土侧压力的功能。

型钢水泥土搅拌墙与基坑围护设计中经常采用的钻孔灌注桩排桩相比，具有下面几方面的不同。首先，型钢水泥土搅拌墙由H型钢和水泥土两种材料组成，一种是力学特性复杂的水泥土，一种是近似线弹性材料的型钢，二者相互作用，工作机理非常复杂；其次，针对这种复合围护结构，从经济角度考虑，H型钢在地下室施工完成后可以回收利用是该工法的一个特色，从变形控制的角度看，H型钢可以通过跳插、密插等方式调整围护体刚度，是该工法的另一特色；第三，在地下水水位较高的软土地区（如武汉汉口地区），钻孔灌注桩围护结构尚需在外侧另外布设一排截水帷幕，截水帷幕可以采用双轴水泥土搅拌桩，也可以采用三轴水泥土搅拌桩。当基坑开挖较深，搅拌桩入土深度较深时（一般超过18m），为保证截水效果，常常采用三轴水泥土搅拌桩截水。而型钢水泥土搅拌墙是在三轴水泥土搅拌桩中内插H型钢，本身就已经具有较好的截水效果，不需额外施工截水帷幕，因此造价一般相对于钻孔灌注桩要经济。

与其他围护形式相比，型钢水泥土搅拌墙还具有以下特点：

（1）对周围环境影响小。型钢水泥土搅拌墙施工采用三轴水泥土搅拌桩机就地切削土体、使土体与水泥浆液充分搅拌混合形成水泥土，并用低压持续注入的水泥浆液置换处于流动状态的水泥土，保持地下水泥土总量平衡。该工法无须开槽或钻孔，不存在槽（孔）壁坍塌现象，从而可以减少对邻近土体的扰动，降低对邻近地面、道路、建筑物、地下设施的不利影响。

（2）防渗性能好。由于搅拌桩采用套接一孔施工，实现了相邻桩体完全无缝衔接。钻削与搅拌反复进行，使浆液与土体得以充分混合形成较为均匀的水泥土，与传统的围护形式相比具有更好的截水性，水泥土渗透系数很小，一般可以达到10^{-7}～10^{-8}cm/s。

（3）环保节能。三轴水泥土搅拌桩施工过程无须回收处理泥浆。少量水泥土浮浆可以存放至事先设置的基槽中，限制其溢流污染，待自然固结后运出场外。如果将其处理后还可以用于铺设场地道路，达到降低造价，变废为宝的目的。型钢在地下室施工完毕后可以回收利用，避免遗留在地下形成永久障碍物，总体上说该工法是一种绿色工法。

（4）工期短、投资省的型钢水泥土搅拌墙与地下连续墙、钻孔灌注桩等围护形式相比，工艺简单、成桩速度快，工期缩短近一半。在一般入土深度20～25m的情况下，日平均施工长度8～10m，最高可达12m；造价方面，除特殊情况由于受到周边环境条件的限制，型钢在地下室施工完毕后不能拔除外，绝大多数情况内插型钢可以拔除，实现型钢的重复利用，降低工程造价。型钢水泥土搅拌墙如果考虑型钢回收，当租赁期在半年以内时，围护结构本身成本约为钻孔灌注桩的70%～80%，约为地下连续墙的50%～60%。

1.3.6.3　适用范围

SMW工法适用于填土为淤泥质土、黏性土、粉土、砂性土、饱和黄土等地层建筑物（构筑物）和市政工程基坑支护工程，主要功能包括支护和防渗两方面。对淤泥、泥炭土、有机质土以及地下水具有腐蚀性和尚无工程经验的地区，必须通过现场试验确定其适用性。如果采用预钻孔工艺，则适用范围大大扩展，还可以用于较硬质地层。

1.3.6.4　设计参数的确定

随着SMW工法在工程建设领域的广泛应用，已有部颁技术规程《型钢水泥土搅拌墙技术规程》（JGJ/T 199—2010）作为设计施工的指导依据，同时型钢水泥土搅拌墙作为基坑支护结构，其设计原则、勘察要求、荷载作用、承载力与变形计算和稳定性验算等也应符合现行行业标准《建筑基坑支护技术规程》（JGJ 120）等有关规定。

型钢水泥土搅拌墙中型钢是主要的受力构件，承担着基坑外侧水土压力的作用。对于型钢的设计计算主要包括两方面内容：首先是型钢平面形式的确定，即确定型钢的布设方式、间距、截面尺寸等参数。另一方面是从围护结构受力平衡和抗隆起安全的角度确定型钢的入土深度。对于水泥土搅拌桩的设计计算主要是通过抗渗流和抗管涌验算确定搅拌桩的入土深度。此外，还应进行内插型钢拔出验算、型钢水泥土搅拌墙构造设计等。

三轴水泥土搅拌桩主要设计控制参数如下。

1. 水泥浆配比

水泥浆配比是关系到型钢水泥土搅拌墙施工质量的重要因素。搅拌桩水泥浆配比主要与土层的性质有关，应以考虑有利于水泥土硬化为问题的核心。进入施工阶段，还须考虑施工上的要求，有必要对配比进行调整，以满足设计要求。常用水泥浆配比见表 1-21。

表 1-21　常用水泥浆配比表

土质条件	单位被搅拌土体中的材料用量		水灰比
	水泥（kg/m³）	膨润土（kg/m³）	
黏性土	≥360	0～5	1.5～2.0
砂性土	≥325	5～10	1.5～2.0
砂砾土	≥290	5～15	1.2～2.0

2. 主要控制参数

三轴水泥土搅拌桩桩体应搅拌均匀，表面要密实、平整。桩顶凿掉部分的水泥土也应灌浆，确保桩体的连续性和桩体质量。搅拌桩的深度宜比型钢适当加深，一般桩端比型钢端部深 0.5～1.0m。

施工过程中主要施工参数为：

（1）水泥浆流量：280～320L/min（双泵）；

（2）浆液配比：水：水泥＝1.5～2.0：1；

（3）泵送压力：1.5～2.5MPa；

（4）H 型钢的间距（平行基坑方向）偏差：1±5cm（1 为型钢间距）；

（5）H 型钢的保护层（面对基坑方向）偏差：s±5cm（s 为型钢面对基坑方向的设计保护层厚度）；

（6）机架垂直度偏差不超过 1/250，成桩垂直度偏差不超过 1/200，桩位布置偏差不大于 20mm；

(7) 钻头下沉与提升速度，以标准施工能力为前提，各种土层中原则性标准速度如下表。

3. 型钢水泥土搅拌墙标准配置

目前较为成熟的标准配置如下：三轴水泥土搅拌桩 ϕ650@450，平均厚度 593mm，内插 H500×300 或 H500×200 型钢；三轴水泥土搅拌桩 Φ850@600，平均厚度 773mm，内插 H700×300 型钢；三轴水泥土搅拌桩 ϕ1000@750，平均厚度 896mm，内插 H800×300、H850×300 型钢。

型钢水泥土搅拌墙中型钢的间距和平面布置形式应根据计算确定，常用的内插型钢布置形式可采用密插型、插二跳一型和插一跳一型（见图 1-29）三种。

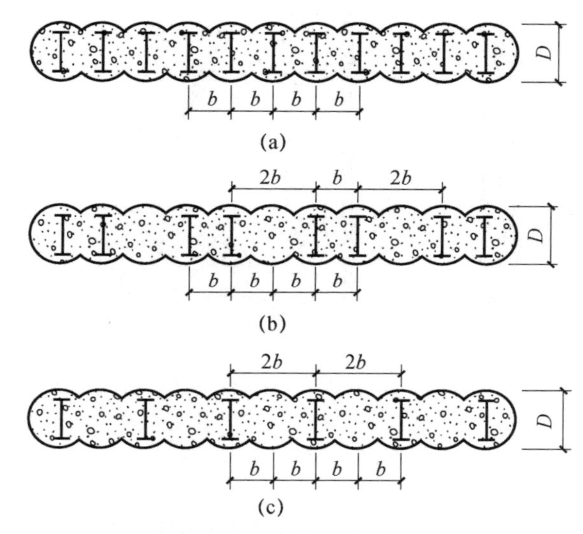

图 1-29　型钢水泥土搅拌墙布置形式

1.3.6.5　施工机具

三轴搅拌机有螺旋式和螺旋叶片式两种搅拌机头，搅拌转速也有高低两挡转速（高速挡 35～40r/min 和低速挡 16r/min）。砂性土及砂砾性土中施工时宜采用螺旋式搅拌机头，黏性土中施工时宜采用螺旋叶片式搅拌机头。在实际工程施工中，型钢水泥土搅拌墙的施工深度取决于三轴搅拌桩机的施工能力，一般情况下施工深度不超过 45m。为了保证施工安全，当搅拌深度超过 30m 时，宜采用钻杆连接方法施工（加接长杆施工的搅拌桩水泥用量根据试验确定）。

SMW 深层搅拌机钻头直径为 550～850mm，最大施工深度可达 65m，配有先进的质量监测系统。图 1-30 是日本 SMW 三轴深层搅拌桩机。该工法在我国上海、广州及南京等地已用于地铁挡土防渗墙，目前尚未在水利工程中大规模推广应用。

SMW 工法设备为装有三轴搅拌钻头的 SMW 钻机。以 JZL-90A 型设备为例，主要技术参数见表 1-22。

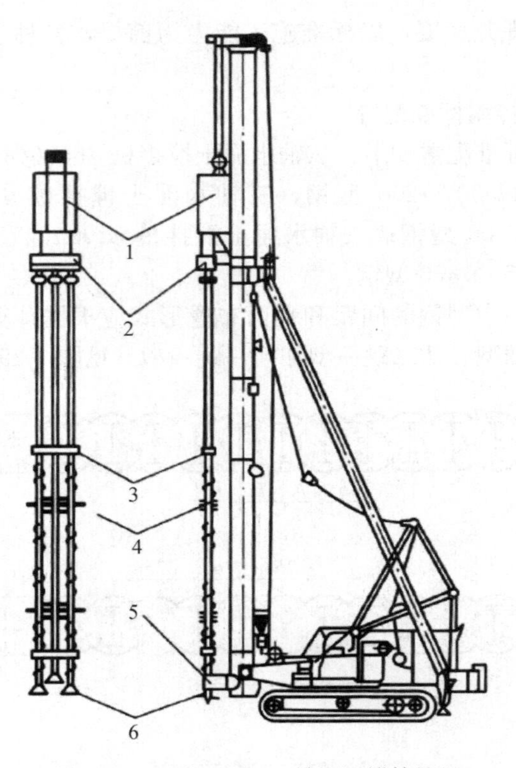

图 1-30 日本 SMW 三轴深层搅拌桩机

1—减速机；2—多轴装置；3—连接装置；
4—搅拌轴；5—限位装置；6—螺旋钻头

表 1-22 机械设备主要技术参数见表

机型		JZL-90A
搅拌装置	搅拌轴直径（mm）	120
	搅拌轴数量（个）	3
	搅拌叶片外径（mm）	550～850
	搅拌轴转数（r/min）	40
	最大扭矩（kN・m）	18
	电机功率（kW）	2×45
起吊设备	提升能力（t）	40
	提升高度（m）	28
	升降速度（m/min）	0.0～2.5
	接地压力（kPa）	40
生产能力	加固一单元墙长（m）	1.5～1.8
	最大加固深度（m）	30
	效率（m^2/台班）	100～150
质量（kg）		50

1.3.6.6　施工工序

三轴搅拌桩施工一般有跳打方式、单侧挤压方式和先行钻孔套打方式。

1. 跳打方式

该方式适用于 N（标贯基数）值30以下的土层，是常用的施工顺序（见图1-31）。先施工第一单元，然后施工第二单元，第三单元的A轴和C轴插入到第一单元的C轴及第二单元的A轴孔中，两端完全重叠。依此类推，施工完成水泥土搅拌桩。

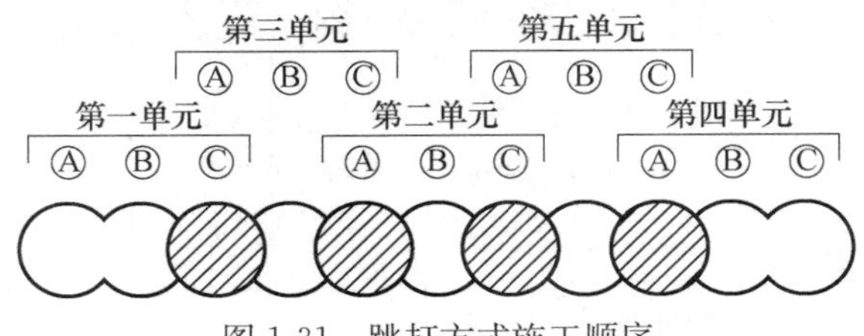

图1-31　跳打方式施工顺序

2. 单侧挤压方式

该方式适用于 N 值30以下的土层。受施工条件的限制，搅拌桩机无法来回行走，或搅拌桩在转角处常用这种施工顺序（见图1-32），先施工第一单元，第二单元的A轴插入第一单元的C轴中，边孔重叠施工，依此类推，施工完成水泥土搅拌桩。

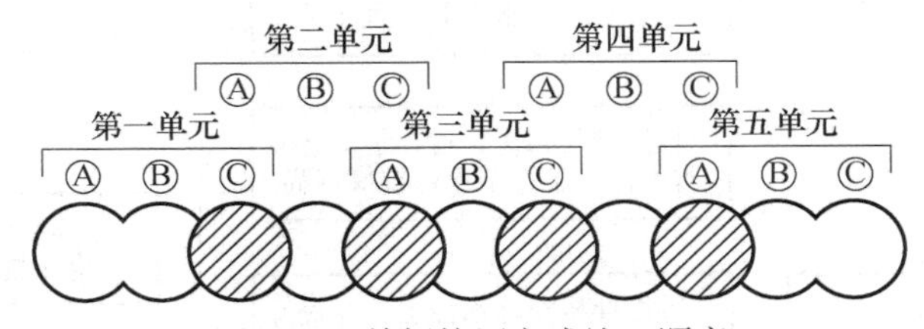

图1-32　单侧挤压方式施工顺序

3. 先行钻孔套打方式

适用于 N 值30以上的硬质土层，在水泥土搅拌桩施工时，用装备有大功率减速机的钻孔机，先行施工如图1-33所示的a1、a2、a3等孔，局部松散硬土层。然后用三轴搅拌机以跳打或单侧挤压方式施工完成水泥土搅拌桩。先行钻孔直径可不大于搅拌桩直径。先行钻孔施工松动土层时，可加入膨润土等外加剂加强孔壁稳定性。

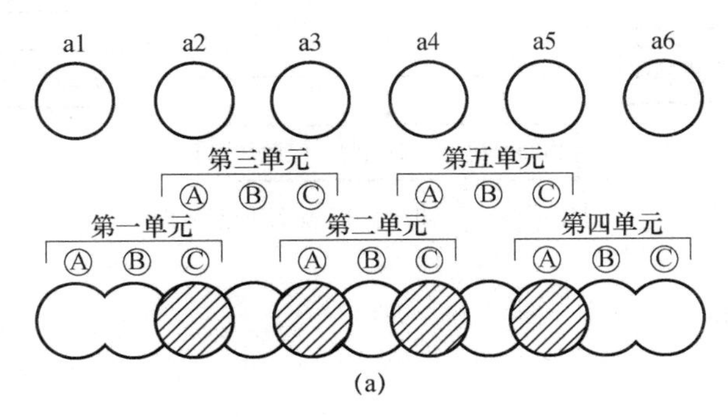

(a)

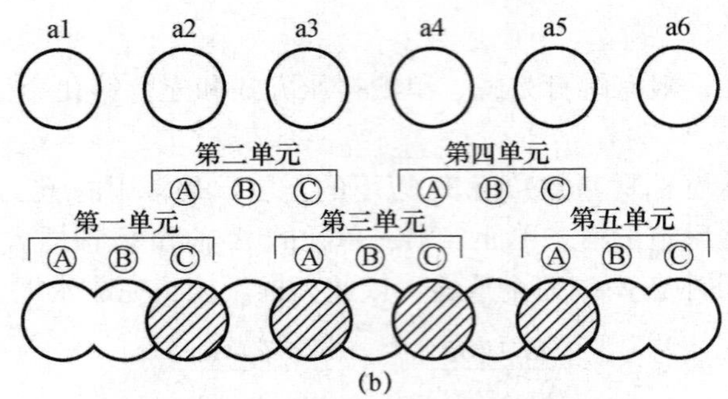

图 1-33　先行钻孔套打方式施工顺序

（a）跳打方式；（b）单侧挤压方式

1.3.6.7　施工工艺流程

三轴搅拌桩施工工艺流程如图 1-33 所示。

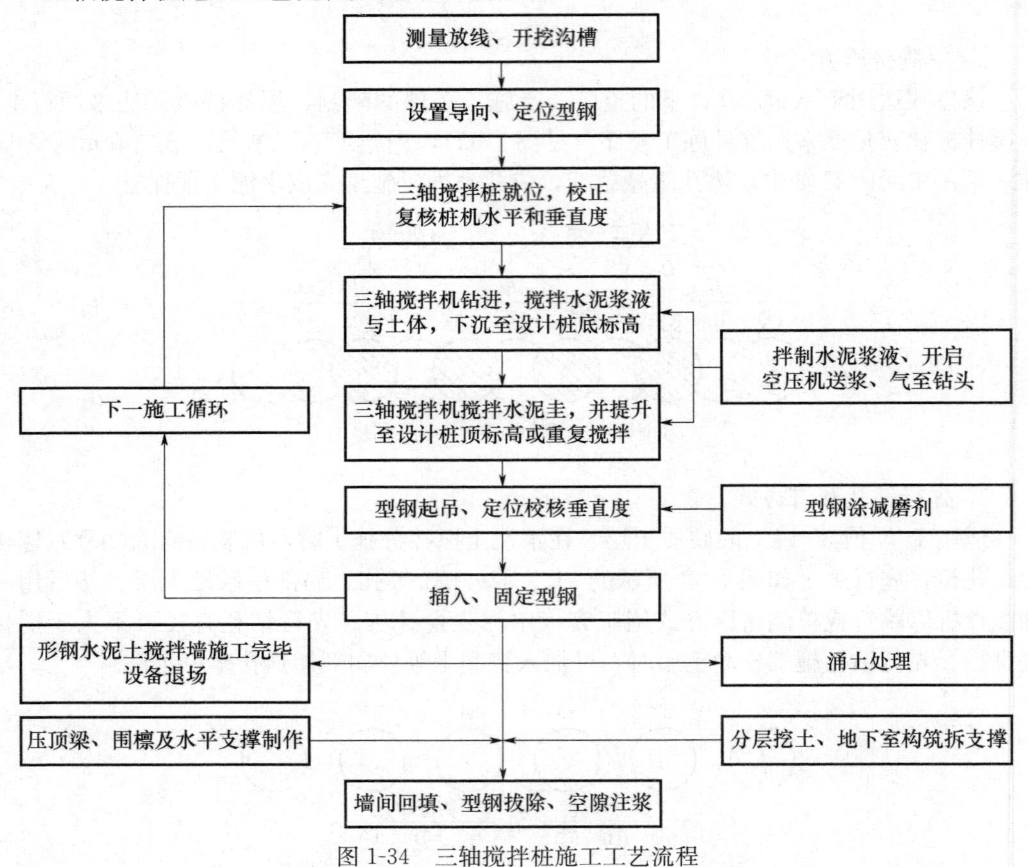

图 1-34　三轴搅拌桩施工工艺流程

1.3.7　TRD 工法

1.3.7.1　工艺原理

TRD 工法，又称渠式切割水泥土连续墙，是日本神户制钢所开发，经国内消化、改进后发展起来的一种新型水泥土搅拌墙施工技术。该工法机具兼有自行掘削和混合搅拌固化液的功能。与传统的SMW工法采用垂直轴纵向切削和搅拌施工方式不同，TRD工法首先将链锯型切削刀具插入地基，掘削至墙体设计深度，然后注入固化剂，与原位土体混合搅拌，并持续横向掘削、搅拌，水平推进，构筑成高品质的墙壁状固化体地下连续墙。

1.3.7.2　技术特点

TRD工法主要通过动力箱液压马达驱动链锯式切割箱，分段连接钻至预定深度，水平横向挖掘推进，同时在切割箱底部注入固化液，使其与原位土体强制混合搅拌，形成等厚度水泥土搅拌连续墙。基坑支护工程中可插入型钢以增加水泥土搅拌墙的刚度和强度。该工法将水泥土搅拌墙的搅拌方式由传统的垂直轴螺旋钻杆水平分层搅拌，改为水平轴链锯式切割箱沿墙深垂直整体搅拌。与SMW三轴水泥土搅拌桩和混凝土地下连续墙技术相比，主要具有如下优点：

（1）设备稳定性高。通过低重心设计，与其他方法相比，机械设备的高度降低至10～12m左右，施工安全性提高。

（2）高精度灵活施工。在水平方向和垂直方向可以进行高精度的施工。另外，TRD工法可将主机架变角度，与地面的夹角最小为30°，可以施工倾斜的水泥土墙体，满足特殊设计要求。

（3）突出的开挖能力和经济性。对于坚硬地基（砂砾、泥岩、软岩等）具有较高的切割能力，可以大大缩短工期、减少工程造价。

（4）垂直方向质量均匀。在垂直方向进行整体的混合与搅拌，即使对于性质差异的成层地基也能够在深度方向形成强度均一的均质墙体。相对于传统的水泥土搅拌桩，在相同地层条件下，TRD工法桩身深度范围内的水泥土强度普遍提高。水泥土无侧限抗压强度在0.5～2.5MPa范围之内。

（5）墙体的连续性较好。墙体整体性好，连续性强，施工缝少，止水性能优异。经过TRD工法加固的土体渗透系数在砂质土中可以达$i\times10^{-7}\sim10^{-8}$cm/s，在砂质黏土中达到$i\times10^{-9}$cm/s。成墙作业连续无接头，型钢间距可以根据设计需要调整，不受桩位限制。

（6）墙体芯材间距可任意设定。由于墙体等厚，芯材可以以任意间距插入。

（7）施工过程的噪声、振动小，环境影响小。

1.3.7.3　适用范围

TRD工法不仅可以适用于N值小于100的软土地层，还可以在直径小于100mm，$q_u\leqslant$5MPa的卵砾石、泥岩和强风化基岩中施工，适应地层广泛。包括人工填土、黏性土、淤泥和淤泥质土、粉土、砂土、碎石土和岩石等土层；地基土层存在下列情况时，设计前应进行先期试验，以确定其适用性：

（1）地下障碍物较多；

（2）圆锥动力触探试验的锤击数实测平均数$N'_{63.5}$大于100或无侧限抗压强度大于5MPa；

（3）粒径大于100mm的颗粒含量大于30%；

(4) 土的有机质含量大于5%;

(5) 受承压水影响或地下水渗流速度较快的土层。

TRD工法机具成墙厚度和深度根据设备型号不同而异。渠式切割水泥土连续墙的墙厚宜取450～850mm。当墙厚为450～550mm时,最大应用深度不宜大于20m;当墙厚为550～700mm时,最大应用深度不宜大于35m;当墙厚为700～850mm时,最大应用深度不宜大于50 m。

由于具有成墙深度大、地层适应性强、连续性及均匀性好等特点,渠式切割水泥土连续墙具有优异的防渗、止水性能。在国内外的实践中,常用来作为基坑的截水帷幕和水利大坝的防渗墙,部分工程中利用渠式切割水泥土连续墙阻隔地层中的深层承压水,取得了较好的效果。

1.3.7.4 施工机具

1. TRD工法施工机械

目前国内TRD工法渠式切割机主要有三种类型:Ⅰ型、Ⅱ型和Ⅲ型。不同机型的成墙深度和墙体厚度可按表1-23选取。

表1-23 不同机型的成墙深度和墙体厚度表

机型	深度(m)	墙体厚度(mm)
Ⅰ型	20	450～550
Ⅱ型	35	550～700
Ⅲ型	50	550～850

工程中Ⅲ型使用最为普遍,Ⅰ型较少采用。实际工程中施工50m深度以上的墙体时,难度大、质量控制难、机械损耗严重,因此设计成墙深度一般不宜超过50m,当超过50m时,应采用性能优异的机械和由经验丰富的施工班组施工,且应通过先期试验确定施工工艺和施工参数。

工程中常用的墙体厚度为550mm、700mm和850mm,当工程中需要采用其他规格的墙体厚度时,应在550～850mm之间按50mm的模数选取。

TRD工法渠式切割机械由主机和刀具系统组成。主机包括底盘系统、动力系统、操作系统、机架系统。主机底盘下设履带,用两条履带板行走;底盘上承载主机设备。动力系统包括液压和电力驱动系统。操作系统包括计算机操作系统、操作传动杆以及各类仪器仪表。机架系统在履带底盘上设置有竖向导向架和横向门型框架。横向门型框架上下设2条滑轨,下滑轨铰接于主机底盘上,上滑轨由背部的液压装置支撑锁定于垂直位置上。根据待建设墙体的需要,门型框架通过液压杆可在30°～90°范围内旋转,从而进行与水平面最小可以成30°的斜墙施工(图1-35)。

由刀具立柱、刀具链条、刀头底板和刀头组成的刀具系统称为箱式刀具,又称切割箱。相邻刀具链节为活动连接。TRD工法施工工艺原理如图1-36所示。刀具立柱设置于渠式切割机机架内,其上安装刀具链条。刀具链条的链节数量一般不少于六个,刀头底板位于刀具链节上,具有不同的规格,宽度为325～875mm。渠式切割机通过改变刀头宽度,形成以50mm为一级,宽度变化范围为450～850mm的水泥土连续墙。

图 1-35　TRD工法施工设备主机与斜墙施工示意

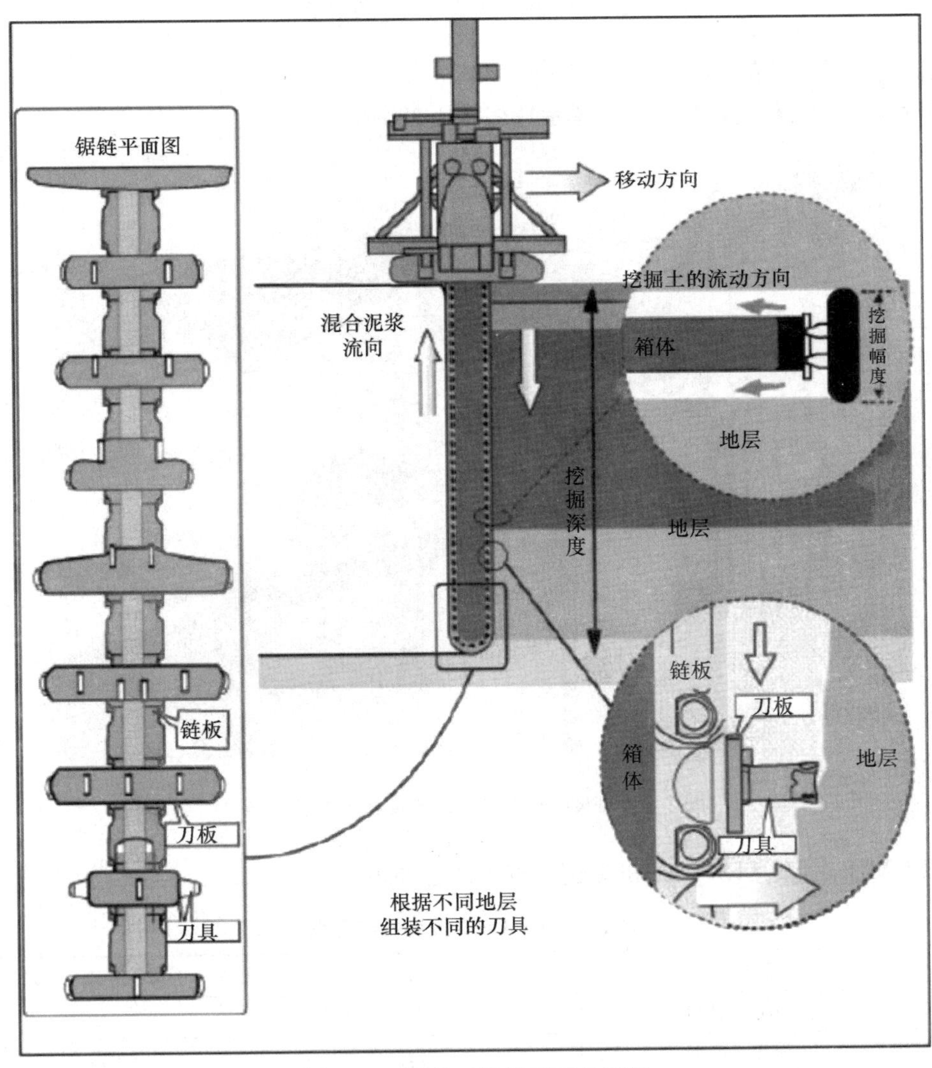

图 1-36　TRD工法施工工艺原理

TRD工法单节箱式刀具（切割箱）如图1-37所示。刀头底板上安装有数个可拆卸刀头，具体刀头数量由刀头底板的排列方式确定，以保证墙体宽度方向能全断面覆盖有刀头。可拆卸刀头在切割施工中磨损后，可方便地拆卸、更换。刀头型式一般分为三种：标准刀头适用于一般地层；齿形刀头适用于卵砾石地层；圆锥形刀头适用于硬质黏土地层。

图1-37　单节箱式刀具（切割箱）

2. 主要施工设备组合

TRD工法配套设备及施工布置示意如图1-38所示。

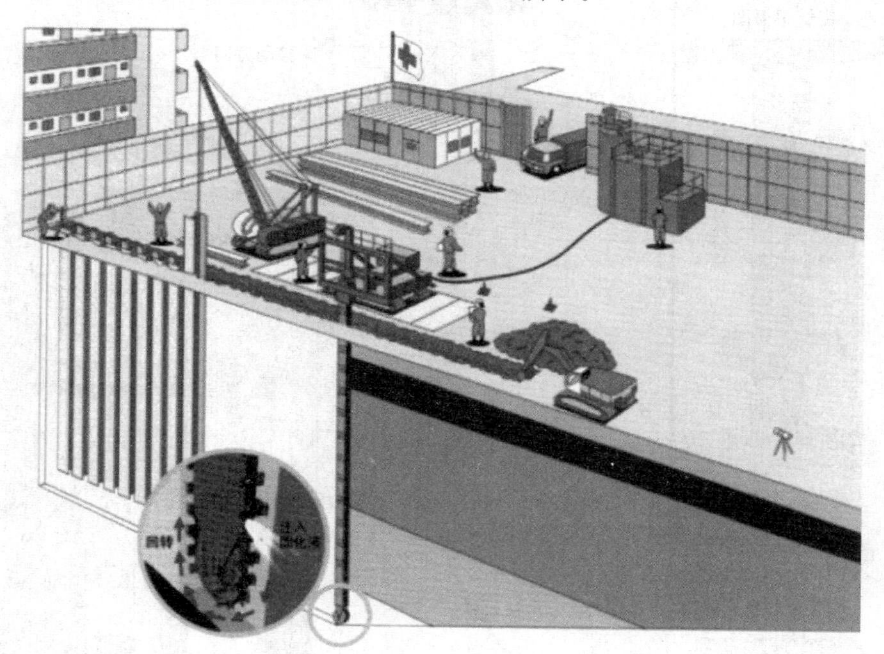

图1-38　TRD工法配套设备及施工布置示意

以CMD850型TRD工法机为例，设备组合如表1-24所示。

表1-24　CMD850型设备组合表

序号	设备名称	规格	数量
1	TRD工法机	CMD850	1台
2	履带式吊车	50t	1台

续表

序号	设备名称	规格	数量
3	挖掘机	JS220	1 台
4	全自动拌浆后台	$25m^3/hr$	1 套
5	压浆泵	BW320	3 台（含备用）
6	水泥桶仓	＞30t	2 个

1.3.7.5　施工工序

TRD 工法施工工序可以分为三步：箱式刀具组装掘进工序、水泥土搅拌墙建造工序、箱式刀具拔出分解工序。其中，水泥土搅拌墙建造工序有三步施工法、二步施工法和一步施工法。三步施工法主要包先行挖掘、回撤挖掘、成墙三个步骤，即锯链式箱式刀具钻至预定深度后，首先注入切割液先行挖掘一段距离，然后回撤挖掘至原处，再注入固化液向前推进搅拌成墙；一步施工法是指箱式刀具钻至预定深度后即开始注入固化液向前推进挖掘搅拌成墙。

1. 箱式刀具组装掘进工序

TRD 工法的显著工艺特点在于刀具立柱是由刀具立柱节组装而成的。刀具立柱节、刀具链条、刀头底板和刀头组成箱式刀具节。

箱式刀具组装掘进的顺序如下：①首先将带有随动轮的箱式刀具节与主机连接，切割出可以容纳 1 节箱式刀具的预制沟槽［图 1-39（a）］；②切割结束后，主机将带有随动轮的箱式刀具节提升出沟槽，往与施工方向相反的方向移动；移动至一定距离后主机停止，再切割 1 个沟槽，切割完毕后，将带有随动轮的箱式刀具节与主机分解，放入沟槽内，同时用起重机将另一节箱式刀具放入预制沟槽内，并加以固定［图 1-39（b）］；③主机向放入预制沟槽内的箱式刀具节移动［图 1-39（c）］；④主机与预置沟槽

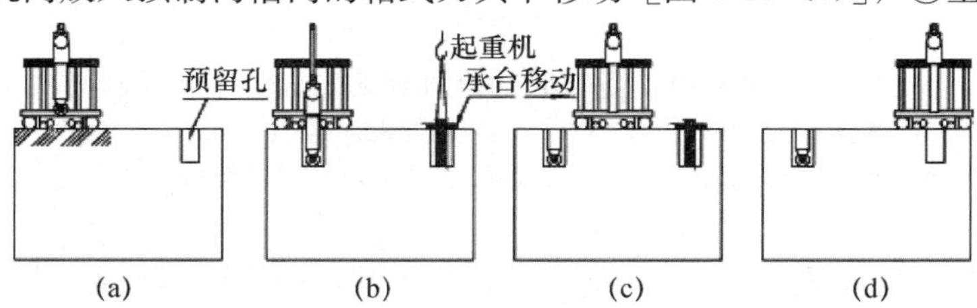

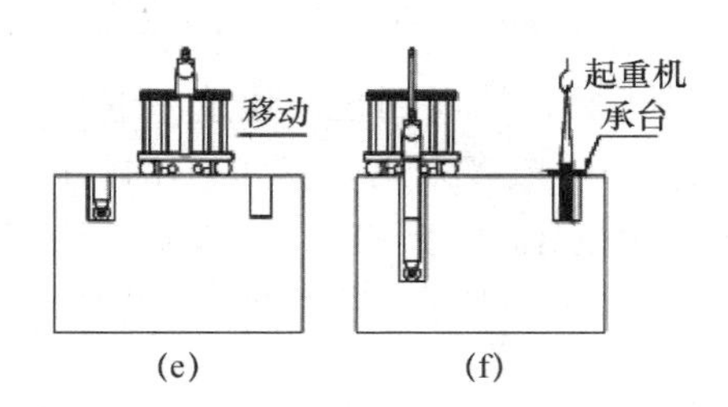

图 1-39　箱式刀具组装掘进示意

（a）完成架设准备；（b）架设开始，并将切削刀具放置到预先开挖的地孔内；
（c）主机；（d）连接后提升；（e）移动；（f）连接后自立架设开始，并设置下一个切削刀具

内的箱式刀具节相连接，然后将其提升出沟槽［图1-39（d）］；⑤主机带着这一节箱式刀具向放在沟槽内带有随动轮的箱式刀具节移动［图1-39（e）］；⑥主机移动到位后停止，与带有随动轮的箱式刀具节连接，同时在原位进行更深的切割［图1-39（f）］；⑦根据设计施工深度的要求，重复（b）～（f）的顺序，直至完成施工装置的架设。

2. 水泥土搅拌墙建造工序

TRD工法渠式切割水泥土墙的整个施工过程见图1-40，施工顺序如下：

① 主机施工装置连接，直至带有随动轮的箱式刀具节抵达待建设墙体的底部；②主机沿沟槽方向作横向移动，根据土层性质和刀具各部位的工作状态，选择向上或向下的切割方式；切割过程中由箱式刀具底部喷出切割液和固化液；在链式刀具旋转作用下切割土与固化液混合搅拌；③主机再次向前移动，在移动的过程中，将型钢按设计要求插入已施工完成的墙体中，插入深度用直尺测量；④施工间断而箱式刀具不拔出时，须进行刀具养护段的施工；⑤再次启动后，回行切割和先前的水泥土连续墙进行搭接切割。

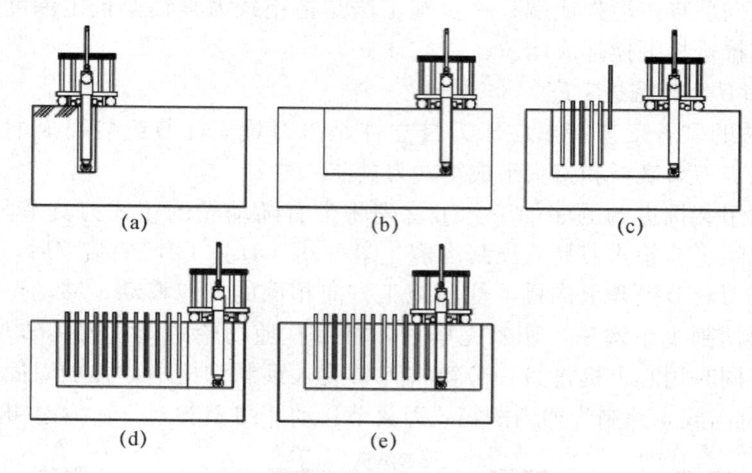

图1-40 渠式切割水泥土墙的施工过程

（a）主机连接；（b）切削；搅拌；（c）插入芯材，重复（b）～（c）项；
（d）推出切削（当施工结束时）；（e）搭接施工；（f）通过退出部位后，返回到（b）项

根据施工机械是否反向施工以及何时喷浆的不同，渠式切割水泥土墙施工工法共有一步施工法、两步施工法、三步施工法三种。一步施工法即开挖、建造（混合、搅拌）通过单向一步施工完成的施工方法。两步施工法即开挖、建造（混合、搅拌）通过往返二步施工完成的施工方法。三步施工法即开挖、横向回位、建造（混合、搅拌）通过往→返→往三步施工完成的施工方法。工程中一般多采用一步和三步施工法。三步施工法搅拌时间长，搅拌均匀，可用于深度较深的水泥土墙施工；一步施工法直接注入固化液，易出现箱式刀具周边水泥土固化的问题，一般可用于深度较浅的水泥土墙的施工。

3. 箱式刀具拔出分解工序

在施工完成的墙段端部拔出箱式刀具。箱式刀具拔出作业时，应在墙体施工完成后立即与主机分离。根据箱式刀具的长度、起重机的起吊能力以及作业半径，确定箱式刀具的分段数量。箱式刀具拔出过程中应防止水泥土浆液液面下降，为此，应注入

一定量的固化液，固化液填充速度应与箱式刀具拔出速度相匹配。

1.3.7.6　施工工艺流程

以下为常用的 TRD 三步施工法工艺流程图（图 1-41）：

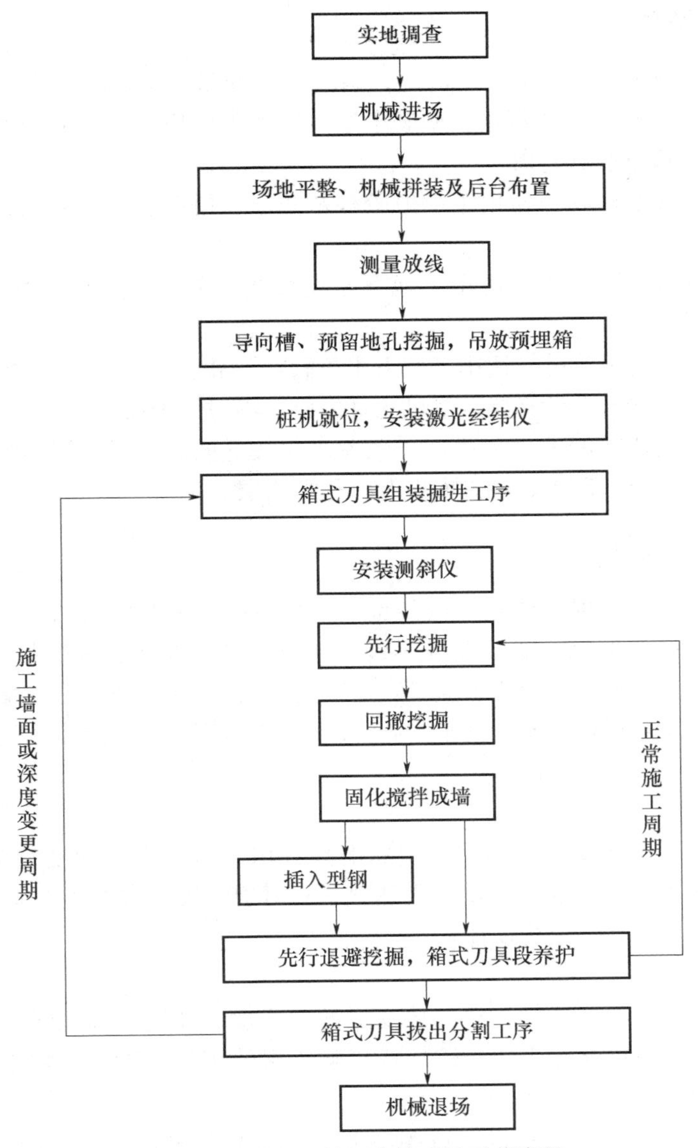

图 1-41　TRD 工法三步施工法工艺流程

1.4　灌注桩工程

灌注桩是先用机械或人工成孔，然后再下钢筋笼后灌注混凝土形成的基桩。其主要作用是提高地基承载力、侧向支撑等。

根据其承载性状可分为摩擦型桩、端承摩擦桩、端承型桩及摩擦端承桩；根据其使用功能分为竖向抗压桩、竖向抗拔桩、水平受荷桩、复合受荷桩；根据其成孔形式主要分为冲击成孔灌注桩、冲抓成孔灌注桩、回转钻成孔灌注桩、潜水钻成孔灌注桩和人工扩挖成孔灌注桩等。

1.4.1 适用地层

（1）冲击成孔灌注桩：适用于黄土、黏性土或粉质黏土和人工杂填土层，特别适合于有孤石的砂砾石层、漂石层、坚硬土层、岩层中使用，对流砂层亦可用，但对淤泥及淤泥质土，则应慎重使用。

（2）冲抓成孔灌注桩：适用于一般较松软黏土、粉质黏土、砂土、砂砾层以及软质岩层应用。

（3）回转钻成孔灌注桩：适用于地下水位较高的软、硬土层，如淤泥、黏性土、砂土、软质岩层。

（4）潜水钻成孔灌注桩：适用于地下水位较高的软、硬土层，如淤泥、淤泥质土、黏土、粉质黏土、砂土、砂夹卵石及风化页岩层，不得用于漂石。

（5）人工扩挖成孔灌注桩：适用于地下水位较低的软、硬土层，如淤泥、淤泥质土、黏土、粉质黏土、砂土、砂夹卵石及风化页岩层。

1.4.2 桩型的选择

桩型与工艺选择应根据建筑结构类型、荷载性质、桩的使用功能、穿越土层、桩端持力层土类、地下水位、施工设备、施工环境、施工经验、制桩材料供应条件等，选择经济合理、安全适用的桩型和成桩工艺。排列基桩时，宜使桩群承载力合力点与长期荷载重心重合，并使桩基受水平力和力矩较大方向有较大的截面模量。

1.4.3 设计原则

桩基采用以概率理论为基础的极限状态设计法，以可靠指标度量桩基的可靠度，采用以分项系数表达的极限状态设计表达式进行计算。按承载能力极限状态和正常使用极限状态两类极限状态进行设计。

（1）设计等级

根据建筑规模、功能特征、对差异变形的适应性、场地地基和建筑物体型的复杂性以及由于桩基问题可能造成建筑破坏或影响正常使用的程度，应将桩基设计分为以下三个设计等级。

甲级：重要的建筑；30 层以上或高度超过 100m 的高层建筑；体型复杂且层数相差超过 10 层的高低层（含纯地下室）连体建筑；20 层以上框架-核心筒结构及其他对差异沉降有特殊要求的建筑；场地和地基条件复杂的 7 层以上的一般建筑及坡地、岸边建筑；对相邻既有工程影响较大的建筑。

乙级：除甲级、丙级以外的建筑。

丙级：场地和地基条件简单、荷载分布均匀的 7 层及 7 层以下的一般建筑。

（2）桩基承载能力计算

应根据桩基的使用功能和受力特征分别进行桩基的竖向承载力计算和水平承载力

计算；应对桩身和承台结构承载力进行计算；对于桩侧土不排水抗剪强度小于10kPa、且长径比大于50的桩应进行桩身压屈验算；对于混凝土预制桩应按吊装、运输和锤击作用进行桩身承载力验算；对于钢管桩应进行局部压屈验算；当桩端平面以下存在软弱下卧层时，应进行软弱下卧层承载力验算；对位于坡地、岸边的桩基应进行整体稳定性验算；对于抗浮、抗拔桩基，应进行基桩和群桩的抗拔承载力计算；对于抗震设防区的桩基应进行抗震承载力验算。

(3) 桩基沉降计算

设计等级为甲级的非嵌岩桩和非深厚坚硬持力层的建筑桩基；设计等级为乙级的体型复杂、荷载分布显著不均匀或桩端平面以下存在软弱土层的建筑桩基；软土地基多层建筑减沉复合疏桩基础。

1.4.4 灌注桩设计

1. 桩体

(1) 配筋率：当桩身直径为300～2000mm时，正截面配筋率可取0.65%～0.2%(小直径桩取高值)；对受荷载特别大的桩、抗拔桩和嵌岩端承桩应根据计算确定配筋率，并不应小于上述规定值。

(2) 配筋长度：

① 端承型桩和位于坡地岸边的基桩应沿桩身等截面或变截面通长配筋；

② 桩径大于600mm的摩擦型桩配筋长度应不小于2/3桩长；当受水平荷载时，配筋长度尚不宜小于4.0/α (α为桩的水平变形系数)；

③ 对于受地震作用的基桩，桩身配筋长度应穿过可液化土层和软弱土层，进入稳定土层的深度不应小于《混凝土结构设计规范》GB 50010第3.4.6条规定的深度；

④ 受负摩阻力的桩、因先成桩后开挖基坑而随地基土回弹的桩，其配筋长度应穿过软弱土层并进入稳定土层，进入的深度不应小于2～3倍桩身直径；

⑤ 专用抗拔桩及因地震作用、冻胀或膨胀力作用而受拔力的桩，应等截面或变截面通长配筋。

(3) 对于受水平荷载的桩，主筋不应小于8ϕ12；对于抗压桩和抗拔桩，主筋不应少于6ϕ10；纵向主筋应沿桩身周边均匀布置，其净距不应小于60mm。

(4) 箍筋应采用螺旋式，直径不应小于6mm，间距宜为200～300mm；受水平荷载较大的桩基、承受水平地震作用的桩基以及考虑主筋作用计算桩身受压承载力时，桩顶以下5d范围内的箍筋应加密，间距不应大于100mm；当桩身位于液化土层范围内时箍筋应加密；当考虑箍筋受力作用时，箍筋配置应符合现行国家标准《混凝土结构设计规范》GB 50010的有关规定；当钢筋笼长度超过4m时，应每隔2m设一道直径不小于12mm的焊接加劲箍筋。

(5) 桩身混凝土及混凝土保护层厚度应符合下列要求：

① 桩身混凝土强度等级不得小于C25，混凝土预制桩尖强度等级不得小于C30；

② 灌注桩主筋的混凝土保护层厚度不应小于35mm，水下灌注桩的主筋混凝土保护层厚度不得小于50mm。

2. 承台

（1）桩基承台的构造，应满足抗冲切、抗剪切、抗弯承载力和上部结构要求，尚应符合：独立柱下桩基承台的最小宽度应不小于500mm，边桩中心至承台边缘的距离应不小于桩的直径或边长，且桩的外边缘至承台边缘的距离应不小于150mm。对于墙下条形承台梁，桩的外边缘至承台梁边缘的距离应不小于75mm。承台的最小厚度应不小于300mm。

（2）桩与承台的连接构造应符合下列规定：

① 桩嵌入承台内的长度对中等直径桩宜不小于50mm；对大直径桩宜不小于100mm；

② 混凝土桩的桩顶纵向主筋应锚入承台内，其锚入长度宜不小于35倍纵向主筋直径；

③ 对于抗拔桩，桩顶纵向主筋的锚固长度应按现行国家标准《混凝土结构设计规范》（GB 50010）确定；

④ 对于大直径灌注桩，当采用一柱一桩时可设置承台或将桩与柱直接连接。

（3）承台与承台之间的连接构造应符合下列规定：

① 一柱一桩时，应在桩顶两个主轴方向上设置联系梁。当桩与柱的截面直径之比大于2时，可不设联系梁；

② 两桩桩基的承台，应在其短向设置联系梁；

③ 有抗震设防要求的柱下桩基承台，宜沿两个主轴方向设置联系梁；

④ 联系梁顶面宜与承台顶面位于同一标高。联系梁宽度宜不小于250mm，其高度可取承台中心距的1/10～1/15，且宜不小于400mm；

⑤ 联系梁配筋应按计算确定，梁上下部配筋宜不小于2根直径12mm的钢筋；位于同一轴线上的联系梁纵筋宜通长配置。

（4）柱与承台的连接构造应符合下列规定：

① 对于一柱一桩基础，柱与桩直接连接时，柱纵向主筋锚入桩身内长度应不小于35倍纵向主筋直径；

② 对于多桩承台，柱纵向主筋应锚入承台应不小于35倍纵向主筋直径；当承台高度不满足锚固要求时，竖向锚固长度不应小于20倍纵向主筋直径，并向柱轴线方向呈90°弯折；

③ 当有抗震设防要求时，对于一、二级抗震等级的柱，纵向主筋锚固长度应乘以1.15的系数；对于三级抗震等级的柱，纵向主筋锚固长度应乘以1.05的系数。

1.4.5 施工前的准备工作

1. 施工现场

施工前应根据施工地点的水文、工程地质条件及机具、设备、动力、材料、运输等情况，布置施工现场。

（1）场地为旱地时，应平整场地、清除杂物、换除软土、夯打密实。钻机底座应布置在坚实的填土上。

（2）场地为陡坡时，可用木排架或枕木搭设工作平台。平台应牢固可靠，保证施工顺利进行。

（3）场地为浅水时，可采用筑岛法，岛顶平面应高出水面1～2m。

（4）场地为深水时，根据水深、流速、水位涨落、水底地层等情况，采用固定式平台或浮动式钻探船。

2．灌注桩的试验（试桩）

灌注桩正式施工前，应先打试桩。试验内容包括：荷载试验和工艺试验。

（1）试验目的。选择合理的施工方法、施工工艺和机具设备；验证桩的设计参数，如桩径和桩长等；鉴定或确定桩的承载能力和成桩质量能否满足设计要求。

（2）试桩施工方法。试桩所用的设备与方法，应与实际成孔、成桩所用设备和方法相同；一般可用基桩作试验或选择有代表性的地层或预计钻进困难的地层进行成孔、成桩等工序的试验、差重查明地质情况，判定成孔、成桩工艺方法是否适宜；试桩的材料与截面、长度必须与设计相同。

（3）试桩数目。工艺性试桩的数目根据施工具体情况决定；力学性试桩的数目，一般不少于实际基桩总数的3%，且不少于2根。

（4）荷载试验。灌注桩的荷载试验，一般应作垂直静荷载试验和水平静荷载试验。

垂直静荷载试验的目的是测定桩的垂直极限承载力，测定各土层的桩侧极摩擦阻力和桩底反力，并查明桩的沉降情况。试验加载装置，一般采用油压千斤顶。千斤顶的加载反力装置可根据现场实际条件而定。一般均采用锚桩横梁反力装置。加载与沉降的测量与试验资料整理，可参照有关规定。

水平静荷载试验的目的是确定桩的容许水平荷载作用下的桩头变位（水平位移和转角），一般只有在设计要求时才进行。

加载方式、方法、设备，试验资料的观测、记录整理等，参照有关规定。

3．编制施工流程图

为确保钻孔灌注桩施工质量，使施工按规定程序有序地进行作业，应编制钻孔灌注桩施工流程图，如图1-42所示。

4．测量放样

根据建设单位提供的测量基线和水准点，由专业测量人员制作施工平面控制网。采用极坐标法对每根桩孔进行放样。为保证放样准确无误，对每根桩必须进行三次定位，即第一次定位挖、埋设护筒；第二次校正护筒；第三次在护筒上用十字交叉法定出桩位。

5．埋设护筒

埋设护筒应准确稳定。护筒内径一般应比钻头直径稍大：用冲击或冲抓方法时，约大20cm，用回转法者，约大10cm。护筒一般有木质、钢质与钢筋混凝土三种材质。

护筒周围用黏土回填并夯实。当地基回填土松散、孔口易坍塌时，应扩大护筒坑的挖埋直径或在护筒周围填砂浆混凝土。护筒埋设深度一般为1～1.5m；对于坍塌较深的桩孔，应增加护筒埋设深度。

6．制备泥浆

制浆用黏土的质量要求、泥浆搅拌和泥浆性能指标等，均应符合有关规定。泥浆主要性能指标：黏度10～25s，含砂率小于6%，胶体率大于95%，失水量小于30mL/

min，pH 值 7～9。

泥浆的循环系统主要包括：制浆池、泥浆池、沉淀池和循环槽等。开动钻机较多时，一般采用集中制浆与供浆。用抽浆泵通过主浆管和软管向各孔桩供浆。

泥浆的排浆系统由主排浆沟、支排浆沟和泥浆沉淀池组成。沉淀池内的泥浆采用泥浆净化机净化后，由泥浆泵抽回泥浆池，以便再次利用。

废弃的泥浆与渣应按环境保护的有关规定进行处理。

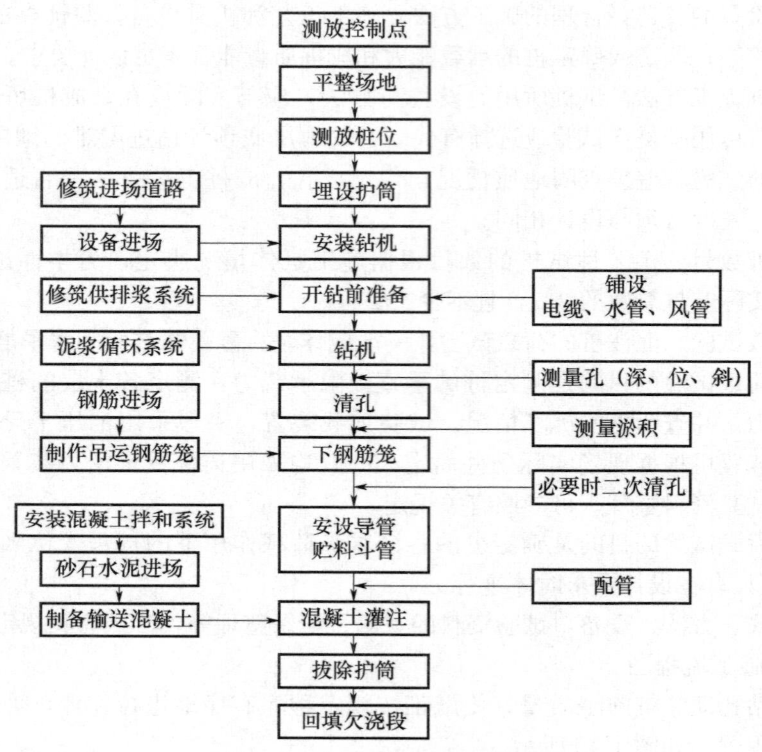

图 1-42　钻孔灌注桩施工流程

1.4.6　造孔

1. 造孔方法

钻孔灌注桩造孔常用的方法有：冲击钻进法、冲抓钻进法、冲击反循环钻进法、泵吸反循环钻进法、正循环回转钻进法等，可根据具体的情况进行选用。

2. 造孔

施工平台应铺设枕木和台板，安装钻机应保持稳固、周正、水平。开钻前提钻具，校正孔位。造孔时，钻具对准测放的中心开孔钻进。施工中应经常检测孔径、孔形和孔斜，严格控制钻孔质量。出渣时，及时补给泥浆，保证钻孔内浆液面的泥浆稳定，防止塌孔。

根据地质勘探资料、钻进速度、钻具磨损程度及抽筒排出的钻渣等情况，判断换层孔深。如钻孔进入基岩，立即用样管取样。经现场地质人员鉴定，确定终孔深度。终孔验收时，桩位孔口偏差不得大于 5cm，桩身垂直度偏斜应小于 1%。当上述指标达到规定要求时，才能进入下道工序施工。

3. 清孔

（1）清孔的目的。清孔的目的是抽、换孔内泥浆，清除孔内钻渣，尽量减少孔底沉淀层厚度，防止桩底存留过厚沉淀砂土而降低桩的承载力，确保灌注混凝土的质量。

终孔检查后，应立即清孔。清孔时应不断置换泥浆，直至灌注水下混凝土。

（2）清孔的质量要求。清孔的质量要求是应清除孔底所有的沉淀砂土。当技术上确有困难时，允许残留少量不成浆状的松土，其数量应按合同文件的规定。清孔后灌注混凝土前，孔底 500mm 以内的泥浆性能指标：含砂率为 8%，漏斗黏度不大于 28s。

（3）清孔方法。根据设计要求、钻进方法、钻具和土质条件决定清孔方法。常用的清孔方法有正循环清孔、泵吸反循环清孔、空压机清孔和掏渣清孔等。

正循环清孔，适用于淤泥层、砂土层和基岩施工的桩孔。孔径一般小于 800mm。其方法是在终孔后，将钻头提离孔底 10～20cm 空转，并保持泥浆正常循环。输入相对密度为 1.10～1.25 的较纯的新泥浆循环，把钻孔内悬浮钻渣较多的泥浆换出。根据孔内情况，清孔时间一般为 4～6h。

泵吸反循环清孔，适用于孔径 600～1500mm 及更大的桩孔。清孔时，在终孔后停止回转，将钻具提离孔底 10～20cm，反循环持续到满足清孔要求为止。清孔时间一般为 8～15min。

空压机清孔，其原理与空压机抽水洗井的原理相同，适用于各种孔径、深度大于 10m 的各种钻进方法的桩孔。一般是在钢筋笼下入孔内后，将安有进气管的导管吊入孔中。导管下入深度距沉渣面 30～40cm。由于桩孔不深，混合器可以下到接近孔底以增加沉没深度。清孔开始时，应向孔内补水。清孔停止时，应先关风后断水，防止水头损失而造成塌孔。送风量由小到大，风压一般为 0.5～0.7MPa。

掏渣清孔，干钻施工的桩孔，不得用循环液清除孔内虚土，应采用掏渣或加碎石夯实等的办法。

1.4.7　钢筋笼制作与安装

1. 一般要求

（1）钢筋的种类、钢号、直径应符合设计要求。钢筋的材质应进行物理力学性能或化学成分的分析试验。

（2）制作前应除锈、调直（螺旋筋除外）。主筋应尽量用整根钢筋。焊接的钢筋，应作可焊性和焊接质量的试验。

（3）当钢筋笼全长超过 10m 时，宜分段制作。分段后的主筋接头应互相错开，同一截面内的接头数目不多于主筋总根数的 50%，两个接头的间距应大于 50cm。接头可采用搭接、绑条或坡口焊接。加强筋与主筋间采用点焊连接，箍筋与主筋间采用绑扎方法。

2. 钢筋笼的制作

制作钢筋笼的设备与工具有：电焊机、钢筋切割机、钢筋圈制作台和钢筋笼成型支架等。钢筋笼的制作程序如下：

（1）根据设计，确定箍筋用料长度。将钢筋成批切割好备用。

（2）钢筋笼主筋保护层厚度一般为 6～8cm。绑孔或焊接钢筋混凝土预制块，焊接环筋。环的直径不小于10mm，焊在主筋外侧。

（3）制作好的钢筋笼在平整的地面上放置，应防止变形。

（4）按图纸尺寸和焊接质量要求检查钢筋笼（内径应比导管接头外径大100mm以上），不合格者不得使用。

3. 钢筋笼的安装

钢筋笼安装用大型吊车起吊，对准桩孔中心放入孔内。如桩孔较深，钢筋笼应分段加工，在孔口处进行对接。采用单面焊缝焊接，焊缝应饱满，不得咬边夹渣。焊缝长度不小于10d。为了保证钢筋笼的垂直度，钢筋笼在孔口按桩位中心定位，使其悬吊在孔内。

下放钢筋笼应防止碰撞孔壁。如下放受阻，应查明原因，不得强行下插。一般采用正反旋转，缓慢逐步下入。安装完毕后，经有关人员对钢筋笼的位置、垂直度、焊缝质量、箍筋点焊质量等全面进行检查验收，合格后才能下导管灌注混凝土。

1.4.8 混凝土的配置与灌注

1. 一般规定

（1）桩身混凝土按条件养护28d后应达到下列要求：

抗压强度达到相应强度等级混凝土的标准强度。

凝结密实，胶结良好，不得有蜂窝、空洞、裂缝、稀释、夹层和夹泥渣等不良现象。

水泥砂浆与钢筋粘结良好，不得有脱粘露筋现象。

有特殊要求的混凝土或钢筋混凝土的其他性能指标，应达到设计要求。

（2）配制混凝土所用材料和配合比除应符合设计规定外，并应满足下列要求：

水泥除应符合国家标准外，其按标准方法规定的初凝时间不宜小于3～4h。

桩身混凝土，密度一般为2300～2400kg/m^3、水泥强度等级不低于32.5$^{\#}$、水泥用量不得少于360kg/m^3。

混凝土坍落度一般为18～22cm。

粗骨料可选用卵石或碎石，最大粒径应小于40mm，并不得大于导管直径的1/8～1/6和钢筋最小净距的1/3，一般用ϕ5～ϕ40mm为宜。细骨料宜采用质地坚硬的天然中、粗砂。

为使混凝土有较好的和易性，混凝土含砂率宜采用40%～45%；并宜选用中、粗砂。水灰比应小于0.5。

混凝土拌合用水，与水泥起化学作用的水达到水泥质量的15%～20%即可。多余的水只起润滑作用，即搅成混凝土具有和易性。混凝土灌注完毕后，多余水逐渐蒸发，在混凝土中留下小气孔，气孔越多，强度越低，因此要控制用水量。洁净的天然水和自来水都可使用。

添加剂为改善水下混凝土的工艺性能，加速施工进度和节约水泥，可在混凝土中掺入添加剂。其种类、加入量按设计要求确定。

2. 水下混凝土灌注

灌注混凝土要严格按照 有关规定进行施工。混凝土灌注分：干孔灌注和水下灌注，一般均采用导管灌注法。

混凝土灌注是钻孔灌注桩的重要工序，应予特别注意。钻孔应经过质量检验合格后，才能进行灌注工作。

（1）灌注导管。灌注导管用钢管制作，导管壁厚不宜小于 3mm，直径宜为 200～300mm，每节导管长度，导管下部第一根为 4000～6000mm，导管中部为 1000～2000mm，导管上部为 300～500mm。密封形式采用橡胶圈或橡校皮垫。适用桩径为 600～1500mm。

（2）导管顶部应安装漏斗和贮料斗。漏斗安装高度以适应操作为宜，在灌注到最后阶段时，能满足对导管内混凝土柱高度的需要，以保证上部桩身的灌注质量。混凝土柱的高度，一般在桩底低于桩孔中水面时，应比水面至少高出 2m。漏斗与贮料斗应有足够的容量来贮存混凝土，以保证首批灌入的混凝土量能达到 1～1.2m 的埋管高度。

（3）灌注顺序。灌注前，应再次测定孔底沉渣厚度。如厚度超过规定，应再次进行清孔。当下导管时，导管底部与孔底的距离以能放出隔水栓和混凝土为原则，一般为 30～50cm。桩径小于 600mm 时，可适当加大导管底部至孔底距离。

① 首批混凝土连续不断地灌注后，应有专人测量孔内混凝土面深度，并计算导管埋置深度，一般控制在 2～6m，不得小于 1m 或大于 6m。严禁导管提出混凝土面。应及时填写水下混凝土灌注记录。如发现导管内大量进水，应立即停止灌注，查明原因，处理后再灌注。

② 水下灌注必须连续进行，严禁中途停灌。灌注中，应注意观察管内混凝土下降和孔内水位变化情况，及时测量管内混凝土面上升高度和分段计算充盈系数（充盈系数应在 1.1～1.2 之间），不得小于 1。

③ 导管提升时，不得挂住钢筋笼，可设置防护三角形加筋板或设置锥形法兰护罩。

④ 灌注将结束时，由于导管内混凝土柱高度减小，压力降低，而导管外的泥浆及所含渣土稠度增加，密度增大，出现混凝土顶升困难时，可以小于 300mm 的幅度上下串动导管，但不许横向摆动，确保灌注顺利进行。

⑤ 终灌时，考虑到泥浆层的影响，灌桩顶混凝土面应高于设计桩顶 0.5m 以上。

⑥ 施工过程中，要协调混凝土配制、运输和灌注各个工序的合理配合，保证灌注连续作业和灌注质量。

1.4.9　灌注桩质量控制

混凝土灌注桩是一种深入地下的隐蔽工程，其质量不能直接进行外观检查。如果在上部工程完成后发现桩的质量问题，要采取必要的补救措施以消除隐患是非常困难的。所以在施工的全过程中，必须采取有效的质量控制措施，以确保灌注桩质量完全满足设计要求。灌注桩质量包括桩位、桩径、桩斜、桩长、桩底沉渣厚度、桩顶浮渣厚度、桩的结构、混凝土强度、钢筋笼，以及有否断桩夹泥、蜂窝、空洞、裂缝等内容。

1. 桩位控制

施工现场泥泞较多，桩位定好后，无法长期保存，护筒埋设以后尚需校对。为确保桩位质量，可采取精密测量方法，即用经纬仪定向，钢皮尺测距的办法定位。护筒埋设时，再次进行复测。采用焊制的坐标架校正护筒中心同桩位中心，保持一致。

2. 桩斜控制

埋设护筒采用护筒内径上下两端十字交叉法定心，通过两中心点，能确保护筒垂直。钻机就位后，钻杆中心悬垂线通过护筒上下两中心点，开孔定位即能确保准确、垂直。回转钻进时要匀速给进。当土层变硬时应轻压、慢给进、高转速；钻具跳动时，应轻压、低转速。必要时，采用加重块配合减压钻进。遇较大块石，可用冲抓锥处理。冲抓时提吊钢绳不能过度放松。及时测定孔斜，保证孔斜小于1%。发现孔斜过大，立即采取纠斜措施。

3. 桩径控制

根据地层情况，合理选择钻头直径，对桩径控制有重要作用。在黏性土层中钻进，钻孔直径应比钻头直径大5cm左右。随着土层中含砂量的增加，孔径可比钻头直径大10cm。在砂层、砂卵石等松散地层，为防止坍塌掉块而造成超径现象，应合理使用泥浆。

4. 桩长控制

施工中对护筒口高程与各项设计高程都要搞清，正确进行换算。土层中钻进，锥形钻头的起始点要准确无误，根据不同土质情况进行调整。机具长度丈量要准确。冲击钻进或冲击反循环钻进要正确丈量钢绳长度，并考虑负重后的伸长值，发现错误应及时更正。

5. 桩底沉渣控制

土层、砂层或砂卵石层钻进，一般用泥浆换浆方法清孔。应合理选择泥浆性能指标，换浆时，返出钻孔的泥浆相对密度应小于1.25，才能保持孔底清洁无沉渣。清孔确有困难时，孔底残留沉渣厚度，应按合同文件规定执行，防止沉渣过多而影响桩长和灌注混凝土质量。

6. 桩顶控制

灌注的混凝土，通过导管从钻孔底部排出，把孔底的沉渣冲起并填补其空间，随着灌注的继续，混凝土柱不断升高，由于沉渣密度较混凝土的小，始终浮在最上面，形成桩顶浮渣。浮渣的密实性较差，与混凝土有明显区别。当混凝土灌注至最后一斗时，应准确探明浮渣厚度。计算调整末斗混凝土容量。灌注完以后再复查桩顶高度，达到设计要求时将导管拆除，否则应补料。

7. 混凝土强度控制

根据设计配合比，进行混凝土试配，快速保养检测，对混凝土配合比设计进行必要的调整。严格按规范把好水泥、砂、石的质量关。有质量保证书的也要进行核对。

灌注过程中，经常观察分析混凝土配合比，及时测试坍落度。为节约水泥可加入适量的添加剂，减少加水量，提高混凝土强度。

严格按规定做试块，应在拌合机出料口取样，保证取样质量。

8. 桩身结构控制

制作钢筋笼不能超过规范允许的误差，包括主筋的搭接方式、长度。定心块是控制保护层厚度的主要措施，不能省略。钢筋笼的全部数据都应按隐蔽工程进行验收、记录。钢筋笼底应制成锥形，底面用环筋封端，以便顺利下放。起吊部位可增焊环筋，提高强度。起吊钢绳应放长，以减少两绳夹角，防止钢盘笼起吊后变形。确保导管密封良好，灌注时串动导管时提高不能过多，防止夹泥、断桩等质量事故发生。如发生这些事故，应将导管全部提出，处理好以后再下入孔内。

9. 原材料控制

（1）对每批进场的钢筋应严格检查其材质证明文件，抽样复核钢筋的机械性能，各项性能指标均符合设计要求才能使用。

（2）认真检查每批进场的水泥强度等级、出厂日期和出厂实验报告。使用前，对出厂水泥、砂、石的性能进行复核，并做水下混凝土试验。严禁使用不合格或过期硬化水泥。

1.4.10　工程质量检查验收

工程施工结束后，应按《地基与基础工程施工及验收规范》有关规定，对桩基工程验收应提交的图纸、资料进行绘制、整理、汇总及施工质量的自检评价工作。同时会同建设、设计和监理单位，根据现场施工情况、施工记录与混凝土试块抗压强度报告表，选定适量的单桩若干根，委托建筑工程质量检测中心进行单桩垂直静载试验检查和桩基动测试验检查，评价桩的承载力和混凝土强度是否满足设计要求。

本章参考文献

[1] 白永年，吴士宁，王洪恩，等．土石坝加固［M］．北京：水利电力出版社，1992.

[2] 王洪恩，卢超．堤坝劈裂灌浆防渗加固技术［M］．北京：中国水利水电出版社，2009.

[3] 夏可风．夏可风灌浆技术文集［M］．北京：中国水利水电出版社，2014.

[4] 杨晓东．锚固与注浆技术手册［M］．北京：中国电力出版社，2010.

[5] 龚晓南．地基处理手册［M］．北京：中国建筑工业出版社，2008.

[6] 苗兴皓，高峰．水利工程施工技术［M］．北京：中国环境出版社，2017.

[7] 孔祥生等．混凝土防渗墙工程施工［M］．北京：中国环境出版社，2017.

[8] 肖恩尚等．灌浆工程施工［M］．北京：中国环境出版社，2017.

[9] 夏可风．地基与基础工程［M］．北京：中国电力出版社，2004.

[10] SL 174—2014 水利水电工程混凝土防渗墙施工技术规范［S］.

[11] SL 564—2014 土坝灌浆技术规范［S］.

[12] JGJ/T 303—2013 渠式切割水泥土连续墙技术规程［S］.

[13] JGJ/T 199—2010 型钢水泥土搅拌墙技术规程［S］.

第2章 隧洞工程

2.1 隧洞工程施工技术概述

隧洞工程是在岩体和土体中挖掘水工隧洞或其他平洞，将土和岩石松动、破碎、掘进和运渣的工程，广泛应用于水利工程中的引水、泄水、导流、交通以及其他隧洞的施工。它与露天开挖相比，具有工作面狭窄、工序多、干扰大、劳动条件艰苦、不安全因素多以及难以投入较多劳力或机械设备等特点。隧洞开挖主要作业工序是掘进（含钻爆）、出碴、安全支护以及风、水、电供应和通风、排水等辅助作业。

隧洞的掘进方法，取决于地质情况、断面形状及尺寸、支护方式、工期要求、施工机械设备和技术水平等条件。在土体中可用挖掘机、单臂掘进机、锄、镐或风镐直接开挖，也可采用盾构法或顶管法；在岩石中普遍采用隧洞钻孔爆破法和全断面开挖法。

2.1.1 盾构法

2.1.1.1 技术简介

盾构法是用带防护罩的特制机械（即盾构机）在破碎岩层或土层中掘进隧洞的施工方法。盾构法的特点是在掘进的同时进行排碴和拼装后面的预制混凝土衬砌块。这种施工方法的机械化程度高，全部工作在盾构壳体保护下进行，施工安全。

2.1.2.2 技术特点

盾构机掘进的具体方法：用带有切割刀具的开式刀盘切割破碎岩层或土层；以尾部已安装好的预制混凝土衬砌块为盾构机向前掘进提供反力；用机械或水力出碴；用盾构支撑洞壁，保障施工安全。盾构机的主要组成部分：用厚钢板制成的防护罩、带有切割刀具的刀盘、刀盘的驱动系统、压缩空气封闭室、向工作面输送膨润土泥浆的管道、从工作面排除开挖土和膨润土泥浆的输送管道、顶制混凝土块安装器、后配套设备和地面泥浆筛分场等。使用水力式盾构机出碴，在工作面处要建立一个注满膨润土液的密封室。膨润土液既用于平衡工作面上的土压力和地下水压力，又用来和土颗粒相互作用以增加粘结力，并作为出渣输送土料的介质。此外，还要在地面上设置筛分场，以便把土料分离出来，重复使用膨润土液。为了向工作面提供稳定的压力，常采用设置空气垫的办法解决。即在水力盾构机前端压力密封舱的上部设置一块局部隔板，隔板下部稍超过盾构机轴线，将舱室分为前后两部分。前部分完全注满膨润土液，后部分只用膨润土液充填一多半，形成一个自由液面。当从舱室上部输入压缩空气，并作用于自由液面时，便形成空气垫。空气垫的压力由一个特制的调节阀控制。液面下降时，泵输出的膨润土液量上升；液面上升时，泵输出的膨润土液量下降，可根据盾构机的掘进速度进行调节。

2.1.2　顶管法

2.1.2.1　技术简介

顶管法是用千斤顶将管子逐渐顶入土中，将土从管内挖出修建涵管的施工方法。顶管法可减少开挖量，节省施工用地，且有投资省、工期短的优点，适用于修建穿过已有建筑物或交通线下面的涵管。中国首先用于城市修建上、下水道工程，随后逐步用于铁路、公路和水利工程。在水利工程中主要用于土坝中修建或改建引水洞，以及修建穿过铁路的灌溉涵管。

2.1.2.2　技术特点

顶管法的施工工艺：顶进、挖土与出土、测量校正、下管与接口等，但可视具体施工方案进行工艺调整。施工前的准备工作包括工作坑布置、后背（后座）修筑、导轨铺设、顶进设备布置、管材准备和排水等。顶进是用千斤顶借助于后背的反作用力推动管节前进，用理论和经验公式计算顶力，以确定千斤顶的吨位和数量，顶进时，各千斤顶的推进速度要同步，做到均匀传力，以免管子偏斜。顶进过程中，一般是先挖后顶，随挖随顶。挖土与出土的方法应因地制宜，可有人工挖、挤压法、机械切削法和水冲法等。如因土质变化、顶力不匀、导轨位置有误、后背不均匀压缩或挖土不平衡致使顶进方向产生偏差，要随时进行测量和校正，采用激光导向和自动校正技术，效果最好。管子接口包括顶进时的临时接口和顶完后的接口封固，为满足防渗要求，要保证接口的施工质量。当管线较长时，为减小顶力，可采用双向顶进或分段顶进，也可使用触变泥浆等润滑措施。触变泥浆是由膨润土、碳酸钠和水等配合而成，具有很好的触变性、稳定性和润滑作用。在顶管推进中，触变泥浆将被挤压到管道外壁，减少顶进的阻力。顶管全线完成后，需进行灌浆，以保证外壁与土体结合密实。

2.1.3　钻爆法

2.1.3.1　技术简介

钻爆法是在隧道掌子面通过钻孔、装药、起爆而破碎岩石达到向前掘进的方法。其工序包括：钻孔、装药、堵塞、起爆、通风散烟和安全检查（包括撬挖松石）等。从第一次钻孔起，经过爆破、通风、出碴，到第二次钻孔开始，称为一个作业循环。

2.1.3.2　技术特点

钻孔爆破必须先进行设计，其内容包括：炮孔布置、掏槽方式，炮孔直径、深度，角度和间距，装药量，装药结构，炮孔堵塞方式，起爆网络等。隧洞掌子面上的布孔，按其作用分为掏槽孔、辅助孔和周边孔。掏槽孔是打开临空面、控制循环进尺的关键，一般分斜孔掏槽和直孔掏槽两大类。辅助孔是掏槽成型后扩大洞挖的主要手段，带有台阶爆破的性质。周边孔控制隧洞的轮廓，多用预裂爆破法和光面爆破法。

掏槽孔的布置方式种类繁多，以能爆到设计的开挖循环进尺和打孔量少为原则，直眼掏槽以一至多个空孔为初始临空面，其中又以大空孔（$\phi60\sim\phi250$mm）的效果最好。常用的直眼掏槽有菱形掏槽、螺旋形掏槽和对称形掏槽等。斜眼掏槽有V形掏槽、扇形掏槽等。也有将两种掏槽方式配合使用的混合掏槽法，在钻孔技术稍差时，往往能取得较好效果。

周边孔采用预裂爆破时，应先进行预裂爆破，再钻掏槽与辅助孔。当周边预裂孔与上述孔同时起爆时，预裂孔宜先于掏槽孔100ms左右起爆，但要注意预裂孔爆破时不应拉坏辅助孔。周边孔光面爆破应尽量选用导爆索网络，为保证它不被辅助孔爆破时拉断，可采用双向环形网络，多个起爆点起爆的方法。

起爆方法：以塑料导爆管雷管为主的非电起爆系统已逐步替代火雷管和电雷管（包括毫秒延期和半秒延期等）起爆系统，而且事故率大大降低。延期时间：掏槽孔的段间时差宜控制在50～100ms。辅助孔及其与掏槽孔的段间时差应控制在100～150ms。

隧洞钻孔爆破采用深孔爆破时应注意管道效应的影响，孔径与药径的比值选在1.14～1.15之间，一般可防止管道效应的发生。

2.1.4 新奥法

2.1.4.1 技术简介

在隧洞设计和施工中，根据岩石力学理论，结合现场围岩变形资料，采取一定措施，以充分发挥围岩自身承载力，进行隧洞开挖和支护的工程技术，简称新奥法(NAMT)。新奥法隧洞施工是奥地利学者L.V.拉布采维兹等人于20世纪50年代初期创建，并于1963年正式命名。它的主要特点：①运用现代岩石力学的理论。②充分考虑并利用围岩的自身承载能力。③通过现场量测信息的反馈。④采用预裂爆破、光面爆破等控制爆破，或掘进机开挖和喷锚支护等手段。⑤因地制宜地进行隧洞开挖和支护。

新奥法的创建人之一奥地利L.米勒教授曾将新奥法的基本原则归纳成22条，其中主要的是：①隧洞的主要承载部分是围岩。②支护的目的是为了更好地发挥围岩的承载作用，在岩体中建立承载环。③为了适应洞室开挖后应力的重新分布，采用薄层和柔性衬砌，以减少弯矩和挠曲破坏。④从静力学观点，可视隧洞为由岩石承载环及支护或（和）衬砌组成的厚壁圆筒结构。⑤从应力重新分布方面考虑，最好的开挖方式是全断面掘进。⑥围岩和衬砌的整体化，应于初次衬砌阶段完成，因此时围岩和衬砌已基本稳定。

2.1.4.2 技术特点

为充分发挥围岩的承载能力，首先使围岩免遭破坏并保证它的稳定性。因此，在选择洞线时，要根据当地的具体地质条件，尽量选取有利于围岩稳定的线路；决定洞室布置和洞体形状时，在满足工程运行需要的前提下，要考虑地应力和施工条件等因素，尽量选择围岩应力分布比较均匀的方案，避免过大的应力集中造成围岩破坏；洞室开挖时，要尽量减少人为因素对围岩的扰动，制订合理的开挖程序，并采用对围岩损伤较小的开挖方法；在进行支护时，既要考虑让围岩承受大部分荷载，又要避免围岩产生过度的松弛，应适时地搞好支护。

适时支护是指进行支护时机要恰到好处。过早支护，支护结构要承担很大的围岩变形压力；过迟支护，围岩会因过度松弛而使岩体强度大幅度下降，甚至导致洞室的破坏，正确的做法是让围岩产生一定的变形，而又加以限制，不让变形发展到有害的程度。实践证明，为实现上述目标，支护结构需在洞室的整个断面上与围岩紧密结合在一起，从而具有足够的刚度，以承担变形压力，但又具有一定的柔性，以实现支护和围岩同步变形。传统的钢木支撑不能满足这种要求，锚杆和喷射混凝土则能与围岩结合为一体，不仅可以取得良好的支护效果，而且施工简便，其参数易于调整，并能满足不同地质条件对支护所提出的各种要求。隧洞的地质条件复杂多变，预先难以准确掌握围岩的各种性质，进行支护的最佳时机也难以通过计算确定，因此只能借助于现场量测技术。一般情况下，施工现场观测取得的资料是围岩性态的客观反映，现场量测工作在新奥法中占有非常重要的地位，要安排在正常施工工序中。

锚杆支护、喷射混凝土和现场量测是新奥法的 3 项重要内容。新奥法的关键是在洞室的设计和施工中要采取措施，使围岩既能充分发挥承载能力，又不致过度松弛降低岩体强度。例如，围岩强度低的隧洞，底拱要及时进行封闭；有些隧洞，要分别进行临时性和永久性的锚喷支护，有时还要铺设金属网或架设钢拱肋等。

2.1.5　全断面隧道掘进机法（TBM）

2.1.5.1　技术简介

全断面隧道掘进机法是利用岩石隧道掘进机在岩石地层中暗挖隧道的一种方法。所谓岩石地层，是指该地层有硬岩、软岩、风化岩、破碎岩等类，在其中开挖的隧道称为岩石隧道。施工时所使用的机械通常称为岩石隧道掘进机（Tunnel Boring Machine），简称 TBM。掘进原理是通过回转刀盘并借助推进装置的反作用力，使刀盘上的滚刀切割（或破碎）岩面以达到破岩开挖隧道（洞）的目的。

我国最早使用 TBM 施工的是水利水电工程，早在 20 世纪 70 年代，云南西洱河一级电站引水隧道使用了上海水工厂制造的 TBM。1985—1990 年，天生桥二级水电站引水隧洞工程使用了美国罗宾斯公司制造的 TBM，由于选型与地质不适应，进度较低，最低月进尺为 31m，最高月进尺仅 92m。1991—1992 年，引大入秦工程输水隧洞总长约 17km，采用了美国罗宾斯公司制造的双护盾式 TBM 施工，应用比较成功，平均月进尺 980m，最高月进尺 1400m。随后，在引黄入晋工程中使用美国罗宾斯公司、法国法马通公司制造的双护盾 TBM，开挖了总长为 122km 的隧道，创造了日掘进 113m、月掘进 1637m 的纪录。辽宁大伙房水库引水工程，全长 85.32km，采用 TBM 法和钻爆法施工，使用了 3 台开敞式 TBM。新疆大坂引水隧洞全长 30.68km，采用 TBM 法与钻爆法相结合的施工方案，用德国海瑞克公司制造的双护盾 TBM，掘进长度约 19.7km。青海引大济湟调水总干渠工程引水隧洞，采用德国维尔特公司制造的双护盾 TBM，掘进长度约 19.94km。

2.1.5.2　技术特点

掘进机组由切削破碎装置、行走推进装置、出渣运输装置、驱动装置、机器方位调整机构、机架和机尾以及液压、电气、润滑、除尘系统等组成。主要适用于较长隧洞中石灰岩、砂页沿，砂岩、砂质黏土岩等中硬岩及软岩的开挖。TBM 按照适应地层不同主要分为以下三种类型：①开敞式 TBM，常用于硬岩，配置有钢拱架安装器和喷锚等辅助设备，当采取有效支护手段后也可用于软岩隧洞；②单护盾 TBM，常用于劣质地层或地下水位较高的地层［见图 2-1（a）］；③双护盾 TBM，既能适应软岩、也能适应硬岩或软硬岩交互地层［见图 2-1（b）］。

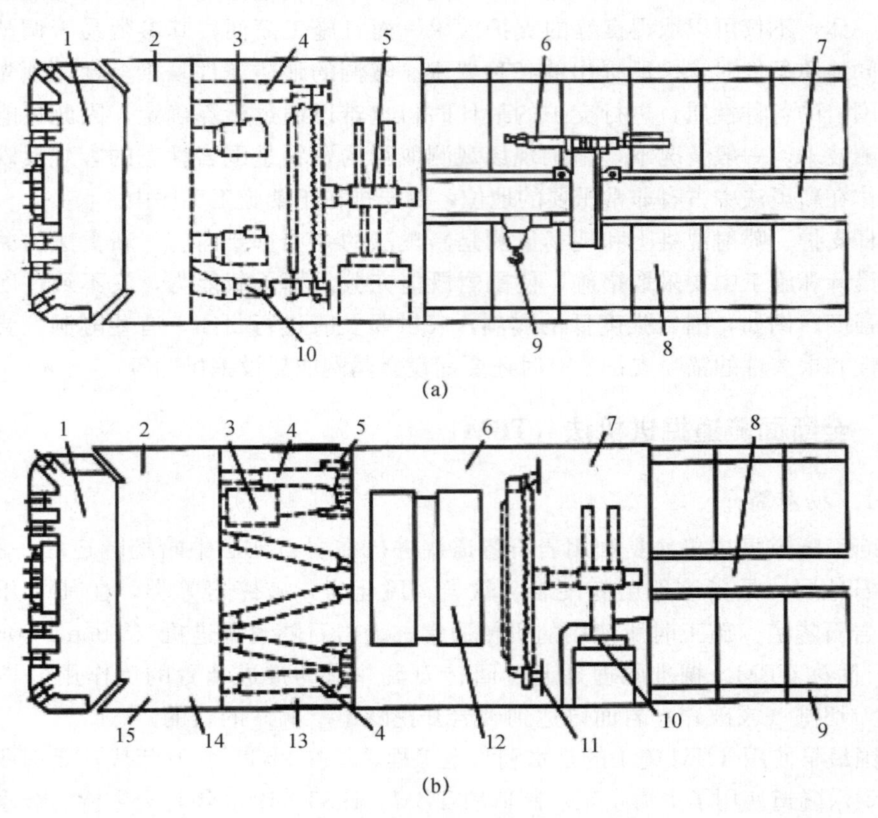

图 2-1　TBM 隧道掘进机

（a）单护盾掘进机；（b）双护盾掘进机

（a）中：1—掘进刀盘；2—护盾；3—驱动组件；4—推进千斤顶；5—管片安装机；6—超前钻机；7—出渣输送机；8—拼装好的管片；9—提升机；10—铰接千斤顶

（b）中：1—掘进刀盘；2—前护盾；3—驱动组件；4—推进油缸；5—铰接油缸；6—撑靴护盾；7—尾护盾；8—出渣输送机；9—拼装好的管片；10—管片安装机；11—辅助推进靴；12—水平撑靴；13—伸缩护盾；14—主轴承大齿圈；15—刀盘支撑

1. 适用范围

由于 TBM 的断面外径范围在 1.8～10m，且随着岩石掘进机和辅助施工技术日臻完善以及现代高科技成果的应用（液压新技术、电子技术和材料等），大大提高了 TBM 对各种困难地层的适应性。对其适用范围应根据隧道埋设周围岩石的抗压强度、裂缝状态、涌水状态等地层岩性条件的实际状况，机械构造、条件以及隧道的断面、长度、位置状况、选址条件等进行判断。从地层岩性条件看，掘进机一般只适用于圆形断面隧道，只有铣削滚筒式掘进机在软岩层中可掘削非圆形隧道（自由断面隧道）。开挖隧道直径在1.8～12m之间，以3～6m直径最为成熟。一次性连续开挖隧道长度不宜短于1km，也不宜长于10km，以3～8km最佳。隧道长度太短，掘进机的制造费用和待机准备时间占工程的总费用和时间的比例必然增加。如果一次性连续开挖施工的隧道太长，超出掘进机大修期限，自然要增加费用和延长施工时间。掘进机适用于中硬岩层，岩石单轴抗压强度介于20～250MPa之间，尤以50～100MPa为佳。

2. 工艺优点

快速：约为钻爆法的4～6倍；优质：洞壁光滑、超挖量少；高效：节约衬砌、节省劳力；安全：安全性加大、作业环境安全；环保：非爆破开挖，尘土、气体、噪声污染少，减少辅助洞室，减少地表破坏；自动化信息化程度高。

2.2　TBM掘进施工环节

2.2.1　施工准备

2.2.1.1　TBM组装调试

在隧洞出口场地组织TBM组装调试，主机与后配套分别在两个场地同时进行。由承包商和TBM制造商共同快速、安全地完成组装调试工作。

1. 组装准备

（1）组装要求

① 制订详细、可行的组装计划。

② 提前做好技术培训，使参加组装人员了解TBM的结构性能。

③ 制订合理的组装材料、机具、配件计划。

④ 严格控制组装质量，做好组装记录。

⑤ 设置专职的质量控制组和安全控制组，全程监控TBM的组装工作。

（2）组装人员准备

根据TBM的结构特点，按专业分工并进行岗前培训，经考核合格后方可持证上岗。

为保证组装安全与质量，TBM组装期间采用两班制作业，每班工作8h，大件吊装全部安排在白班，每班设专职人员对组装调试安全与质量进行监督。

（3）组装场地准备

根据组装需要，结合工地出口场地实际情况，主机组装场地从距洞口30m的位置开始。主机与后配套组装场地布置参见图2-2。

① 根据施工组织设计，确保组装的空间和龙门吊安装的位置。

② 地面硬化至要求的接地比压，完成主机部件摆放区域划分、与地面直接接触各主要部件安装位置的确定并标注。

③ 完成龙门吊安装的准备工作。

④ 完成主机组装基础的施工并达到强度要求，预埋 TBM 向洞内滑行所需钢轨并保证其标高与钻爆法施工段滑行轨道标高一致。主机组装基础参见图 2-3。

⑤ 完成后配套组装用轨道铺设。

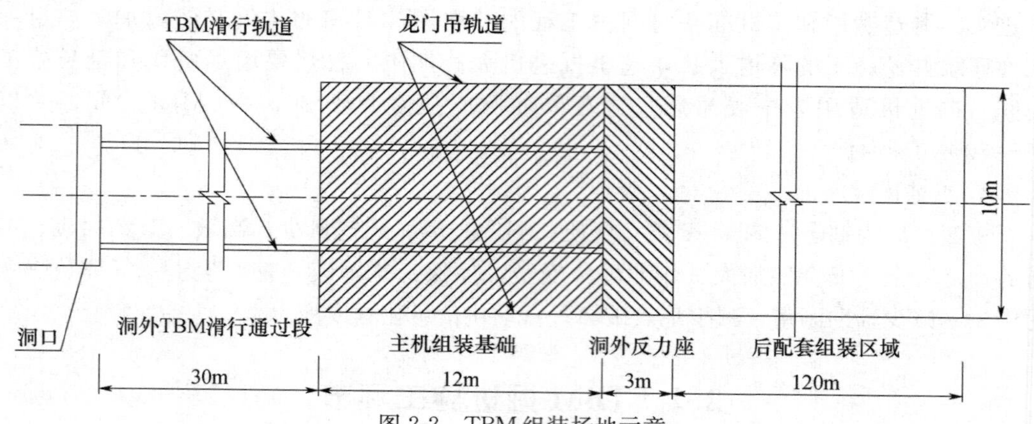

图 2-2　TBM 组装场地示意

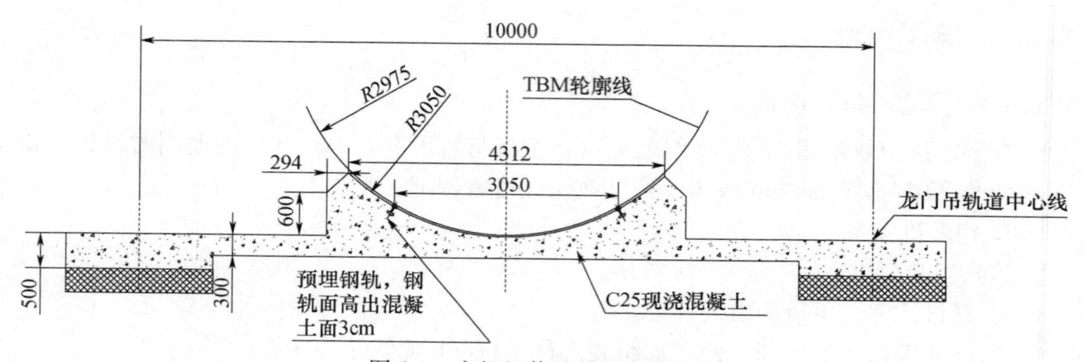

图 2-3　主机组装基础及滑轨示意

（4）组装设备准备

主机的组装使用 1 台 2×50t 龙门吊，后配套组装使用两台 25t 汽车吊。

组装设备、机具根据组装需要配置，在组装场地内合理位置安排电源、高压风源、水源的接口，并根据要求安排电焊机、气割设备、探伤设备和叉车等。

（5）组装方案准备

为保证组装工作安全、快速、有序进行，首先制订详细的组装方案并付诸实施。内容包括：

① 制定组装顺序。

② 根据组装顺序确定运输到场的顺序。

③ 安全措施：制订起重设备安全操作规程、通用与专用工具操作规程、安全用电、消防、保安措施并贯彻落实；对人员进行岗前安全教育，必须使用安全帽、安全带、工作服等；设专职安全员，所有组装工作由组装调试指挥人员统筹安排，按照合理的顺序进行施工，确保人员、设备的安全。

④ 消防器材配备：洞内合理配备灭火器、灭火砂等消防器材。

2. 基本技术要求

为保证 TBM 在组装过程中的顺利、安全、准确，确保其原有的设计精度，应遵循以下技术要求：

（1）平稳吊装，确保安全。

（2）拆箱注意保持其原有设计尺寸，避免损伤构件原有加工精度。

（3）以适当的方式与材料认真清洗各个安装部件和配件。

（4）对照图纸正确安装。

（5）根据螺栓的级别按正确的顺序与扭矩紧固。

（6）电气与液压件安装应给予高度重视，以免由于错接而导致误动作。

（7）专用的设备和工具要根据说明书严格操作，保证安装设备的精度和可靠性。

3. 组装顺序

主机组装与后配套组装分别在各自的场地同时展开，TBM 各部件运输到场，主机部件摆放于主机组装基础之后，后配套部件根据组装顺序，主要摆放于后配套组装区域；经过开箱验收后开始组装，采取边运输边开箱验收边组装的方式。

（1）主机组装

主机组装前在基础的预埋钢轨上涂抹黄油，之后按照 TBM 组装流程逐步完成组装工作。主机组装流程参见图 2-4。

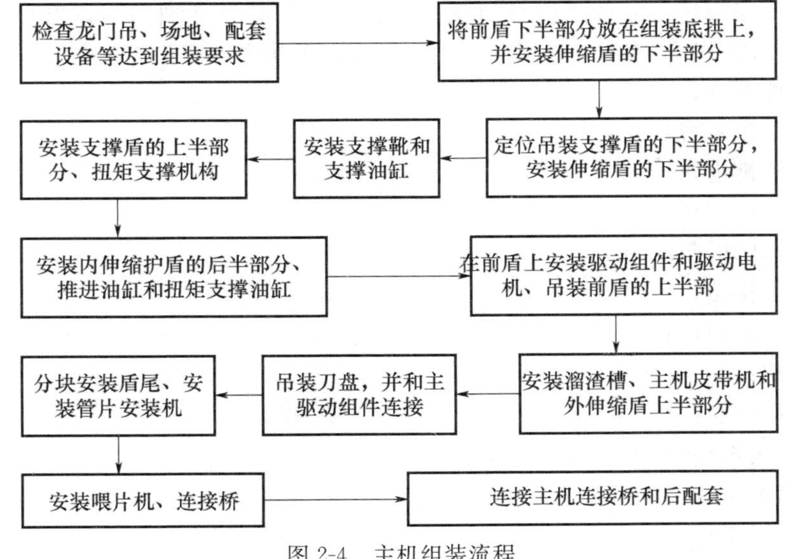

图 2-4　主机组装流程

（2）后配套组装

后配套组装在已经铺设好的轨道上进行，组装采用两台 25t 汽车吊机进行。为最大程度避免与主机组装之间的干涉，从最后一节后配套台车开始组装，两台吊机配合，逐节完成所有后配套的组装工作，按照台车门架在轨道上拼装、安装相关辅助设备，连接电气液压等管线的顺序进行。加工专用的走行式门架支撑连接桥前端，连接桥组装完成后，首先进行连接桥与主机的连接，之后顺序完成后配套与连接桥的连接，使整套 TBM 连接为一个整体，最后安装皮带、硫化皮带。其组装流程见图 2-5。

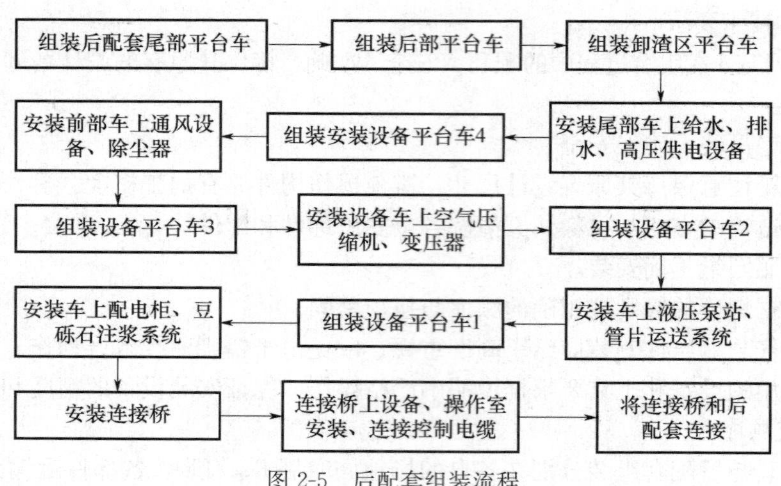

图 2-5　后配套组装流程

（3）主机和后配套连接

组装完毕的后配套和主机连接在一起，对接主机与后配套之间的各种管线。

整机组装的检查：复核所有设备的安装固定，检查管路、线缆的连接情况。

4. 整机调试

组装工作完成后，立即进行整机调试，调试前需制订详细的调试方案，分系统进行，以确保 TBM 性能达到设计标准，主要包括以下几个方面：

（1）支撑系统；

（2）主推进系统；

（3）辅助推进系统；

（4）刀盘主驱动；

（5）刀盘辅助驱动；

（6）管片拼装；

（7）豆砾石回填；

（8）注浆；

（9）材料运输；

（10）通风系统；

（11）供电系统；

（12）通风系统；

（13）给水排水；

（14）PLC 程序控制系统；

（15）皮带机等辅助设备。

调试过程中，须配备抢修工具、必要的配件等，同时详细记录各系统的运转参数，与制造商提供的设计参数对比，对不相符的项目查找原因并采取相应措施，由制造商负责确保设备性能达到设计标准。

2.2.1.2　TBM 滑行

TBM 由组装位置到洞口以及在隧洞出口钻爆法施工段的通过，将采取相同的滑行方式。在尾盾拼装钢管片，以辅助推进油缸顶推钢管片推动整机向前滑动，主机部分在预埋的滑轨上向前滑动，后配套走行于铺设的钢轨上；每向前滑行一个循环即 1.5m，铺设一块钢管片，以 12.5m（约 8 个掘进循环）作为一个完整的滑行工作循环，每个滑行工作循环的第一块钢管片锚固于洞底，其他钢管片与第一块钢管片顺次前后连接，所有钢管片可以循环使用；当整机向前滑行约 8 个循环后，在连接桥位置铺设钢轨，同时重新锚固下一个滑行工作循环的第一块钢管片，并拆除其他钢管片。

1. 滑行准备工作

（1）加工滑行专用钢管片，钢管片结构参见图 2-6；

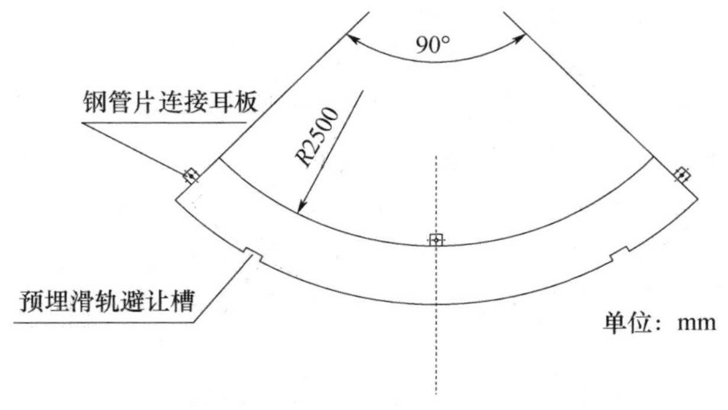

图 2-6 TBM 滑行用钢管片

（2）TBM 进洞前，在洞外组装及滑行基座上预埋钢轨，在钻爆法施工段锚固 30mm×100mm 钢板作为 TBM 滑行时主机的滑轨，洞外滑轨位置参见图 2-2，洞内滑轨位置如图 2-7 所示；

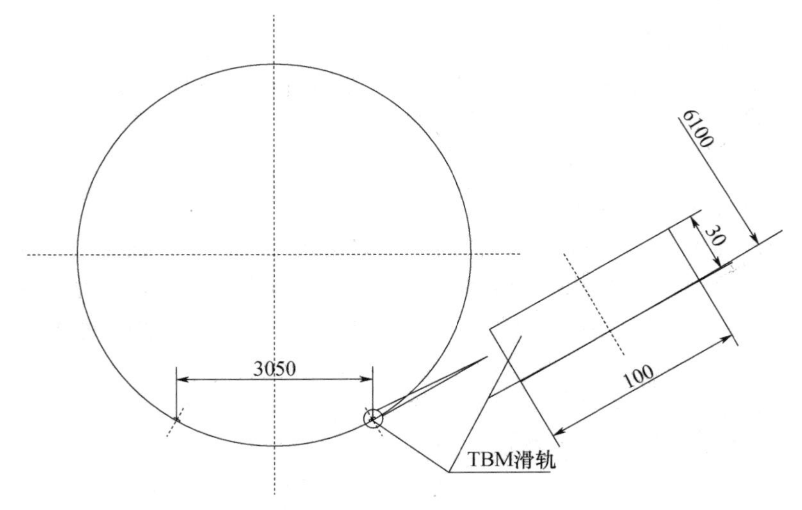

图 2-7 钻爆法施工段预埋滑轨安装位置

（3）检查 TBM 滑轨，对损坏、变形的必须修复；

（4）检查滑轨安装位置，如不符合要求，必须进行调整；

（5）准备编组列车，满足滑行期间钢轨、电缆、风水管延伸等需要；

（6）清理钻爆法施工段，确保洞内没有干涉 TBM 通过的设施及杂物；

（7）复核钻爆法施工段隧洞的轴线误差。

2. 滑行

（1）在洞外组装基座尾部拱底 TBM 尾盾管片拼装位置钻 ϕ50mm 孔，孔深 50cm，共两排，每排 3 个孔；

（2）将钢管片安装在 TBM 尾盾位置，用 ϕ45×400mm 销子固定在已经钻好的 6 个孔中；

（3）在滑轨上涂抹黄油，以辅助推进油缸顶推钢管片，推动 TBM 主机在滑轨上向前滑动，后配套在铺设好的钢轨上向前行进；

（4）整机向前移动一个掘进行程的距离后，在第一块钢管片的前方铺设第二块钢管片，但拱底部位不钻孔，该管片仅在图 2-6 中位连接耳板上用螺栓与第一块钢管片固定，以防止 TBM 前进过程中钢管片翘曲；

（5）第二块钢管片铺设完毕，再次以辅助推进油缸推动整机向前行进；

（6）以此类推，共铺设 8～9 块钢管片后，连接桥前支架后部将会有 12.5～13m 的空间，则在此部位铺设钢轨，同时拆除已经铺设好的第一块钢管片，在盾尾重新钻孔锚固；

（7）向前推进一个掘进循环的距离后，将目前最后一块钢管片拆除，安装在尾盾部位，并与刚刚锚固的该滑行工作循环的第一块钢管片纵向连接；

（8）依照上述方法，推动 TBM 向前行进，同时完成 TBM 尾部风水管、电缆的延伸。

TBM 滑行过程参见图 2-8。

3. 滑行注意事项

滑行过程中需注意以下几个方面：

（1）滑行过程中，需对主机及后配套加强巡视，确保 TBM 各部位与洞壁没有干涉，特别是刀盘前方，必须派专人负责观察；

（2）加强 TBM 姿态控制；

（3）控制滑行速度，不可太快；

（4）滑行过程中，相关部位的人员之间以对讲机相互联系，确保信息畅通；

（5）滑行过程中，刀盘前方负责观察的人员与 TBM 主司机密切联系；

（6）根据复核的钻爆法施工段隧洞轴线误差，确定各组主推进油缸的行程，确保 TBM 的前进方向；

（7）密切观察锚固环钢管片及其他钢管片的工作状态；

（8）推进过程中，钢管片范围内不得站人。

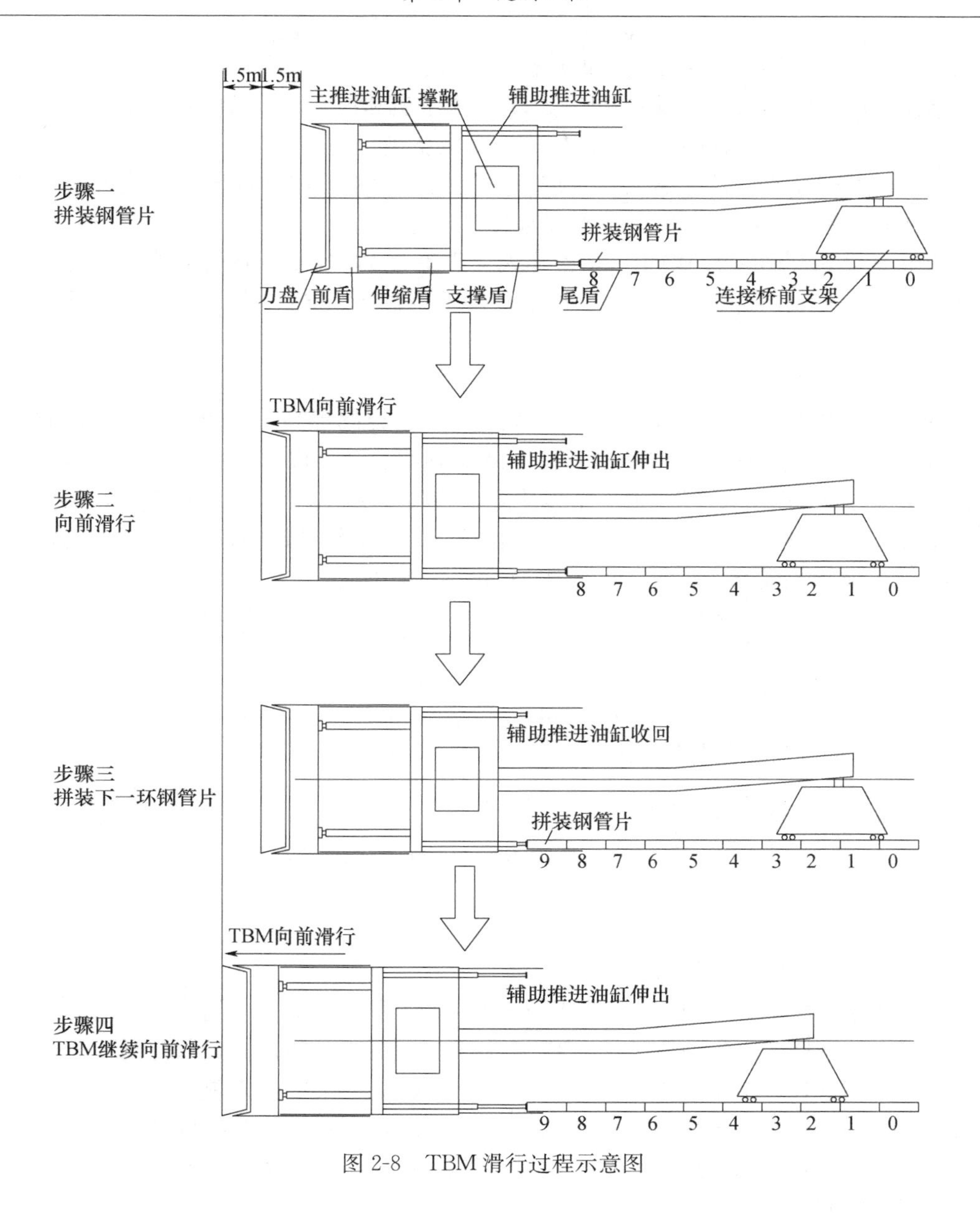

图 2-8　TBM 滑行过程示意图

2.2.1.3　TBM 始发与试掘进

1. 试掘进组织

TBM 掘进机组装完成步进至出发洞后，拆除步进装置开始试掘进施工。试掘进长度为 2km，前 1km 由 TBM 供货商示范操作并负责对承包人完成培训；试掘进后 1km 由承包人负责操作，TBM 供货商负责技术指导。

根据正常施工的工班组织配备人员，在前 1kmTBM 供货商示范操作时 TBM 技术人员和操作人员和供货商进行充分的学习。同时完成正常的辅助作业，包括锚杆、喷射混凝土、轨道和轨枕的施工。

后 1km 施工时 TBM 技术人员和操作人员进行独立操作时，必须按照供货商指定的操作程序进行施工，以保证设备正常投入运行。

试掘进的目的：试掘进段主要检验 TBM 掘进机和连续皮带机的协调情况，液压系统、电器系统和辅助设备的工作情况，完成对设备进行磨合。

试掘进期间完成对各个单项设备进行功能测试，并通过对各设备系统做进一步的调整，使其达到最佳状态，具备正式快速掘进的能力。

通过 TBM 试掘进段的施工，使操作人员熟悉 TBM 各项设备的性能，总结出使用本型号 TBM 的成功经验以及在引水隧洞地质条件下 TBM 掘进参数的选择及控制措施。

2. TBM 就位

始发前，复核 TBM 滑轨，确保滑轨顺直，严格控制标高、间距及中心线，调整好 TBM 的姿态，主机轴线应该与即将开挖的隧洞轴线一致，以保证掘进方向准确。根据“TBM 段与钻爆段接头大样”，由于钻爆法施工段与 TBM 施工段轴线有偏差，断面形式也不能满足 TBM 始发要求，因此需要进行扩挖，并且滑轨铺设需根据 TBM 姿态调整的需要施工。TBM 始发就位所需空间及滑轨铺设参见图 2-9。

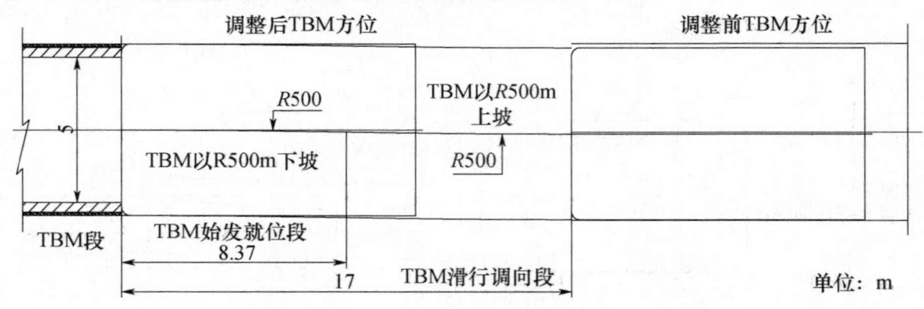

图 2-9　TBM 始发就位空间示意

(1) 钢管片与负环管片拼装

由于从钻爆法施工段向 TBM 施工段过渡部分空间狭小，不具备安装普通反力架的条件，根据该洞段的工程地质条件，TBM 掘进将采取双护盾模式，因此需要专门加工部分特殊的钢管片，用以承受始发时拼装管片的反力。TBM 始发就位后，由下向上分块将钢管片锚固在洞壁上，将其焊接为一个整体，确保安装位置精确，为负环管片的准确安装做好准备。钢管片为箱型结构，沿圆周方向分为五块，内设筋板，预留两圈交错布置的锚固孔。

始发时边掘进边拼装负环混凝土管片，并从左右两侧加以支撑，确保拼装精度，为起始环管片的精确拼装创造条件。待 TBM 掘进 60m 之后，拆除钢管片、负环混凝土管片以及接口密封。

钢管片与负环管片的拼装参见图 2-10，负环管片的加固参见图 2-11。

(2) 起始环管片拼装与回填

负环管片拼装完毕，开始拼装起始环管片，起始环管片应准确定位：定位支撑应锚固牢靠，不变形；上下左右对称，误差不大于 1mm；起始环管片拼装完成后，需填充豆砾石并注浆，因而制作安装接口密封。密封结构参见图 2-12。

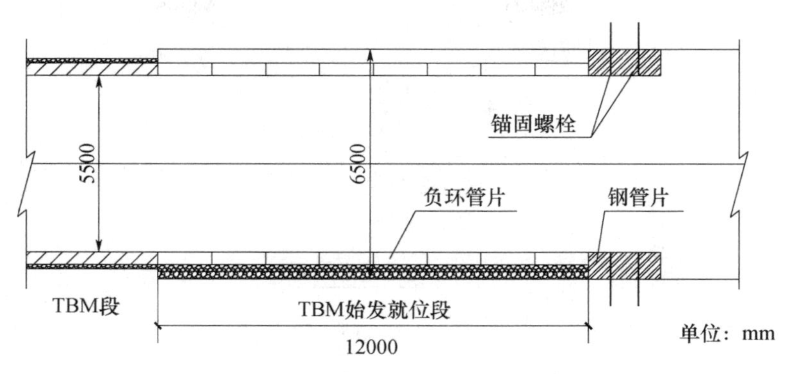

图 2-10　钢管片与负环管片拼装示意

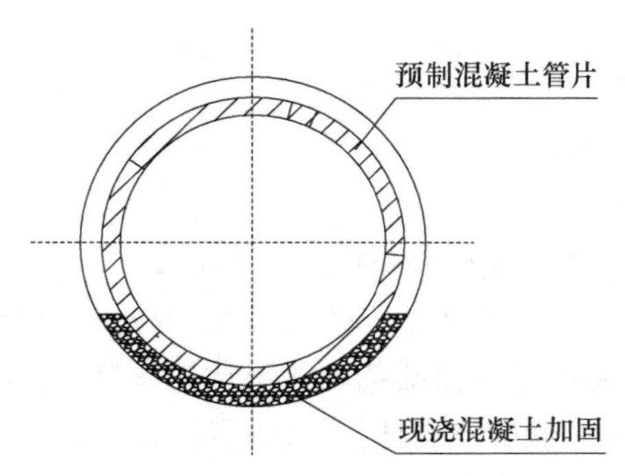

图 2-11　负环管片加固措施

（3）TBM 始发扩挖段断面恢复

TBM 始发扩挖段钢管片、负环管片及接口密封拆除后，根据 TBM 段与钻爆段接头断面设计喷射混凝土予以恢复。

3. TBM 试掘进

在试掘进阶段，施工人员必须熟练掌握掘进机施工的技术与参数控制，实现信息化施工。在施工过程中，应注意研究掘进参数的设定方法和原理；掘进时推进速度要保持相对平稳，控制好每次的纠偏量，为管片拼装创造良好条件；学会根据设计图纸及超前地质预报结果，判断围岩类别、岩性、稳定性、整体性、抗压强度等参数，对掘进时各种设备操作及工程地质等技术数据进行采集、统计和分析，争取在试掘进期内熟练掌握盾构机的操作方法，确定本机在各种地质条件下掘进施工的参数设定范围，形成一套相对完善的施工方法。此阶段工作重点如下：

（1）用最短的时间熟悉掌握掘进机的操作方法、机械性能，培训合格的设备操作人员；

（2）了解和认识工程地质条件，掌握本机在该地质条件下的操控方法；

（3）熟悉管片拼装（或锚喷）的操作，掌握拼装质量的控制方法，提高拼装质量与速度；

（4）通过试掘进，掌握本机在不同围岩下掘进模式与掘进参数的选择；

（5）整合施工组织，使之更加有利于提高施工质量与施工速度。

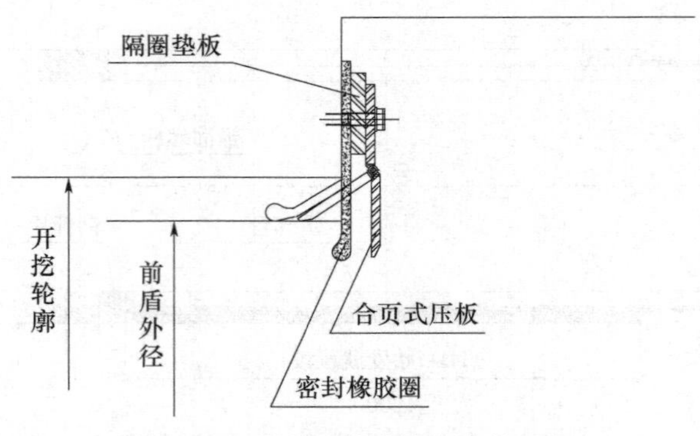

图 2-12　起始环管片接口密封示意

2.2.2　开挖掘进

2.2.2.1　TBM 正常开挖掘进

1. 破岩原理

在完整、密实、均一的岩石中，刀具的刀刃在巨大推力的作用下切入岩体，形成割痕。刀刃顶部的岩石在巨大压力下急剧压缩，随刀盘的回转和滚刀的滚动，这部分岩石首先破碎成粉状，积聚在刀刃顶部范围内形成粉核区。

刀刃切入岩石和刀刃的两侧劈入岩体，在岩石结合力最薄弱的位置产生多处微裂痕。随着滚刀切入岩石深度的加大，微裂纹逐渐扩展为显裂纹。当显裂纹和相邻刀具作用产生的显裂纹交汇或显裂纹发展到岩石表面时，就形成了岩石断裂体和一些碎裂体。岩石断裂体一般呈：厚度：$\delta \leqslant$贯入度（mm）；宽度：$a=\lambda$（刀间距）$-b$（刀刃宽度）；长度：$L \leqslant$刀间距；裂纹角：$\alpha=18° \sim 30°$（图 2-13）。

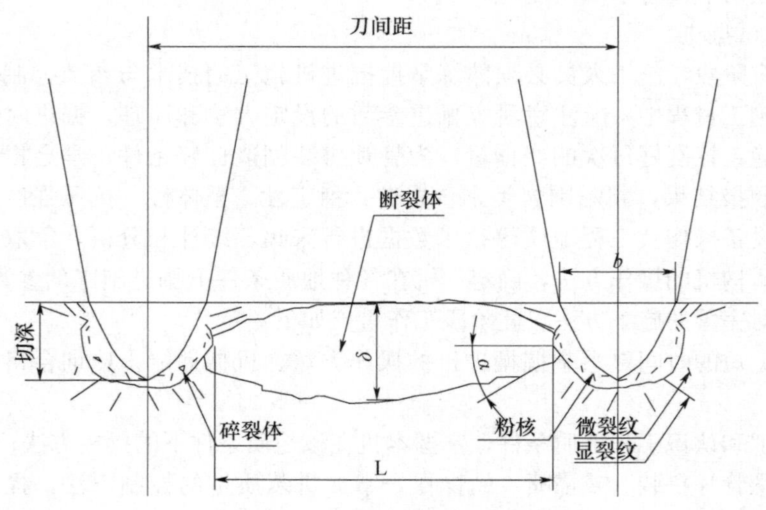

图 2-13　刀具破岩机理示意

2. 开挖施工

(1) 施工组织

双护盾掘进机有双护盾和单护盾两种掘进模式，掘进施工过程中，需根据工程地质图纸、石碴、前序掘进参数、超前地质探测结果等，对掌子面围岩状态做出准确判断，据此选择相应的掘进模式及掘进参数。

TBM 施工采取三班制，两班掘进一班整备，掘进工班每班工作 9h，整备工班工作 6h，每天上午 8：00—14：00 整备。工班配备主要人员见表 2-1。

表 2-1　TBM 施工人员配置

工班	工种	人数（人）
掘进一班	工班长	1
	TBM 司机	1
	机械工程师	1
	电器工程师	1
	土木工程师	1
	测量工	1
	刀具组	3
	管片拼装（或锚喷）组	13
	底部清渣、轨枕、轨道铺设组	7
	风水及供给保证组	3
	连续皮带机组	4
	排水组	4
	人员小计	40
掘进二班	同掘进一班	40
整备工班	工班长	1
	TBM 司机	1
	机械工程师	2
	电器工程师	2
	土木工程师	1
	测量工程师	1
	刀具组	8
	土木组	6
	连续皮带机组	8
	运输组	8
	机械保养修理组	8
	电器维护组	4
	人员小计	52
合计		132

(2) 施工准备

① 接通隧洞内的照明。

② 接通 TBM 主机变压器的电源，使变压器投入使用。待变压器工作平稳后，接通二次侧的电源输出开关，检查 TBM 所需的各种电压，并接通 TBM 及后配套上的照明系统（此项工作在初始掘进施工时进行，除高压电缆接续施工外，一般保持 TBM 变压器连续工作）。同时检查 TBM 上的漏电监测系统，确定接地的绝缘值可以满足各个设备的工作要求。

③ 检查气体、火灾监测系统监测的数据、结果。确定 TBM 可以进行掘进作业。确认所有灯光、声音指示元件工作正常。所有调速旋钮均在零位。

④ 检查液压系统的液压油油位、润滑系统的润滑油位，如有必要马上添加油料。确认给水、通风正常。

⑤ 接通 TBM 的控制电源，启动液压动力站、通风机、TBM 自身的给水（加压）水泵。根据施工条件，确定是否启动排水水泵。

⑥ 确定连续皮带机、风、水、电管线延伸等各种辅助施工进入掘进工况。

⑦ 检查测量导向的仪器工作正常，并提供正确的位置参数和导向参数。根据测量导向系统提供的 TBM 的位置参数，调整 TBM 的姿态，确保方向偏差（水平、垂直、圆周）在允许误差范围内，撑紧水平支撑靴达到满足掘进需要的压力。

(3) 掘进作业

① TBM 在掘进施工过程中，需根据工程地质图纸、石碴情况、上一循环掘进参数、邻近超前隧洞的地质情况等，对掌子面围岩状态做出准确判断，据此选择相应的掘进模式及掘进参数。如有必要，可采用超前地质探测，进一步确定前方围岩状态。配置超前钻孔探测装置以及采用的可随开挖进行预报的 BEAM 超前预报系统，可预测前方 150m 范围内围岩地质情况。为保证超前预报的准确性，施工中初步考虑每次超前预报实施 50～100m 的距离。

② 选择掘进参数。根据判定的掌子面的围岩状态，选择推力、撑靴压力、刀盘转速等掘进参数。掘进过程中结合实际掘进参数的变化判断围岩的变化，适时适当调整，同时结合施工经验使掘进参数与围岩状况实现最佳匹配。

③ 顺序启动洞内连续皮带机、皮带连接桥皮带机、主机皮带机，并确保其运转正常；顺序启动刀盘变频驱动电机；启动主轴承的油润滑系统、各个相对移动部位的润滑系统。启动掘进机各个部位的声电报警系统，提示进入工作状态。

④ 空载启动刀盘，启动除尘风机，水平支撑撑紧，收起后支撑。

⑤ 慢速推进刀盘靠紧掌子面，确定刀盘已经靠紧掌子面后选择合适的推进速度、刀盘转数进行掘进作业。在刀盘和岩石表面接触之前启动刀盘喷水系统对岩石喷水。

⑥ 操作人员在控制室时刻监控 TBM 掘进时各种参数的变化、石渣状态等。掘进时根据 TBM 的设备掘进参数和预计的前方围岩的情况选择适当的掘进参数，包括刀盘转速、推进力、变频电机频率、推进速度、皮带机转速等。并根据围岩的状况变化及时进行调整。专职安全员进行各设备的运行检查，保证设备运行安全。

⑦ 换步、调向。掘进行程完成之后，停止推进并将刀盘后退约 3～5cm，停止刀盘旋转，伸出后支撑撑紧洞壁，收回水平撑靴油缸使支撑靴板离开洞壁，收缩推进油缸

将水平支撑向前移动一个行程。撑靴再次撑紧洞壁，利用连接桥和后配套连接油缸拖拉后配套到位，进行换步，重复掘进准备工作，开始下一掘进行程。

TBM 调向过程可以在换步完成后利用水平撑靴支撑洞壁进行调整，也可以在掘进过程中进行微小的调整。TBM 主司机应该在换步过程中，根据测量导向系统所显示的上一循环结束时 TBM 的方位，本掘进循环调向参考值调整 TBM 的姿态，确保掘进方向控制在允许范围之内。如有必要，可以适时在掘进施工过程中进行调整。

掘进机施工流程如图 2-14 所示。

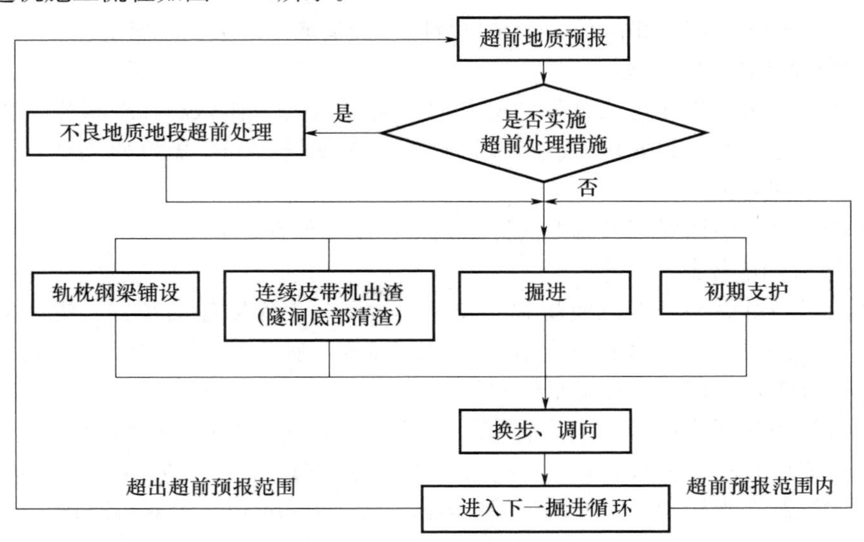

图 2-14　掘进机施工流程

3. 出碴运输

TBM 施工的掘进施工和出渣运输同时进行，刀盘开挖的石渣通过皮带机卸到停放在后配套上的渣车内，矿车通过牵引机车移动使石渣均匀卸到各节车内。

编组列车利用 35t 变频电动机车牵引出洞，到达卸渣翻车机，将石渣卸到渣场。

4. 停机

TBM 施工过程中，经常会需要停机，如连续皮带机皮带的硫化、刀具的检查更换、处理不良地质等情况会需要停止 TBM 掘进的作业。停机的操作如下：

（1）如当时正进行掘进施工，就必须按操作的规程顺序停止推进、后退刀盘、停止刀盘喷水、停止刀盘旋转、停止驱动电机、顺序停止随机皮带和连续皮带机。在此情况下一定注意将所有皮带上的石碴输送完毕后才能停止皮带机。

（2）如果需要较长时间的停机，在完成上述步骤后，依次停止除尘、给水、通风系统。

（3）根据施工的需要启动施工所需的设备进行作业。

2.2.2.2　TBM 轴线控制

TBM 施工采用 PPS 自动导向系统对隧洞轴线进行跟踪控制，TBM 操作人员工根据导向系统数据和指导调向措施及时调整 TBM 的掘进方向，因此 TBM 施工的轴线控制主要是对导向系统的控制、使用。

1. 影响导向系统正常工作的因素

(1) 灰尘：若洞内灰尘太大，导致固定全站仪无法前（后）视到目标棱镜（定向棱镜），使系统无法正常工作。

(2) 水雾气：由于本标段掘进洞段地下水丰富，可能出现高压喷射水流，会在目标棱镜和全站仪之间形成水雾，将导致无法前视到棱镜内的照准目标，使系统无法正常工作。

(3) TBM 设备阻挡全站仪通视到目标棱镜。

(4) 洞内照明不能满足条件，全站仪无法测量和定向。

(5) 导向系统出现线路故障、全站仪故障等会造成系统无法正常工作。

2. 测量导向系统的管理

(1) 工程技术人员在施工过程中应及时了解系统的工作状态，对操作室内导向显示屏上出现的任何参数和显示的问题及时解决。在掘进过程中做好对马达棱镜、全站仪和后视棱镜的防护。

(2) 掘进过程中做好掘进偏差的详细记录，以备核查、分析。

3. 掘进方向的控制

操作人员熟练掌握掘进机换步调向技术，对调向工作以超前预判、提前实施调向的原则进行。必须根据技术要求严格控制调向幅度，避免对刀盘边缘的刀具和出碴机构产生大的冲击，造成刀具和出碴机构的损伤。

掘进过程中时刻注意刀盘推力状态，了解出碴情况，综合实际情况正确选择掘进模式、掘进速度等掘进参数，并在掘进过程中随时调向，完全掌握对掘进方向的控制，将掘进方向控制在水平和竖向分别为设计轴线的±100mm 和±60 mm 之内。

2.2.2.3 不同围岩类别 TBM 施工参数的选定

1. 节理不发育的Ⅱ类、Ⅲ类围岩

隧洞沿线Ⅱ类、Ⅲ类围岩单轴抗压强度较高，节理不发育、不易破碎，在此类围岩施工中对 TBM 的推力的要求为主要要求，首先要保证推力满足破岩的要求，若选择推力小则掘进推进速度太低，将会出现刀圈磨损量很大，而掘进开挖效率不高的情况；如果采用较大推力以获得较高掘进速度，刀具的承载推力较大，可能会造成刀具的超负荷，产生轴承漏油或刀圈偏磨现象，因此，必须选择合理的掘进参数。

根据 TBM 的设备参数选择电机驱动的高转数进行掘进，正常推力和掘进速度选择 TBM 全速的 35％～50％左右。施工过程中应根据需要对刀具择机检查，及时更换磨损刀具，以保证 TBM 施工的速度发挥。

2. 节理发育的Ⅱ类、Ⅲ类围岩

隧洞沿线节理发育的Ⅱ类、Ⅲ类围岩洞段，围岩抗压强度中等，破岩需要的掘进推力较小，此时对 TBM 的主要要求为破岩扭矩的需要，施工应以刀盘的扭矩作为主要参数，随时根据扭矩的需要选择合适的推进速度，并密切观察扭矩变化，调整最佳掘进参数。

3. 节理发育且硬度变化较大的Ⅳ类围岩

隧洞沿线中Ⅳ类围岩洞段分布不均匀，软硬度变化大，TBM 设备有时会出现较大的振动，所以推力和扭矩的变化范围大，应采用手动控制模式，及时根据观察到的围岩变化和设备的参数变化调整刀盘的转数和推进速度。

若刀盘扭矩的变化很大，观察碴料有不规则的块体出现，可将刀盘转速换成低速，并相应降低推进速度，待振动减少并恢复正常后，再将刀盘转换到高速掘进。

当扭矩和推力大幅度变化时，应尽量降低掘进速度，以保护刀具和改善主轴承受力，必要时停机前往掌子面了解围岩和检查刀具。

4. 断层带（Ⅳ、Ⅴ类围岩）下的作业

TBM 在此类围岩段施工时，应根据观察到的扭矩变化、电流变化及推进力值和围岩状况随时进行掘进参数的调整。

围岩变化通过皮带机上的石渣情况、掘进机状态参数进行观察，当皮带机上出现直径较大的岩块，块体的比例大约占出渣量的 20%～30%时；或 TBM 掘进施工的推力下降较快、扭矩增加时，应降低掘进速度，控制贯入度。当皮带机上出现连续不断的大量块体输出时，停止掘进，待出渣量稳定后对掌子面围岩进行观察，围岩情况确定后变换刀盘转速和推进力控制贯入度进行掘进。根据掘进机参数，各类围岩 TBM 施工拟采用参数见表 2-2。

表 2-2　各类围岩施工参数

岩石类别（抗压强度）	掘进行程（m）	刀盘转数（r/min）	扭矩范围（kN·m）	推力范围（kN）
120～150MPa	1.82	2.24～5.0	7509～16519	11351～22703
90～120MPa	1.82	2.24～5.0	7509～16519	11351～22703
≤90～120MPa	1.82、0.91	1.2～4.0	7509～16519	11351～17653
断层、破碎带及软弱围岩	1.82、0.91	1.2～4.0	7509～12319	11351～17653

2.2.2.4　连续皮带机出渣及材料运输

1. 连续皮带机布置

由于 TBM 掘进速度快、出碴量大、距离长，因此采用连续皮带机出渣。连续皮带运输系统主要由主皮带驱动装置、张紧装置（皮带储存仓）、皮带、辅助驱动装置、支撑机构、移动尾部（安装在 TBM 上）组成。开挖石渣通过安装在 TBM 本身的皮带机运送到安装在后配套连续皮带移动尾部，通过连续皮带机运送石渣到固定皮带机转运到弃渣场。连续皮带运行示意见图 2-15。

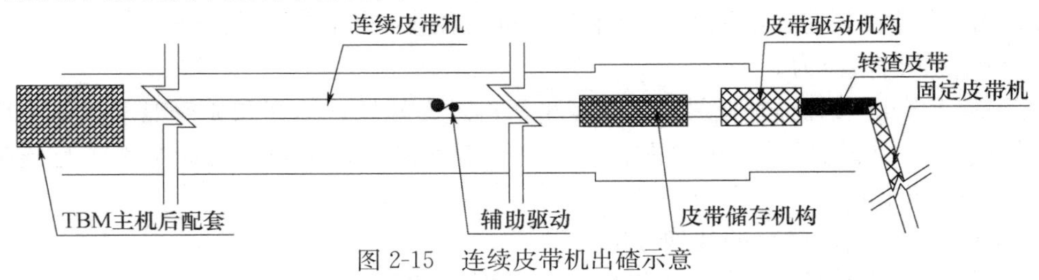

图 2-15　连续皮带机出碴示意

2.2.3　特殊地质条件隧道洞段掘进

2.2.3.1　涌水洞段掘进

1. 涌水洞段 TBM 施工原则

(1) 及时实施超前预报预测

利用 TBM 自带的超前钻探系统、BEAM 系统对掌子面前方的围岩进行探测，了解前方的地质详情，为TBM开挖施工提供指导。根据超前的排水洞的地质情况以及超前孔了解地下水的活动规律，判定涌水量、压力，防止突然涌水。对有可能对施工人员、设备安全造成较大威胁及对工期造成较大影响的掌子面前方的地下水进行超前处理。

（2）渗滴水和线状渗水

对于渗滴水和线状渗水出水洞段，为保证TBM快速施工，考虑在隧洞开挖过后以自排为主，暂不作注浆处理，掘进通过后再择机注浆处理，不影响隧洞掘进进度。

对隧洞洞壁边墙、顶拱附近的渗滴水和线状渗水出水设置引排设施，设置导水盲管等，将出水沿隧洞洞壁引导到隧洞底部排水通道中，以免由于水长期淋在TBM设备上影响设备的正常工作，并在混凝土衬砌前择机进行有效的封堵。

（3）高压、集中涌水

根据超前地质预报的结果以及辅助洞、排水洞的隧洞开挖情况，在可能出现高压、集中涌水的洞段首先进行TBM设备的防水防护，方可开挖进入该洞段。当预计工作面前方的高压大流地下水排放不会影响围岩稳定，可采取超前钻孔、开挖导水洞、钻孔卸压等措施对大流量、高压的涌水进行排放，或安装钢瓦片先挡水，在引流排放达到TBM施工的要求后进行TBM的开挖施工。

如涌水的排放影响围岩的稳定，则需要对涌水进行超前灌浆处理。超前处理达到洞室稳定和开挖安全要求后，才能掘进通过。

（4）不同出水点位置对TBM施工的影响及应对措施

采用TBM施工时，由于TBM关键设备高度上均处于安全的位置，隧洞边墙和底部的低压出水对TBM设备没有较大的影响，施工中在底部轨道安装位置要保证水流能够顺利流出，同时将型钢轨枕和钢轨按照规定位置安装，锚杆施工按照正常施工进行。喷射混凝土施工前首先将边墙上的出水引流到隧洞的底部并确定符合混凝土喷射要求后方可进行混凝土喷射作业。顶部出水需要进行适当引排，方可继续施工。

对于隧洞中的高压出水，由于TBM设备均在水流冲击之下，必须采取措施保证TBM不遭受高压水流的直接冲击，特别要根据超前预报的结果在TBM即将进入可能出现大涌水的洞段时，提前在TBM的关键设备上做好防护，防止出现高压出水时水流直接冲击TBM的设备。必要时安装钢瓦片进行挡水，同时利用锚杆钻机施工泄水孔，降低出水点的出水压力。

TBM开挖待水流压力减弱、流量减小后再重新开始，锚杆和喷射混凝土施工待涌水释放或者压力降低后采用引流方式引水到隧洞底部后，检查工作面是否满足施工要求，方可进行施工。

2. 大流量、高压涌水的处理方法

TBM施工遭遇到涌水时的工作流程如图2-16所示。

（1）钢瓦片防水

隧洞中出现高压、集中涌水时，涌水可能会影响TBM上相关电气设备的运行，施工中首先对高压水进行适当排放后方可继续开挖施工。涌水隧洞中采用的TBM钢拱架安装钢瓦片，操作人员在挡水护盾（防水蓬）的防护下利用该设备可以对出水进行临时封堵，避免大压力的涌水直接冲击到TBM设备上，保证施工设备、人员的安全，待水流压力不影响TBM施工时继续进行掘进施工。

（2）开挖横向排水洞排放大压力、大流量的涌水

出现超大压力、流量的涌水时，可能造成 TBM 施工受阻，无法继续进行开挖施工。此时钢瓦片不能有效地起到挡水的作用，需要开挖排水横洞排放出隧洞中大流量涌水，直到涌水点的水压力和流量不影响 TBM 正常施工。

（3）TBM 掘进参数的选择

在出现大量的涌水洞段，由于底部部分刀盘可能处于水中，施工如仍选择正常旋转速度，大量的水将被带到皮带上，影响到 TBM 施工。因此需要开启底部下支撑的排水闸门，同时降低刀盘转数，保证刀盘卷起的水在上升的过程中流出时不会倾泻到皮带机上。

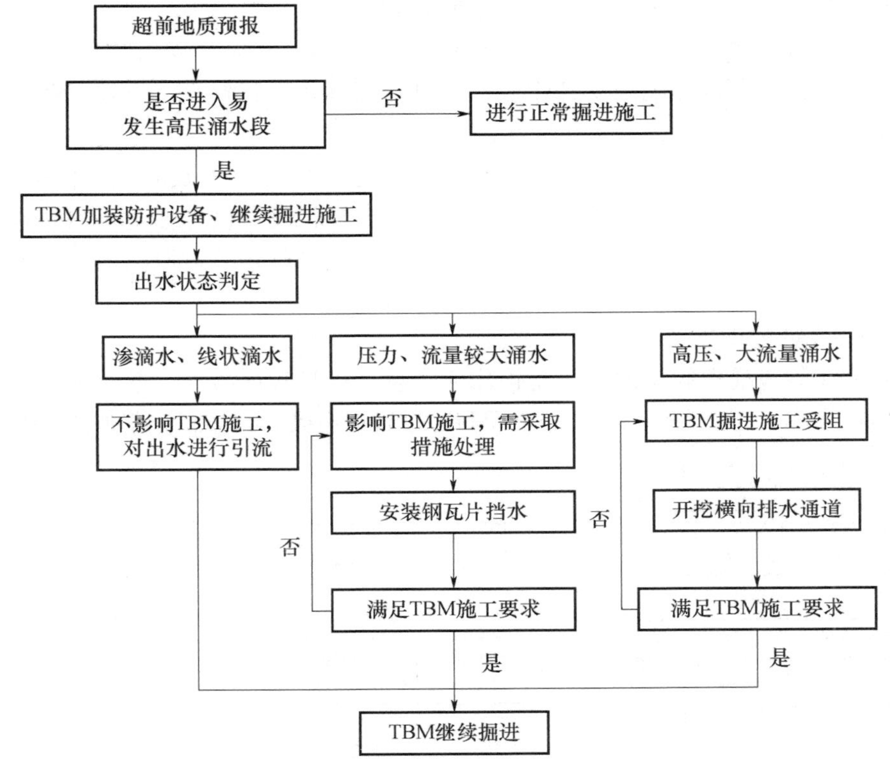

图 2-16　涌水状态下 TBM 施工流程

2.2.3.2　岩爆洞段掘进

1. 岩爆预测

根据引水隧洞的地质条件，岩爆的预测需采用多种手段进行综合预测。拟采用的方式为宏观预报、仪器法、围岩性质预测法。根据已有的施工经验，岩爆可能发生在岩石新鲜、完整和干燥，岩性脆硬，抗压强度大的洞段。在断层带附近的完整岩体部位易发生岩爆，另外，复杂的地质构造带容易发生岩爆。而且在拱肩或腰部发生较多。

（1）进入埋深大、地应力高、可能发生岩爆的区域施工时，首先利用超前钻孔、Beam 系统等进行超前预报，并结合超前 TBM 隧洞的辅助洞、排水洞的围岩情况，了解隧洞前方的围岩情况，并根据预报预测的结果提前制订通过方案。

（2）根据对辅助洞的岩爆分析，在引水隧洞 TBM 施工中相应的洞段可能发生较强

的岩爆，需要在TBM上安装防护设备应对岩爆。

2. 轻微、中等岩爆洞段TBM施工原则

在施工预测即将进入易发生岩爆洞段时，需要针对岩爆的处理制订试验大纲，通过现场试验后经监理人确认审批后遵照执行。岩爆洞段的施工原则根据地质情况分别采取以防为主、以治理为主的方案。以防为主的方案分别以解除围岩应力为途经，或以降低开挖扰动为途径。以治理为主的方案针对岩爆的具体情况采用喷混凝土、锚杆等措施进行施工。

TBM施工过程中由于不存在爆破作业，开挖过程是一个连续切割的过程，因此不易在隧洞洞壁上形成应力集中的位置，故发生岩爆的可能较钻爆法要小，所以在TBM施工洞段针对岩爆采用以防为主、结合治理的施工方案。

轻微、中等岩爆的处理利用TBM自带的支护设备及时对开挖出露岩石进行锚杆、钢筋网、喷射混凝土或砂浆的支护作业，并对隧洞洞壁进行钻孔、充水以降低岩石内部的应力，降低岩爆发生的几率和强度。

在出现岩爆后首先清理爆下的岩石，再对岩爆产生的位置及时喷射混凝土封闭，而后再利用锚杆、网喷混凝土等支护方式进行。如支护设备已经通过该区域，利用后配套结构施工平台，增加相应钻孔设备进行施工，同时可将喷射混凝土管路连接到该位置进行喷射混凝土施工。

3. 强岩爆的处理方法

较强岩爆洞段处理的关键是将支护作业的各个支护程序按时、及时的实施，并加强超前预报预测工作，保证TBM安全顺利通过岩爆洞段。其施工流程如图2-17所示。

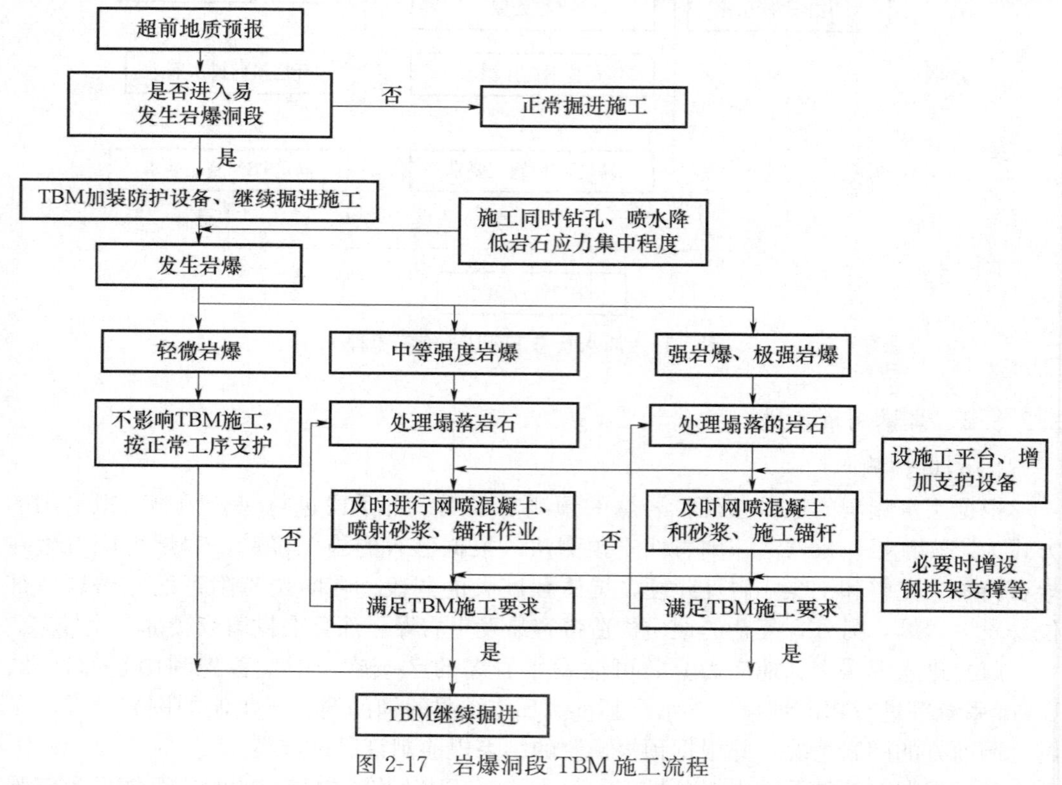

图2-17　岩爆洞段TBM施工流程

由于岩爆的发生较难预测，施工将在预测可能发生岩爆区域严格执行设计的支护方案，即开挖后及时、按时进行程序化的支护，锚杆、网喷混凝土、钢拱架在规定时间内完成。在 TBM 施工超过 20m 前确保支护作业。

在预测可能发生岩爆的洞段，即埋深大、地应力高、坚硬完整的无水洞段应及时利用 TBM 自带的喷射混凝土设备向顶拱及侧壁喷射混凝土或砂浆，跟随锚杆（可以综合采用涨壳式预应力锚杆、普通预应力锚杆、自钻式中空注浆锚杆、水涨式锚杆）、钢筋网、钢拱架等措施及时支护。减少岩层暴露时间，防止岩爆的继续发生。

TBM 开挖施工时，每一个循环掘进结束后，利用 TBM 的超前钻机打超前应力释放孔并喷撒水。应力释放孔宜短、多以提前释放应力，降低岩体能量；对露出护盾的洞壁钻孔喷撒水，以降低岩体强度，并及时采用挂网锚喷支护法，混凝土厚度、锚杆布置根据具体情况确定。

发生岩爆的洞段，及时根据地质、岩爆程度等采用挂网锚喷支护法，对岩爆烈度较高处可酌情增设一定的钢拱架支撑等措施。

2.2.3.3　富水断层破碎带及较大溶隙、裂隙洞段掘进

根据超前地质预报的结果，掌握断层带的情况，包括破碎带的宽度、填充物、地下水以及隧洞轴线与断层构造线的组合关系等，利用 TBM 自带的支护设备，选择通过断层地段的施工措施包括支立钢拱架、及时施作锚杆、喷射混凝土。对影响 TBM 水平支撑靴支撑的位置进行加固处理以保证 TBM 顺利通过。

遭遇断层或遇较大溶隙、裂隙时，首先及时了解断层模、规律，采取措施迅速处理，防止断层塌方范围的延伸和扩大。利用 TBM 设备进行支护施工保证 TBM 掘进通过后及时对塌腔和较大的溶隙、裂隙进行混凝土回填、灌浆处理，从而保证隧洞的施工质量。

2.2.3.4　不良地质条件下脱困方案

TBM 在引水隧洞施工中可能出现强岩爆、大型的断层破碎带，特别是在超前预报未能预测到的突发强岩爆、断层坍塌可能困住 TBM 刀盘，导致刀盘无法旋转，开挖施工无法正常进行。

1. 掌子面强岩爆

施工中突然发生较强烈的岩爆时，可能出现大块岩石爆出，卡在 TBM 刀盘和掌子面或洞壁之间。由于岩石的挤压作用导致刀盘和岩石之间的摩擦力较大，刀盘的启动扭矩不能克服该摩擦力，使刀盘无法启动。

针对以上情况的处理方法包括：

（1）后退刀盘，使掌子面的岩石松动，减小岩石和刀盘之间的摩擦力，直到达到刀盘启动的要求。

（2）由于刀盘后退行程有限，如果后退刀盘不能使岩石松动达到刀盘启动要求，则需要通过刀盘进入前方进行小型的松动爆破，将贴近刀盘的大块岩石破碎或者松动，直到满足 TBM 刀盘启动的要求。

岩石松动后缓慢启动刀盘（控制在 0～1rpm），先不进行推进作业，同时启动皮带机将刀盘前方的岩石切割破碎并通过 TBM 自身的皮带机运出，缓慢提高刀盘的转数到

1～2rpm 进行慢速推进，直到将掌子面因岩爆产生的大块岩石均被破碎运出。

2. 较大断层的坍塌

TBM 施工中如遇到较大断层破碎带，由于塌落的松散岩石可能大量进入刀盘和轴承之间的空隙，加大了刀盘启动的摩擦力，从而造成刀盘无法正常启动，掘进施工无法进行。此时施工首先将刀盘适当后退，减小刀盘前方松散岩石对刀盘的挤压力，同时利用 TBM 自带的底部清渣皮带机通过刀盘护盾上预留的孔将刀盘和主轴承之间的松散石渣运送到 TBM 的皮带机上。

清渣工作以刀盘是否可以顺利启动为标准，一旦刀盘可以启动（0～1rpm），即停止清渣工作，利用刀盘的旋转将掌子面前方以及刀盘和轴承之间的石渣运出，同时逐渐提高刀盘的转数，直到可以以正常的刀盘转数进行推进施工。

2.2.3.5　高地应力地段防止收缩变形措施

在塑性较大的围岩洞段如出现较大的地应力，围岩将出现收缩变形，TBM 施工过程中如果不采取相应措施，有可能导致刀盘和护盾被卡住，从而使掘进施工无法进行的情况。针对此情况，在 TBM 施工时将采取如下措施以避免出现上述情形：

（1）及时实施超前预报，根据超前预报的结果指导施工，在进入可能因高地应力引起收缩变形的洞段时提前制订相应的施工措施。

（2）检查 TBM 边刀的磨损程度，在进入上述洞段时，更换全新的边刀，使开挖的洞径达到最大，可能的情况下安装扩挖刀具，适当扩大洞径，减小因围岩收缩卡住刀盘的可能。

（3）TBM 开挖通过后，在出露的岩石洞段及时进行初期支护作业，保证支护的质量，特别是锚杆和喷射混凝土的质量，并在隧洞洞壁施工应力释放孔，减少隧洞中应力集中，降低收缩变形量。

2.2.4　TBM 接收与拆卸

2.2.4.1　TBM 接收

根据地质条件，确定 TBM 接收段掘进长度。加强接收段掘进操作控制的目的，一是复核掘进方向，利用接收段加强方向控制，确保贯通精度；二是加强管片拼装控制，确保管片拼装精度。

1. TBM 接收准备工作

（1）拆卸洞室接收基座施工

拆卸洞室必须在 TBM 贯通前完工并达到规定的强度，拆卸洞室施工的同时，施作 TBM 接收基座，接收基座断面如图 2-18 所示。

① 接收基座的轨面标高应适应 TBM 姿态，确保贯通后 TBM 轴线与隧道轴线一致，避免刀盘出现大的低头或抬头而损坏管片。

② 为保证刀盘贯通后拼装管片有足够的反力，接收过程中在预埋钢轨上焊接挡块，根据管片宽度，挡块间距约为 1.5m。

（2）TBM 姿态调整

TBM 贯通前 100m、50m、30m，要对洞内所有的测量控制点进行复测，确认

TBM 姿态，如掘进里程、轴线坡度等。根据测量数据对 TBM 姿态及时调整，从而保证贯通位置准确。

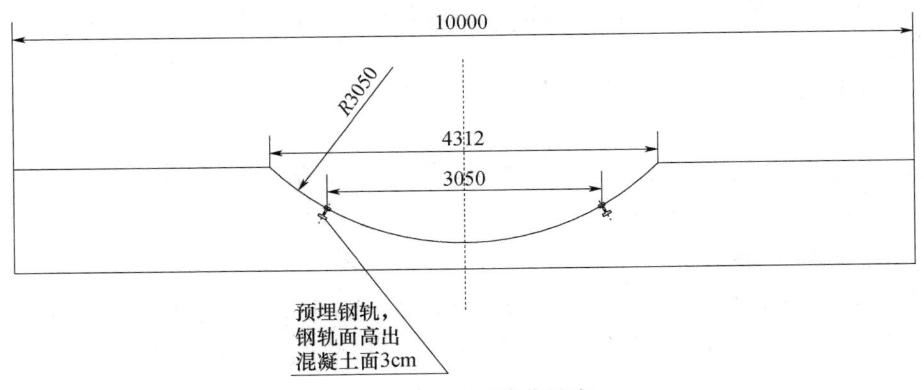

图 2-18　TBM 接收基座

2. 接收段掘进与管片拼装

接收段掘进与管片拼装需要注意以下几个方面：

（1）加强掘进方向控制。

（2）接收段，特别是贯通前 5～10m，降低推进力、推进速度，尽量减小对围岩的扰动。

（3）为防止因刀盘反力不足引起管片环缝接触松弛、张开并造成漏水，贯通前最后 10 环管片，每环管片拼装完成后，需要将前后管片沿纵向连接为整体，以增强管片的稳定性。连接点基本控制在时钟 12 点、3 点、6 点、9 点四个位置，在相应位置的管片注浆孔加装钢板，将连接杆焊接在钢板上，连接杆之间用螺纹紧线器连接，以便调整连接杆拉力。管片连接方式如图 2-19 所示。

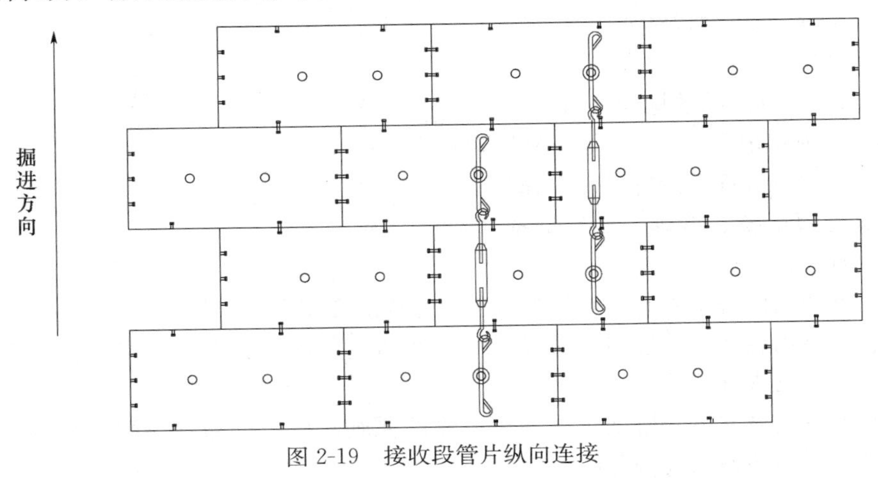

图 2-19　接收段管片纵向连接

3. 贯通后管片拼装

TBM 贯通后，由于刀盘失去了掌子面的反力，可能造成管片拼装接缝不严，因此采取在刀盘前方焊接挡块增加阻力的方法。其具体操作步骤如下：

（1）刀盘向前推进一个掘进循环的距离。

（2）在接收基座预埋钢轨上焊接挡块。

（3）开始拼装管片，则辅助推进油缸顶紧管片时刀盘也抵住挡块，从而为管片拼装提供反力。

（4）管片拼装完毕，用连接杆与螺纹紧线器将本环管片与前面的环管片纵向连接并紧固。

（5）割除焊接于钢轨上的挡块，并打磨平整，以利于主机在钢轨上滑行。

（6）开始下一个循环的滑行。

2.2.4.2　TBM 拆卸

TBM 到达拆卸洞室后，将主机和后配套分离，边拆边采用无轨方式将部件从出口支洞运输出洞。先拆卸主机部分，再逐步将后配套推进至拆卸洞室，逐节推进逐节拆卸。

1. 拆卸准备

TBM 设备复杂，拆卸前的准备工作必须充分，具体包括以下方面：

（1）拆卸洞室施工。拆卸洞室设计为铆钉形，洞内安装 2×50t 桥吊，参见图 2-20。

（2）拆卸用设备、机具准备。完成 TBM 拆卸用 2×50t 桥吊的安装调试，确保其性能满足拆卸需要；同时，准备好拆卸需要的专用与通用工具、设备、消防设施，并提前对使用操作人员进行培训，使之能熟练掌握运用此类工具、设备、设施。拆前对桥吊的功能状况以及拆卸洞内的其他设备、设施进行检查，确认其性能满足拆卸的要求。

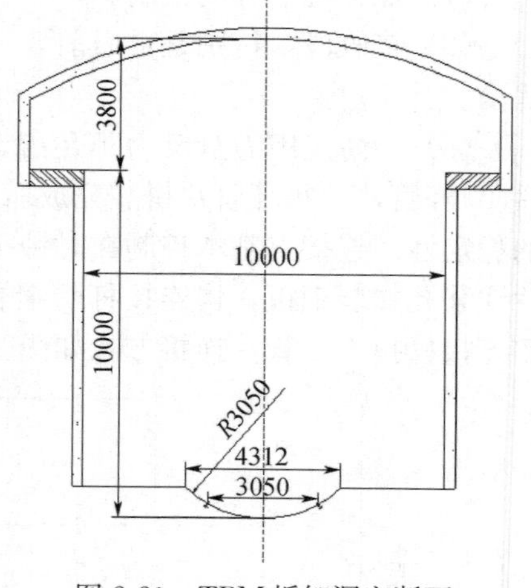

图 2-20　TBM 拆卸洞室断面

（3）拆卸洞室供电、照明准备。拆卸用电从隧洞进口引入，洞内设配电箱；合理设置照明，满足拆卸要求。

（4）TBM 拆卸前的标识。拆卸之前，根据各系统特点，制定电气、液压、结构件等的标识方案并实施，同时认真记录存档。TBM 贯通前再次检查标识是否完整、准确，如有缺损或错误，及时补充或修改。

（5）拆卸前设备功能的检测。拆卸之前需要对 TBM 的重要部件、设备的功能进行检测。包括驱动装置、推进和支撑装置、电气和液压系统、主轴承和刀盘的各项重要性能参数要认真进行记录。

（6）准备运输方案。根据边拆卸边运输的原则，按照拆卸顺序配置相应的运输车辆，并做好运输的各项准备工作。

2. 主机的拆卸

（1）拆卸顺序

① 确定 TBM 各个部件处于拆卸位置，断开主机和后配套连接桥之间的连接并对连接桥加以可靠的支撑。

② 确保各个用电器电源已断开，检查释放液压系统、压缩空气系统的残存压力。

③ 首先进行液压、电气系统和辅助设备（如超前钻机）的拆卸。

④ 在进行液压、电气系统拆卸的同时进行各关键部件如刀盘、盾体、推进系统、主轴承附属件的拆卸和大件吊装位置吊具的安装。

⑤ 对拆卸工作比较复杂繁琐的部件，如刀盘，要考虑将它的固定连接件和其他系统的拆卸同时进行以减少拆卸的时间。

⑥ 关键部件的附属件拆卸完成后，开始依次进行刀盘、盾体、主轴承、支撑调向系统、推进系统的拆卸。

⑦ 在主机拆卸的同时，根据施工现场的条件合理安排其他位置系统的拆卸。

⑧ 根据预先制订的运输方案，及时将拆卸完成的部件运输到洞外指定位置。

（2）拆卸流程

主机拆卸过程中，边拆卸边运输，尽量减少已经拆卸的部件在拆卸洞室内的停留时间，为后序拆卸工作创造空间。主机拆卸流程参见图 2-21。

3. 后配套拆卸

（1）拆卸顺序

① 在主机和后配套步进到位以后，利用主机拆卸的时间开始进行通风软管、给水水管、高压供电电缆等拆卸。并通过主洞内的钢轨运输线路将拆卸的风筒、水管、电缆运到洞外。同时拆卸后配套各部位的电缆、液压油管、风水管路等，并将拆卸下的零部件集中通过有轨方式从隧洞出口运输出洞。

② 从前向后依次解体连接桥与后配套，同时以无轨方式从隧洞进口支洞运输出洞。解体时，首先拆卸安装于后配套的各种设备，之后解体结构件。

③ 将拆卸的部件及时安全地运输到指定位置。

（2）拆卸流程

后配套拆卸同样采取边拆卸边运输的方式，流程见图 2-22。

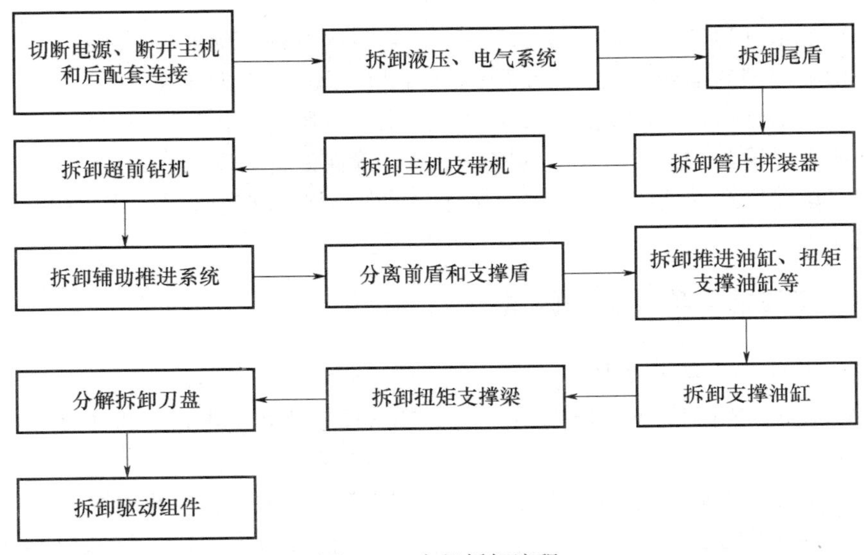

图 2-21　主机拆卸流程

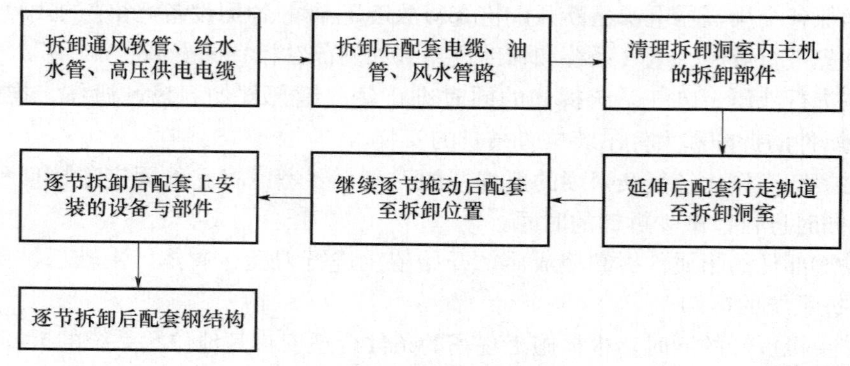

图 2-22　后配套拆卸流程

4. 注意事项

（1）所有起吊设备、工具的使用、操作必须依照起重设备的操作规范。

（2）拆卸专用工具的使用必须符合 TBM 有关技术文件的要求。

（3）施工人员必须经过岗前培训和安全教育，并设专职安全员。

（4）电器设备的使用必须有可靠的防触电、漏电等的措施。

（5）现场必须有足够的消防设备。

（6）拖出时一定要准备安全保障设备跟随拖运。

5. 拆卸后运输方案

由于拆卸洞室的空间有限，TBM 拆卸的制约因素中重要的就是能否及时的将拆卸的部件运出，从而保证拆卸洞室有足够的空间来保证拆卸的顺利进行。总体的运输方案是采用汽车运输，具体细节如下：

（1）针对支洞的坡度大小和车辆的性能参数，合理安排每一个重要部件的运输方法。根据 TBM 各个部件的尺寸重量，合理的安排运输车辆，大件运输必须遵循有关运输的各种要求。

（2）对超限（超高、超宽、超长）的部件，运用特种车辆来进行运输。

（3）增加小型的运输车辆，将小型的附属部件及时运出拆卸洞。

（4）各个部件运输中固定必须安全可靠，采用专用的工具和材料进行固定。

（5）所有运输车辆必须有足够的安全系数，确保设备的安全。

（6）在运输拆卸的 TBM 部件时，支洞内采取严格的交通管制，禁止和拆卸施工无关的车辆通行。

2.2.5　施工注意事项及影响因素

2.2.5.1　TBM 施工注意事项

TBM 掘进过程中，所有的辅助作业都必须从属于主机的掘进，以不能影响掘进的作业为原则。

（1）合理安排车辆调度，确保施工用料包括喷射混凝土、注浆材料、轨道延伸材料、支护材料等及时运送到施工地点。可能影响到正常施工运输的特殊材料（如风管的储藏筒、钢轨）要根据洞内的安排快进快出。

（2）出现不良地质条件时，对于 TBM 及其自带的各类设备严格按 TBM 操作技术要求执行，不能因急于进行掘进施工而造成掘进机设备的损伤。

（3）掘进机上的设备如电气设备、液压设备、锚杆钻机、钢拱架安装器等必须由经培训合格的专人进行操作。

（4）施工中要严格遵守 TBM 的各项技术规定，不能进行盲目的操作施工。

（5）施工中一定注意电器设施、液压设备防水防火，电气控制装置防水的同时还必须有防尘措施。

（6）有害气体监测报警时，必须立即启动瓦斯洞段施工预案，确保人员、设备及施工生产的安全。

2.2.5.2　TBM 施工速度的影响因素

TBM 施工速度的影响因素包括以下五个方面：

（1）地质因素：围岩类别、矿物成分、岩体抗压与抗剪强度、围岩硬度、地应力、涌水、有害气体等。

（2）TBM 的选型：根据工程地质与水文地质条件、工期、环保等方面的要求，合理选择 TBM 主机及其附属设备的技术参数。

（3）配套设备与设施：根据施工经验，出渣运输、风水电供应等方面对 TBM 掘进的影响不可忽视，需要予以高度重视。

（4）掘进、整备人员的技术水平：在确保设备状况良好的前提下，合理选择掘进参数，才能提高施工速度。

（5）组织管理：施组设计与实施、物料供应、技术支持、调度等环节，也要给予充分重视，否则也将直接影响施工速度。

2.2.6　TBM 维护保养和检修

2.2.6.1　TBM 在掘进过程中的维护保养

专业工程师、掘进机司机、TBM 各类设备操作人员、整备工班的全体人员，每个人都按照一定的责任范围参加到保养工作中来。依照定期检查、强制保养与按需保养相结合、按需维修的原则，根据 TBM 技术文件、各系统部位的特点制定 TBM 维修保养规程，并组织实施。对整套设备实施状态检测，随时掌握设备状况，使之始终处于受控状态。

落实培训上岗、分级保养、责任到人，并实行签字制度、交接班制度。

保养分为每班保养、每日保养、每周保养、每季度保养、半年保养和每年保养几级，明确每级保养的具体内容。

掘进施工期间，TBM 的维修保养主要在每天的整备工班工作时间完成，掘进工班作业期间如有需要，亦应立即实施。

1. 状态监测

为了准确掌握 TBM 的运行情况，需对其相关参数进行不间断的监测，摸索重要部件的磨损规律，由此判断异常情况的发生时段或预测即将出现的故障，以做出正确决策，防患于未然。

根据设备的重要程度和系统故障对工程的影响程度，确定监测系统以主机为主，重点是主机部分的大轴承、大齿圈、轴承密封、液压系统和变速机构。其余液压泵站和辅助设备则根据需要有选择的进行分项目监测。

监测主要采取下列手段：

（1）传感器监测。通过各种传感器，可以实时采集各部位的运转参数，如压力、温度、流量、油位、压差、电涡流、位移、转速等，这些参数对故障的诊断有直接和间接的参考作用。

（2）油样监测。通过油样的光谱分析、铁谱分析和污染度分析，了解液压油、润滑油中磨损产物的种类，磨损颗粒的形貌、尺寸、含量，并由此判断出磨损的部位及程度；通过油液理化指标的化验，可以得知油液的劣化情况，由油质的变化推断出故障的某些诱因；根据监测结果及时更换变质的油液并延长正常油液的使用时间。

（3）内窥镜监测。必要时借助工业内窥镜可以免除拆卸，直接观测到部件内部零件的损伤情况。

2. 主机与后配套的维护保养

主机与后配套的维修保养包括检查（安全检查、功能检查、外观检查、仪表参数检查、油位检查等）、清洁、润滑、更换、紧固、调整等。

（1）检查

整备工班的检查工作应在每班保养之前开始，并贯穿于保养过程始终。

外观检查：保养前，各专业工程师应在所辖范围内进行外观检查，例如相对运动表面有无损伤、主机各部件或结构件是否有砸伤或裂纹、各部位螺栓是否松动或脱落、传感器是否松动或断线、液压回路是否漏油、阀块安装是否牢固、油管接头是否损伤等。

功能检查：某些附属设备动作是否正常仅靠外观是无法准确判断的，因此应尽可能在外观检查的同时对执行机构进行功能检查。例如各类吊机动作是否正常、管片拼装器能否准确执行动作等。

油位和滤芯堵塞情况检查：每班检查液压系统与润滑系统的油箱、回转马达、变速箱等带有油位指示的部位，观察带有滤芯堵塞指示的所有油滤清器，根据需要及时采取加油等相应措施。

（2）清洁

掘进工班各工位的操作员负责对分管设备的操作手柄、仪表、视窗等外观表面和环境进行清洁。

为防止油封损伤和精密表面损伤，要保持 TBM 的油缸活塞缸表面、精密导轨面、仪表表面、显示窗表面、需要拆卸部位的表面和油嘴的清洁；不得存在锈斑、水泥、油污、泥浆等，清理后涂抹少量润滑脂；必要时采取防水、防砸、防锈、防尘等措施，尤其要注意主机上各液压分配阀、操纵阀和信号电缆的保护。

及时冲洗各死角及滑轨面的碎石、淤泥，防止各结构件由于落石淤塞造成挤压变形。

每班要冲洗除尘器内滤网。

（3）紧固和调整

以往的掘进经验表明，掘进机工作期间各部位的振动很大，因此，必须安排责任心较强的专业工程师进行螺栓松动检查，检查的重点部位在主机前部。振动剧烈的部位每班都要检查，一旦发现松动应及时按照规定的螺栓扭矩上紧，不能敷衍了事或凭感觉紧固。掘进机上存在着一些重要设备部件，需在运行过程中进行观测和调整。例如，当运行过程中发现皮带跑偏、离合器摩擦片磨损过量等情况时就需要立即调整。

3. 液压、润滑系统的维护保养

（1）定期检查液压油的状态，包括油位、油温、油的颜色、各部位滤芯的状态。油位不足时要及时用专用的加油机进行补油；油温持续保持较高温度时要检查系统散热器的情况；如果油的颜色有变化需进行油质的检查，确定油的品质是否能够继续使用，根据油品的理化指标来确定是否换油。对持续出现堵塞报警的滤芯经核实后立即更换。

（2）系统的管路、阀件定期检查，发现有泄露、堵塞、功能失效的情况时要及时更换损坏部件。

（3）定期检查执行机构如油缸、马达等的功能状况，对有问题的执行机构要及时进行更换、维修，不能让有问题的机构带病工作。

（4）检查集中润滑系统的润滑效果，对集中润滑无法达到的部位，按照保养规程采用气动油脂泵通过黄油嘴加注润滑脂。

4. 刀具的维修保养与更换

刀具在掘进过程中，由于冲击与振动、摩擦与温度的作用，其技术性能向着不良状态变化，刀圈逐渐磨损，还可能断裂；密封损坏而漏油，螺栓松动等都使刀具失去工作能力。为了使掘进继续进行，要对刀具进行定期和不定期的检查，进行应急和预期刀盘维修与刀具更换。不定期检查和应急维修与更换刀具比例越大，对掘进影响越大。定期检查和预期更换与维修比例是衡量 TBM 掘进施工技术与管理水平的指标之一。

刀具的检查与维修，是 TBM 施工中的重要环节，要从维修刀具的可靠性来提高掘进速度，从降低刀具及配件消耗来降低掘进成本，促进 TBM 施工的技术与管理水平的提高，是刀具使用过程中技术性很强的一项工作。

（1）刀具检查周期

每日的整备检查：每日在整备班对刀盘进行全面检查和刀具更换与刀盘维修，保证当日两个掘进工班能连续掘进。班检查：是两个掘进班交接时停机进行的刀盘检查及必要的处理，保证下一掘进班能连续掘进。扭矩检查：对新装的刀具，在掘进一个行程后停机进行的刀具安装螺栓扭矩复查；故障检查：掘进中发现刀具漏油异味，刀盘发出异常响声，碴中发现金属物及严重塌方等特殊情况，应急停机进行检查；临时检查：对一些有疑问的地方，临时安排掘进中的停机检查；检查周期可根据地质条件和刀盘的状态适当调整，但一定要保证刀盘运转可靠。

（2）刀具检查项目

刀圈磨损量的检查：用样板检查刀圈的磨损量。除有特殊要求外，一般只对接近极限磨损量的刀具用样板检查并记录，其他则用目测判定是否接近极限磨损量；刀具的外观检查：目测检查刀具的外观是否正常，是否有漏油，刀圈的刀刃磨损是否均匀（有无偏磨），刀圈是否有断裂和大块崩刃，挡圈是否丢失，刀圈是否移位等；检查刀具联接的可靠性：用敲击的方法检查刀具固定螺栓及垫片、楔形垫块固定螺栓是否松动。

（3）刀具更换

刀具更换必须根据技术文件的要求实施，分为正常磨损更换和非正常损坏更换两种情况。正常磨损更换标准，根据TBM刀具的最大允许磨损量确定，经检查达到磨损极限的刀具必须及时更换。非正常损坏换刀包括以下几种情况：刀具漏油、刀圈偏磨、刀圈断裂、刀圈有大块崩缺、刀圈挡圈丢失后刀圈移位较大、刀具螺栓损坏后不能在刀盘上修复。正确更换刀具可以减少刀具的非正常损坏，减少刀具消耗，减少因刀具异常损坏造成的停机，提高机器利用率。

（4）刀具维修：对从刀盘上更换下来的刀具必须全部送刀具修理车间及时进行检查和维修保养。需根据技术文件并结合以往施工经验制定刀具检查与维修规程。刀具检查维修过程的重点环节为：确定维修项目、刀具解体时检查、轴承的检查及更换、滑动密封的检查与更换。

检查与维修步骤如下：

① 维修前的刀具检查。

从刀盘更换下来后送的刀具，要及时清理外表，为维修前的检查做好准备。为了制订刀具维修项目，维修前对刀具进行下列检查：

外表检查，检查刀具是否有漏油、刀圈偏磨、端盖螺栓丢失与松动、挡圈丢失与断裂，螺孔的损坏与断栓等损坏情况；检查刀圈磨损量，并应力求准确；检查刀具扭矩大小和转动是否均匀。

② 制订刀具维修项目。

根据刀具使用记录，找出该刀运转参数，从刀盘日常检查记录中找出该刀在刀盘工作中发生过的漏油、螺栓松动等异常表现，再结合刀具维修前检查参数，将所要维修的刀具按更换刀圈和不更换刀圈及进行解体和不解体维修进行分类。按刀具检查与维修规程中有关程序要求进行分类维修。

③ 更换刀圈。

磨损量达到或超过技术文件中规定的最大磨损极限或虽未达到磨损极限但存在非正常损坏的，应更换新刀圈。

④ 刀具的拆解检修。

刀具的拆解检修是刀具维修的主要形式，拆卸解体后，对影响刀具的不可靠因素进行全面检查与维修。拆解检修条件及措施如下：

轴承运转时间大于技术文件规定的，应拆卸检查，更换轴承；前次拆卸检查后运转时间大于技术文件要求的，应再进行拆卸检查和维修；扭矩较大或转动不均匀者，应拆卸检查原因，进行维修；刀具漏油者，应拆卸检查原因，进行维修；端盖螺栓松动或断裂、螺孔损坏或有断栓不能取出者，应拆卸检查进行维修。

⑤ 刀具轴承的检查维修。

为保证轴承可靠运转，减少刀具故障，应尽早发现轴承的早期损坏，在损坏前予以更换，减少刀具故障及对掘进的影响。刀具轴承的检查维修分为以下几种情况：

检查发现润滑油中有铁末和沙粒等杂物时，要仔细检查轴承，一般都要更换轴承；

滚动体、外圈滚道、内圈滚道上有剥落时，应更换轴承；轴承滚柱的大端崩块，应更换轴承；轴承内外圈断裂或有裂痕时，应更换轴承；轴承外圈滚道产生波状变形的，应更换轴承。

⑥ 端面密封的检查维修及更换润滑油。

拆开刀具后，首先检查刀具的油量和油中是否有铁末等杂物，把刀具内的油量分为油满、有油、油尽（油干）几种状态。

油满而油中无铁末者，说明端面密封处于良好状态，可继续使用，但要更换橡胶圈。

对油中有铁末和润滑油流失的密封状态，其密封的金属环不能直接使用，修理后可再使用，橡胶圈则应报废。

对刀具拆卸后刀体腔内有石渣、泥浆且密封金属环已断裂或碎为几段、橡胶圈撕裂的情况，端面密封报废，并应仔细分析其损坏原因。

根据施工中得出的经验，确定刀具换油周期，这样可使换油和密封环及轴承的检查同时进行；对异常损坏的刀具，如漏油、偏磨等情况每次拆卸修理时都要更换新油。

刀体、刀轴、端盖等，根据损坏情况，有一部分也可以修复后继续使用，但必须保证维修质量，否则按报废处理。

⑦ 刀具不解体检查维修。

具备以下条件的刀具可不进行拆卸检查维修：正、边刀扭矩在技术文件规定的正常范围内且转动均匀；轴承运转时间小于技术文件规定的最大使用期限；上次拆卸检查后刀具运转时间小于技术规程的规定；刀具挡圈、端盖螺栓、螺孔等均完好。

⑧ 刀具维修中的注意事项。

刀具解体过程中，应认真分析找出刀具故障的原因。

拆卸、清洗、检查与安装过程中各套刀具及轴承与密封应分套存放。

维修前的检测结果、安装中的检测数据及零件更换都应做好记录。

严格遵守刀具检查维修规程。

根据施工进程，经常检查刀具及配件的库存量是否满足要求。

5. 皮带机的维护保养

① 在皮带运行的关键部位加装摄像头，由控制室监控皮带的运行状态。

② 主机皮带机的保护。主机皮带前端处于刀盘后部，溜碴槽下方；石碴落差较大，对皮带及从动滚的冲击很大，是整个皮带系统中工况最差的地方。根据以往的进经验，对其要进行特别维护，具体措施如下：其一，两侧加装橡胶挡板和金属骨架，防止石渣从两侧进入两层皮带与从动滚之间；其二，在整备时通过空转皮带调节好皮带的松紧度，防止皮带过松、过紧；其三，掘进过程中密切注意皮带的载荷波动情况，当发现波动幅度过大或驱动压力居高不下时应立刻停机检查。

③ 皮带辊的检查与更换。整备时严格检查每个皮带托辊，发现皮带托辊被卡或轴承失效时，应立即处理更换，防止皮带与托滚之间的相对滑动而划伤皮带表面。在检查皮带托辊的同时，将皮带底部的积渣清理干净。

对皮带的主动辊、从动辊逐一进行保养检查；皮带辊的变速箱、轴承等重要部件的润滑情况、磨损情况重点检查；及时更换有问题的轴承和污染的润滑油。

④ 皮带表面的修复。掘进机皮带的损伤主要分为表面砸伤与划伤；表面的处理主要是在整备时完成。皮带表面的砸痕采用挖空粘补法，即剥掉砸伤部分，对该位置进行可靠清理后用同种材质的橡胶粘补；对于皮带表面的划伤应采取胶补法与缝合法相结合的方法，即在小的划痕处用氯丁胶填平，对较大的划痕处则用尼龙线缝合后再进行填胶。破损部位修复后，在运行和再检查时要对该位置重点检查，避免出现扩展影响皮带的运行。

2.2.6.2 TBM在检修洞室的检修

检修洞室设在通风竖井位置，TBM超过一定掘进长度后，需要对刀盘、刀具、主轴承、刀盘驱动电机、皮带机、管片拼装器等设备进行一次全面的检查、保养、维修工作。

1. 主轴承

主轴承是TBM的关键部件，其质量和工作状态对TBM整机工作能力的影响极其重要。在检修洞室强制更换主轴承唇型密封，并对其他项目做全面检查，如有必要，与TBM生产厂商共同实施维修。

更换主轴承唇型密封，必须拆除刀盘。

（1）将刀盘推进至掌子面，以槽钢把刀盘固定在预埋的基座上。

（2）松开连接螺栓，将刀盘与驱动组件分离。

（3）以主推进油缸拖动前盾后退一定距离，为更换主轴承密封创造空间。

（4）更换主轴承唇型密封。

（5）对轴承作其他项目的检测或保养维修。

（6）推进前盾靠近刀盘，连接刀盘和驱动组件，将连接螺栓紧固至规定的扭矩。

（7）拖动刀盘、前盾后移，为刀盘刀具维修留出空间。

2. 刀盘刀具检修

（1）经过长距离的掘进施工，刀盘表面及刮渣斗等部位的耐磨层将产生较大磨损，同时由于掘进过程中产生剧烈的振动，容易造成刀盘刚性连接体裂纹，连接螺栓松动、断裂等损坏，因此刀盘在维修时要重点补焊耐磨层、检查连接螺栓和结构裂纹。

（2）检查刀盘喷水的喷嘴功能，更换损坏的喷嘴。

（3）检查维修刮渣板，修复损坏的刮板座，更换磨损的刮板。

（4）检查维修刀座等部位，修复可能产生的变形，确保后期掘进过程中刀具的安装精度。

（5）充分利用TBM在检修洞室的空间与时间，从刀盘正面对所有刀具进行全面检查与更换，达到初装刀的标准。

3. 主驱动电机

对刀盘驱动电机进行全面检查与保养。

4. 液压、电气系统清理保养

对液压、电气系统进行彻底清理，清除堆积在各个死角位置的灰尘，特别是各个设备的散热装置要认真清理。

校核各个传感器的功能，对临时修理替代的设备进行彻底修理。

5. 重要部位变速箱齿轮油的检查更换

对主轴承、刀盘驱动变速箱、皮带机驱动变速箱等位的润滑油做认真的检查，尽量全部更换。

6. 给排水水箱清理保养

对给水及排水水箱进行一次全面彻底的清理，清除水箱内残存的泥沙等沉淀物。

7. 皮带机检修

全面检修皮带输送机的驱动、托滚、胶带以及防跑偏机构，调整胶带至最佳状态，如有必要，更换全部胶带。

8. 辅助设备的检修保养

对管片拼装、豆砾石回填、灌浆等设备进行检修。

本章参考文献

[1] 熊启钧．隧洞［M］．北京：中国水利水电出版社，2002.

[2] 肖焕熊．中国水利百科全书 水利工程施工分册［M］．北京．中国水利水电出版社，2004.

[3] 水利电力部水利水电建设总局．水利水电工程施工组织设计手册　第三卷［M］．北京：中国水利水电出版社，1997.

[4] 刘冀山，肖晓春，杨洪杰，等．超长隧洞 TBM 施工关键技术研究［J］．现代隧道技术，2005.（4）．

[5] 张镜剑．长隧洞中掘进机的应用［J］．华北水利水电学院学报，2001，（3）．

第3章　混凝土工程

3.1　模板工程

模板工程是混凝土浇筑时使之成型的模板以及支承模板的一整套构造体系，其中，接触混凝土并控制其尺寸、形状、位置的构造部分称为模板，支持和固定模板的杆件、桁架、联结件、工作桥等构成支承体系。对于滑动模板、自升模板则增设提升动力以及提升架、平台等构成。模板工程在混凝土施工中是一种临时结构。在水利水电工程混凝土结构施工中，对模板结构有以下基本要求：

（1）应保证混凝土结构和构件浇筑后的各部分形状、尺寸和相互位置的正确。

（2）具有足够的稳定性、刚度及强度，并能可靠地承受模板自重、新浇混凝土的自重荷载、侧压力以及施工过程的施工荷载，并保证变形在允许范围内。

（3）构造简单，装拆方便，并便于钢筋的绑扎和安装，有利于混凝土的浇筑及养护，能多次周转使用，形式要尽量做到标准化、系列化。

（4）模板的接缝应不易漏浆、表面光滑平整。

（5）模板所用材料受潮后不易变形，并注意节约用料。

3.1.1　模板基本类型

模板按形状可分为平面模板和曲面模板；按受力条件可分为承重模板和非承重模板；按制作材料可分为木模板、钢模板、钢木组合模板、塑料模板、铝合金模板、重力式混凝土模板、钢筋混凝土镶面模板等；按架立和工作特征可分为固定式、拆移式、移动式和滑动式模板。固定式模板多用于起伏的基础部位或特殊的异形结构如蜗壳或扭曲面，因大小不等，形状各异，难以重复使用。拆移式、移动式和滑动式模板可重复或连续在形状一致或变化不大的结构上使用，有利于实现标准化和系列化。

1. 拆移式模板

拆移式模板适应于浇筑块表面为平面的情况，可做成定型的标准模板，其标准尺寸，大型的为100cm×（325～525）cm，小型的为（75～100）cm×150cm。前者适用于3～5m高的浇筑块，需小型机具吊装；后者用于薄层浇筑，可人力搬运，如图3-1所示。

平面木模板由面板、加劲肋和支架三个基本部分组成。加劲肋（板样肋）把面板联结起来，并由支架安装在混凝土浇筑块上。

架立模板的支架，常用围檩和桁架梁，如图3-2所示。桁架梁多用方木和钢筋制作。立模时，将桁架梁下端插入预埋在下层的混凝土块内U形埋件中。当浇筑块薄时，上端用钢拉条对拉；当浇筑块大时，则采用斜拉条固定，以防模板变形。钢筋拉条直径大于8mm，间距为1～2m，斜拉角度为30°～45°。

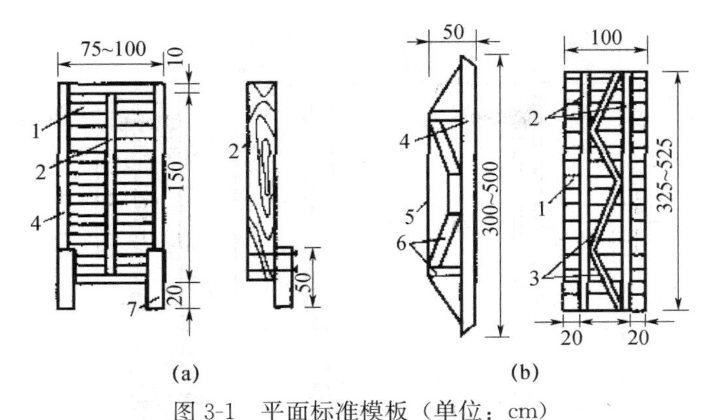

图 3-1　平面标准模板（单位：cm）

1—面板；2—肋木；3—加劲木；4—方木；5—拉条；6—桁架木；7—支撑木

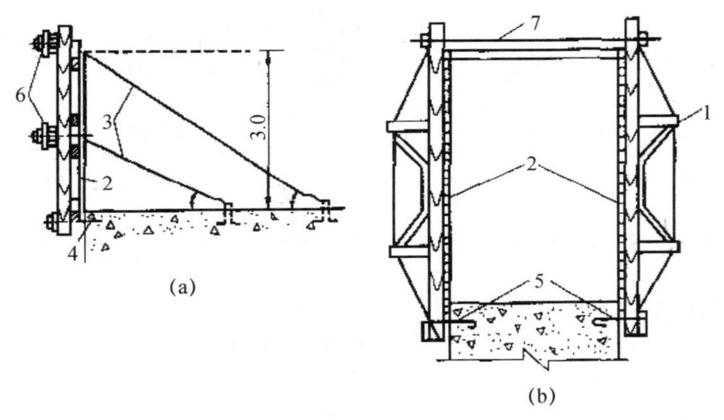

图 3-2　拆移式模板的架立图（单位：m）

(a) 围囹斜拉条架立；(b) 桁架梁架立

1—钢木桁架；2—木面板；3—斜拉条；4—预埋锚筋；

5—U形埋件；6—横向围檩；7—对拉条

悬臂钢模板由面板、支撑柱和预埋联结件组成U形面板采用定型组合钢模板拼装或直接用钢板焊制。支撑模板的立柱有型钢梁和钢桁架两种，视浇筑块高度而定。预埋在下层混凝土内的联结件有螺栓式和插座式（U形铁件）两种。

图3-3为悬臂钢模板的一种结构型式。其支撑柱由型钢制作，下端伸出较长，并用两个接点锚固在预埋螺栓上，可视为固结。立柱上部不用拉条，以悬臂作用支撑混凝土侧压力及面板自重。

采用悬臂钢模板，由于仓内无拉条，模板整体拼装为大体积混凝土机械化施工创造了有利条件。且模板本身的安装比较简单，重复使用次数高（可达100多次）。但模板重量大（每块模板重0.5～2t），需要起重机配合吊装。由于模板顶部容易移位，故浇筑高度受到限制，一般为1.5～2m。用钢桁架作支撑柱时，浇筑高度也不宜超过3m。

此外，还有一种半悬臂模板，常用高度有3.2m和2.2m两种。半悬臂模板结构简单，装拆方便，但支撑柱下端固结程度不如悬臂模板，故仓内需要设置短拉条，对仓内作业有影响。

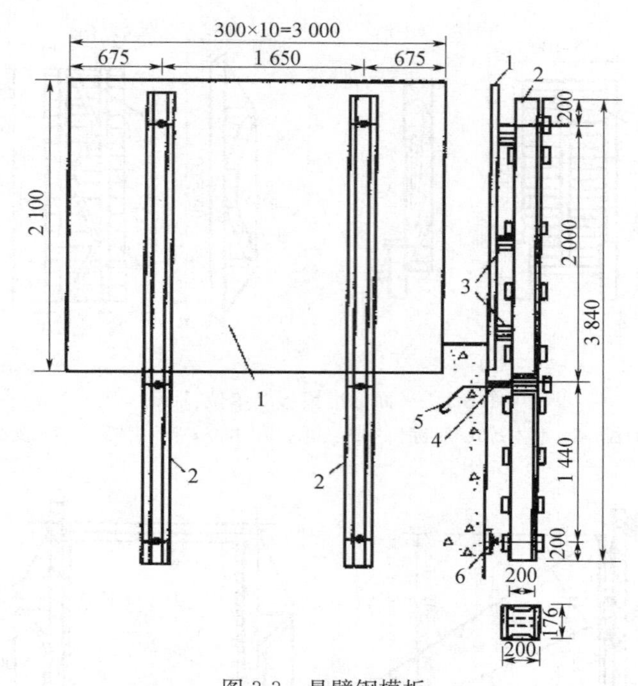

图 3-3 悬臂钢模板

1—面板；2—支臂柱；3—横钢楞；4—紧固螺母；5—预埋螺栓；6—千斤顶螺栓

一般标准大模板的重复利用次数即周转率为 5～10 次，而钢木混合模板的周转率为 30～50 次，木材消耗减少 90%以上。由于是大块组装和拆卸，故劳力、材料、费用大为降低。

2. 移动式模板

对定型的建筑物，根据建筑物外形轮廓特征，做一段定型模板，在支撑钢架上装上行驶轮，沿建筑物长度方向铺设轨道分段移动，分段浇筑混凝土。移动时，只需将顶推模板的花篮螺钉或千斤顶收缩，使模板与混凝土面脱开，模板即可随同钢架移动到拟浇混凝土的部位，再用花篮螺钉或千斤顶调整模板至设计浇筑尺寸，如图 3-4所示。移动式模板多用钢模板，作为浇筑混凝土墙和隧洞混凝土衬砌使用。

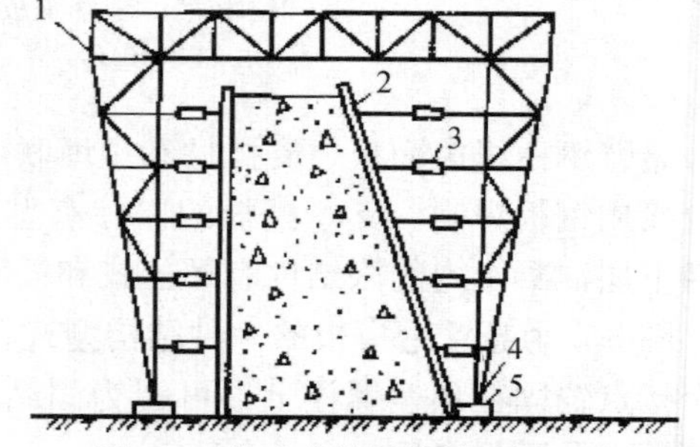

图 3-4 移动式模板浇筑混凝土墙

1—支撑钢架；2—钢模板；
3—花篮螺钉；4—行驶轮；5—轨道

3. 自升式模板

这种模板的面板由组合钢模板安装而成，桁架、提升柱由型钢、钢管焊接而成，如图 3-5 所示为自升悬臂模板。其自升过程如图 3-6 所示，图 3-6（a）所示提升柱向外移动 5cm；图 3-6（b）所示将提升柱提升到指定位置；图 3-6（c）所示面板锚固螺栓松开，使面板脱离混凝土面 15cm；图 3-6（d）所示模板到位后，利用桁架上的调节丝杆调整模板位置，准备浇筑混凝土。这种模板的突出优点是自重轻，自升电动装置具有力矩限制与行程控制功能，运行安全可靠，升程准确。模板采用插挂式锚钩，简单实用、定位准、拆装快。

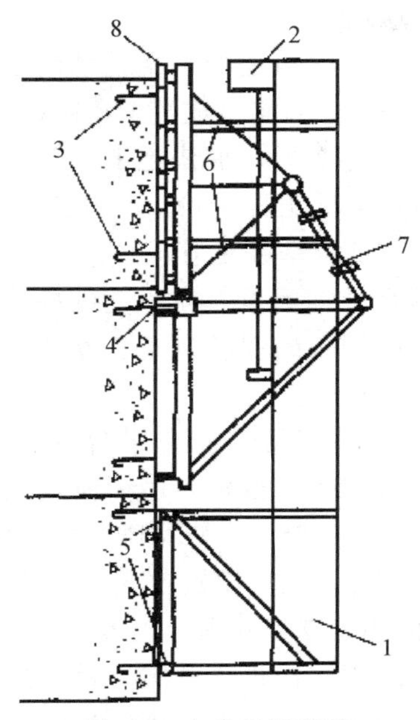

图 3-5　自升悬臂模板

1—提升柱；2—提升机械；3—预定锚栓；4—模板锚固件；5—提升柱锚固件；6—柱模板连接螺栓；7—调节丝杆；8—模板

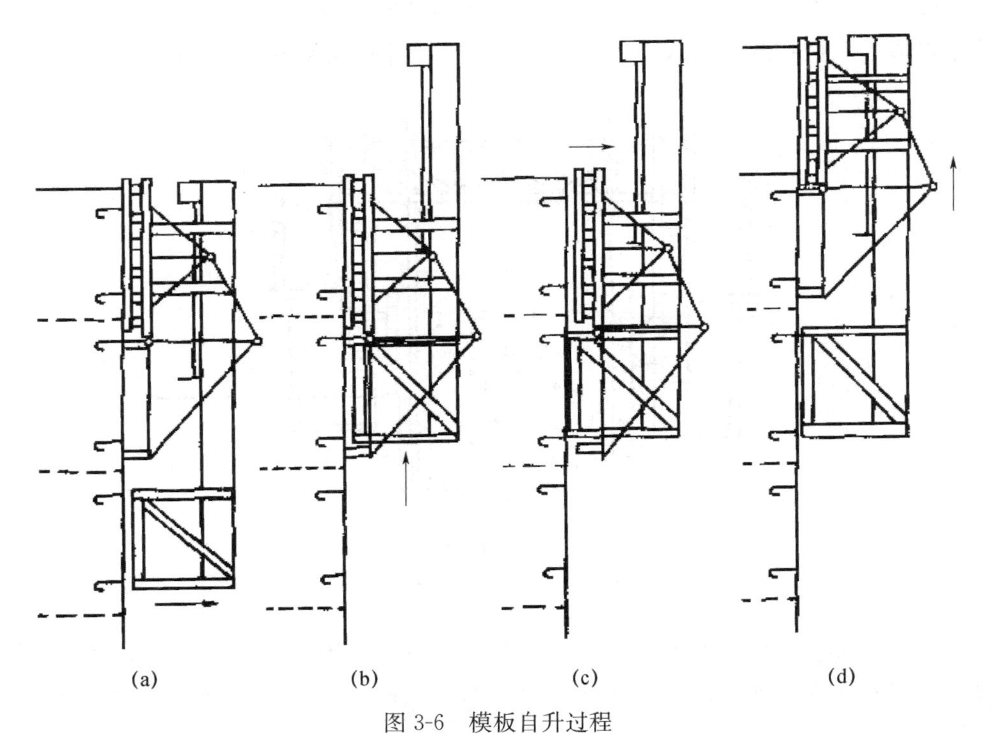

图 3-6　模板自升过程

(a) 提升架外移；(b) 提升架提升；(c) 模板外移；(d) 模板提升

4. 滑动式模板

滑动式模板是在混凝土浇筑过程中，随浇筑而滑移（滑升、拉升或水平滑移）的模板，简称滑模，以竖向滑升应用最广。

滑升式模板是先在地面上按照建筑物的平面轮廓组装一套1.0～1.2m高的模板，随着浇筑层的不断上升而逐渐滑升，直至完成整个建筑物计划高度内的浇筑。

滑模施工可以节约模板和支撑材料，加快施工进度，改善施工条件，保证结构的整体性，提高混凝土表面质量，降低工程造价。其缺点是滑模系统一次性投资大，耗钢量大，且保温条件差，不宜于低温季节使用。

滑模施工最适于断面形状尺寸沿高度基本不变的高耸建筑物，如竖井、沉井、墩墙、烟囱、水塔、筒仓、框架结构等的现场浇筑，也可用于大坝溢流面、双曲线冷却塔及水平长条形规则结构、构件施工。

滑升模板如图3-7所示，由模板系统、操作平台系统和液压支撑系统三部分组成。模板系统包括模板、围圈和提升架等。模板多用钢模或钢木混合模板，其高度取决于滑升速度和混凝土达到出模强度（0.05～0.25MPa）所需的时间，一般高1.0～1.2m。为减小滑升时与混凝土间的摩擦力，应将模板自下向上稍向内倾斜，做成单面0.2%～0.5%模板高度的正锥度。围圈用于支撑和固定模板，上下各布置一道，它承受由模板传来的水平侧压力和由滑升摩阻力、模板与圈梁自重、操作平台自重及其上的施工荷载产生的竖向力，多用角钢或槽钢制成。如果围圈所受的水平力和竖向力很大，也可做成平面桁架或空间桁架，使其具有大的承载力和刚度，防止模板和操作平台出现超标准的变形。提升架的作用是固定围圈，把模板系统和操作平台系统连成整体，承受整个模板和操作平台系统的全部荷载，并将竖向荷载传递给液压千斤顶。提升架一般用槽钢做成由双柱和双梁组成的“开”形架，立柱有时也采用方木制作。

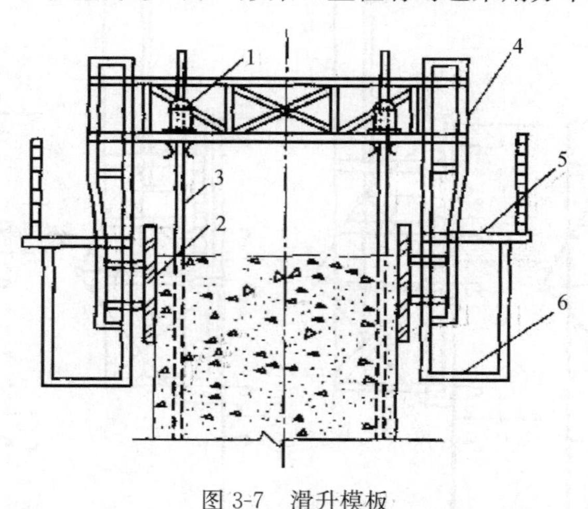

图3-7　滑升模板

1—液压千斤顶；2—钢模板；3—金属爬杆；4—提升架；5—操作平台；6—吊架

操作平台系统包括操作平台和内外吊脚手，可承放液压控制台，临时堆存钢筋或混凝土，以及作为修饰刚刚出模的混凝土面的施工操作场所，一般为木结构或钢木混合结构。

液压支撑系统包括支撑杆、穿心式液压千斤顶、输油管路和液压控制台等，是使模板向上滑升的动力和支撑装置。

(1) 支撑杆。支撑杆又称爬杆，它既是液压千斤顶爬升的轨道，又是滑模装置的承重支柱，承受施工过程中的全部荷载。

支撑杆的规格与直径要与选用的千斤顶相适应，目前使用的额定起重量为30kN的滚珠式卡具千斤顶，其支撑杆一般采用ϕ25mm的Q235圆钢。支撑杆应调直、除锈，当Ⅰ级圆钢采用冷拉调直时，冷拉率控制在3%以内。支撑杆的加工长度一般为3～5m，其连接方法可使用丝扣连接、榫接和剖口焊接，如图3-8所示。丝扣连接操作简单，使用安全可靠，但机械加工量大。榫接连接也有操作简单和机械加工量大的特点，滑升过程中易被千斤顶的卡头带起。采用剖口焊接时，接口处倘若略有偏斜或凸疤，则要用手提砂轮机处理平整，使能通过千斤顶孔道。当采用工具式支撑杆时，应用丝扣连接。

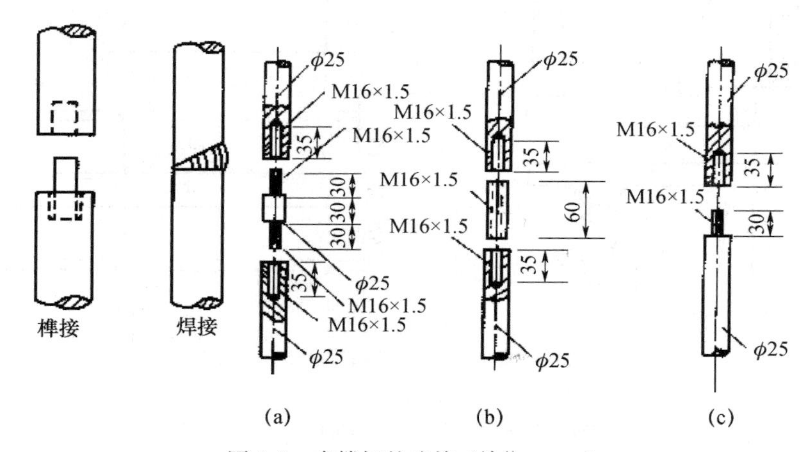

图3-8　支撑杆的连接（单位：mm）

(a)、(b) 以母丝扣连接；(c) 以公母丝扣连接

(2) 液压千斤顶。滑模工程中所用的千斤顶为穿心液压千斤顶，支撑杆从其中心穿过。按千斤顶卡具形式的不同可分为滚珠卡具式和楔块卡具式。千斤顶的允许承载力，即工作起重量一般不应超过其额定起重量的1/2。

(3) 液压控制台。液压控制台是液压传动系统的控制中心，主要由电动机、齿轮油泵、溢流阀、换向阀、分油器和油箱等组成。

液压控制台按操作方式的不同，可分为手动和自动两种控制形式。

(4) 油路系统。油路系统是连接控制台到千斤顶的液压通路，主要由油管、管接头、分油器和截止阀等组成。

油管一般采用高压无缝钢管或高压耐油橡胶管，与千斤顶连接的支油管最好使用高压胶管，油管耐压力应大于油泵压力的1.5倍。

截止阀又称针形阀，用于调节管路及千斤顶的液体流量，以控制千斤顶的升差，一般设置于分油器上或千斤顶与油管连接处。

5. 混凝土及钢筋混凝土预制模板

混凝土及钢筋混凝土预制模板既是模板，也是建筑物的护面结构，浇筑后作为建筑物的外壳，不予拆除。素混凝土模板靠自重稳定，可作直壁模板［图 3-9（a）］，也可作倒悬模板［图 3-9（b）］。

钢筋混凝土模板既可作建筑物表面的镶面板，也可作厂房、空腹坝顶拱和廊道顶拱的承重模板，如图 3-10 所示。这样避免了高架立模，既有利于施工安全，又有利于加快施工进度，节约材料，降低成本。

预制混凝土和钢筋混凝土模板质量较大，常需起重设备起吊，所以在模板预制时都应预埋吊环供起吊用。对于不拆除的预制模板，对模板与新浇混凝土的结合面需进行凿毛处理。

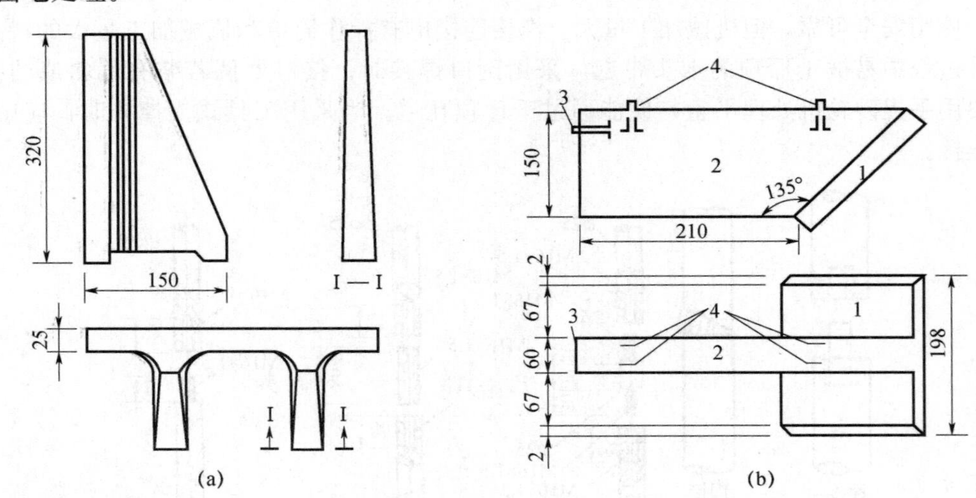

图 3-9　混凝土预制模板（单位：cm）

（a）直壁式；（b）倒悬式；

1—面板；2—肋墙；3—连接预埋环；4—预埋吊环

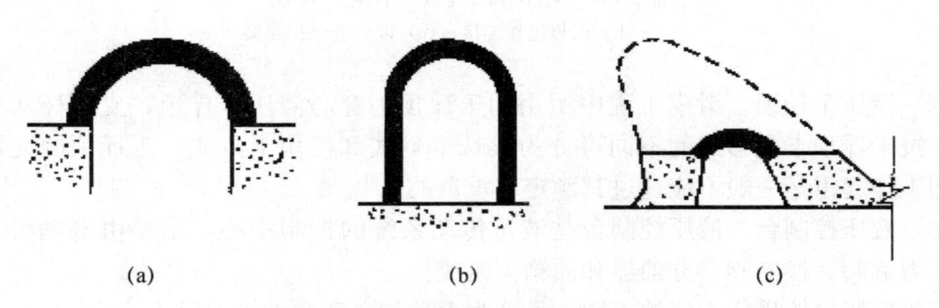

图 3-10　钢筋混凝土承重模板

（a）廊道顶拱；（b）廊道拱墙；（c）空腹坝顶拱

6. 压型钢板模板

压型钢板模板，是采用镀锌或经防腐处理的一种薄钢板，经成型机冷轧成具有梯波形截面的槽型钢板或开口式方盒状钢壳的一种工程模板材料，见图 3-11。它具有加工容易，重量轻，安装速度快，操作简便和避免支、拆模板的繁琐工序等优点。

压型钢板模板常用于现浇组合楼板里面，组合楼板由压型钢板、混凝土板通过抗剪连接措施共同作用形成。

压型钢板模板主要从其结构功能分为组合板的压型钢板和非组合板的压型钢板。组合板的压型钢板既是模板又是用作现浇楼板底面的受拉钢筋，主要用在钢结构房屋的现浇钢筋混凝土有梁式密肋楼板工程。非组合板的压型钢板只起模板作用，一般用在钢结构或钢筋混凝土结构房屋的有梁式或无梁式的现浇密肋楼板工程。组合板的压型钢板按抗剪连接构造分为楔形肋压型钢板、带压痕压型钢板、焊横向钢筋压型钢板，见图 3-12。

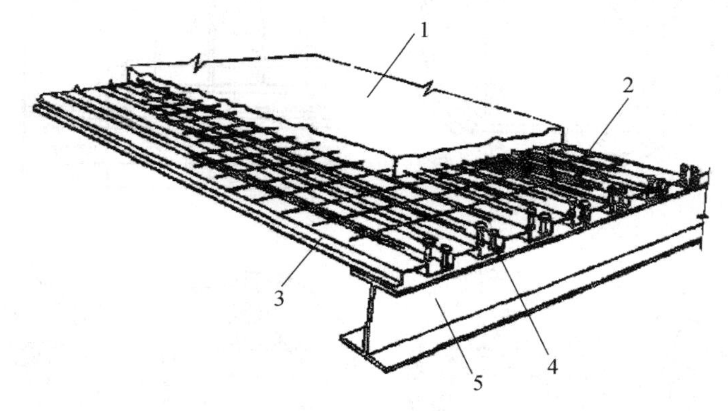

图 3-11　压型钢板组合楼板示意

1—现浇混凝土楼板；2—钢筋；3—压型钢板；4—用栓钉与钢梁焊接；5—钢梁

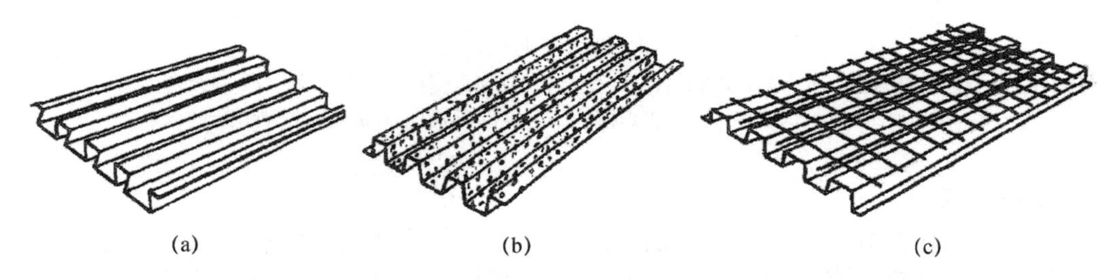

图 3-12　组合式压型钢板抗剪连接构造

(a) 楔形肋压型钢板；(b) 带压痕压型钢板；(c) 焊横向钢筋压型钢板

7. 隧洞钢模台车

钢模台车是一种为提高隧洞衬砌表面光洁度和衬砌速度，并降低劳动强度而设计、制造的专用设备，有边顶拱式、直墙变截面顶拱式、全圆针梁式、全圆穿行式等。采用钢模台车浇筑功效比传统模板高 30%，装模、脱模速度快 2～3 倍，所用的人力是过去的 1/5。使用钢模台车不仅可以避免施工干扰、提高施工效率，更重要的是大大提高了隧洞内的衬砌施工质量，同时也提高了隧洞施工的机械化程度。

钢模台车由钢模和台车两部分组成。如图 3-13 所示为圆形钢模台车。以圆形钢模台车为例：钢模板 3m 长为一组，共 5 组；每组由一块顶模、四块边墙模板组成。台车由车架、行走机构、水平千斤顶、垂直千斤顶及液压操作机构等主要部件组成。台车主要用来运输、安装和拆卸钢模。它的 4 个液压垂直千斤顶上的托轮，用来托住钢模兼调整钢模位置，使钢模中心与隧洞中心一致。连接螺栓将钢模与台车连接起来。脱模时，千斤顶将顶模向下拉。液压操作机械是产生和分配高压油的装置。台车行走是通过电动机和减速器来驱动。台车行走也可以采用卷扬机、钢丝绳牵引。

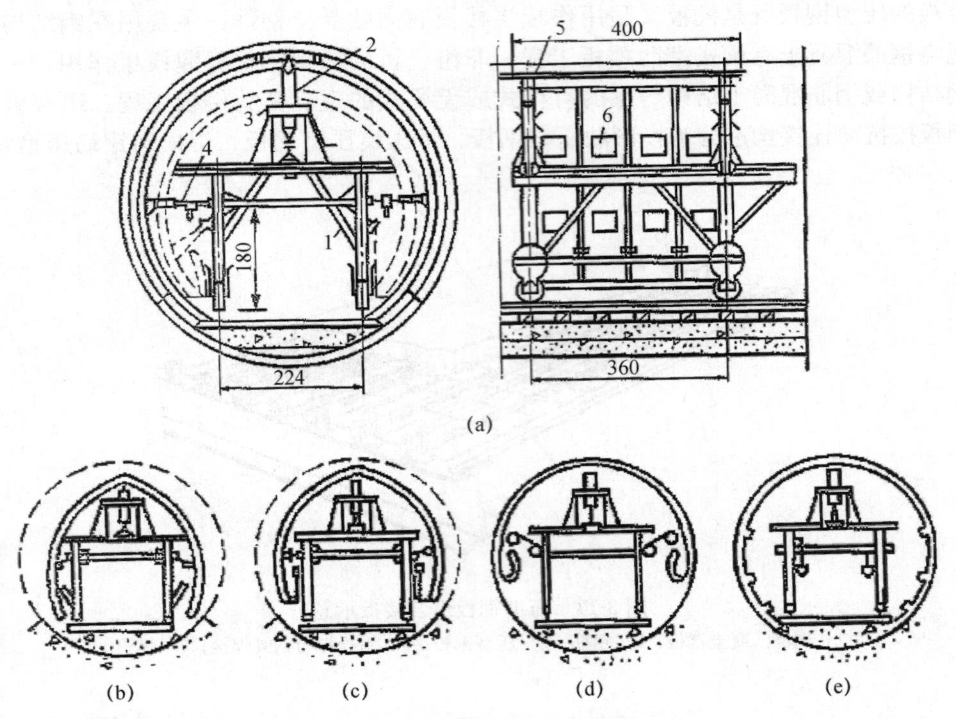

图 3-13 圆形隧洞钢模台车

(a) 模板构造；(b) 移动状态；(c) 垂直千斤顶顶起；(d) 水平千斤顶；(e) 撤走台车

1—车架；2—垂直千斤顶；3—水平螺杆；4—水平千斤顶；5—拼板；6—混凝土进入口

8. 移置模板

滑框倒模是在滑模基础上发展起来的新工艺。它既具有滑模连续施工、上升速度快的优点，又克服了滑模易拉裂表面混凝土、停滑不够方便、调偏不易控制等缺点，不损伤混凝土，可根据施工安排随时停滑、随时调整偏差。滑框倒模的基本工艺是：在混凝土浇筑过程中，模板的围檩由提升系统带动沿着模板的背面滑动，模板不动，下层模板待混凝土达到允许拆模强度时拆除并倒至上层支立。其工艺流程见图 3-14。

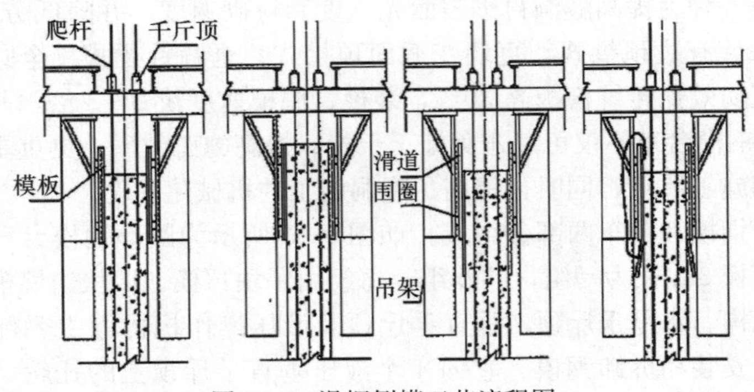

图 3-14 滑框倒模工艺流程图

滑框倒模由操作平台、提升架、围圈、滑道、模板、液压系统、卸料平台等组成。在围圈与模板之间设置滑道，滑道间距30cm。滑道采用ϕ48×3.5mm钢管制作，固定在围圈上。在滑道外侧沿水平方向安装四层模板，四层模板总高宜大于1.5m。滑升阻力为滑道与模板之间的摩擦力，比滑模的滑升阻力减少约50%，可以少用千斤顶，而且由于滑升阻力分布较均匀，平台提升时不易跑偏。根据提升力的要求，可以采用GYD-35或GYD-60型液压千斤顶。

9. 悬臂翻升模板

悬臂翻升模板是国内大体积碾压混凝土施工普遍采用的模板型式，是对悬臂模板的一种改进。其主要由面板、支撑件、锚固件、工作平台以及其他辅助设施组成。该模板分为两层，下层模板浇满混凝土后，吊装上层模板，上层模板沿下层模板的导向机构准确就位后，将桁架后部连杆铰接，上下层模板连接成一个整体，成为新的悬臂模板。上层模板浇满混凝土后，拆除下层模板，如前述方法再安装，如此循环翻升，实现了碾压混凝土真正意义上的连续浇筑。该模板结构合理、操作方便、使用可靠、值得推广。

3.1.2　模板受力分析

模板及其支撑结构应具有足够的强度、刚度和稳定性，必须能承受施工中可能出现的各种荷载的最不利组合，其结构变形应在允许范围以内。

1. 基本荷载

基本荷载包括：

（1）模板及其支架的自重。根据设计图确定。木材的密度，针叶类按600kg/m^{3}计算，阔叶类按800kg/m^{3}计算。

（2）新浇混凝土重量。通常可按24～25kN/m^{3}计算。

（3）钢筋和预埋件的重量。对一般钢筋混凝土，可按楼板1kN/m^3、梁1.5kN/m^{3}计算。

（4）工作人员及浇筑设备、工具等荷载。计算模板及直接支撑模板的小梁时，可按均布活荷载2.5kN/m^{2}及集中荷载2.5kN验算。计算支撑小梁的构件时，均布荷载可按1.5kN/m^{2}计；计算支架立柱时，均布荷载可按1kN/m^{2}计。对于大型浇筑设备按实际情况计算。

（5）振捣混凝土产生的荷载。对水平模板可按2kN/m^{2}计；对垂直模板可按4kN/m^{2}计。

（6）新浇混凝土的侧压力。采用内部振捣时，最大侧压力按式（3-1）、式（3-2）计算，取小值；侧压力的计算分布图形见图3-15，图中有效压头高度$h=F/\gamma_c$，单位m。重要部位的模板所受侧压力应通过实测确定。

$$F=0.22\gamma_c t_0 \beta_1 \beta_2 \nu^{1/2} \tag{3-1}$$

$$F=\gamma_c H \tag{3-2}$$

式中　F——新浇混凝土对模板的最大侧压力，kN/m^2；

γ_c——混凝土的表观容重，kN/m^3；

t_0——新浇混凝土的初凝时间，h，可按实测确定；

ν——混凝土浇筑上升速度，m/h；

H——混凝土侧压力计算位置处至新浇混凝土顶面的总高度，m；

β_1——外加剂影响修正系数，不加外加剂取1.0，掺加缓凝作用外加剂时取1.2；

β_2——坍落度影响修正系数，当坍落度小于3cm时取0.85，当坍落度为3～9cm时取1.0，当坍落度大于9cm时取1.15。

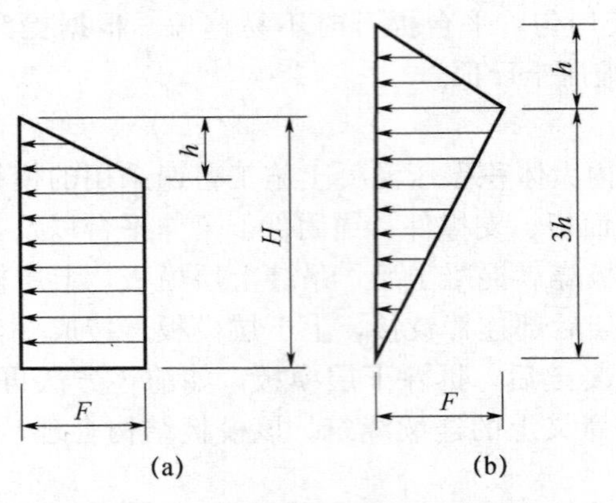

图3-15　混凝土侧压力分布图形

(a) 薄壁混凝土侧压力分布；(b) 大体积混凝土侧压力分布

(7) 新浇混凝土的浮托力。与混凝土坍落度、浇筑速度、浇筑温度、振捣方式及模板受浮面深度等因素有关，应通过试验确定。无资料时可按水平投影面积受浮托力15kN/m^{2}计。

(8) 拌合物入仓产生的冲击荷载。倾倒混凝土产生的冲击荷载应通过实测确定，无资料时，根据《水电水利工程模板施工规范》(DL/T 5110—2013) 规定，对垂直面模板产生的水平荷载标准值按表3-1采用。

表3-1　倾倒混凝土时产生的水平荷载标准值

向模板供料方式	水平荷载 (kN/m^2)
用溜槽、串筒或导管输出	2
用容量小于1m^{3}的运输具倾倒	6
用容量介于1～3m3的运输具倾倒	8
用容量大于3m3的运输具倾倒	10

(9) 风荷载。基本风压与模板的形状、高度和所在位置有关，可按《建筑结构荷载规范》(GB 50009—2012) 确定。

(10) 混凝土与模板的粘结力。使用竖向预制混凝土模板时，如浇筑速度低，可考虑预制混凝土模板与新浇混凝土之间的粘结力，其值列入表3-2。粘结力的计算，应按新浇筑混凝土与预制混凝土模板的接触面面积及预计各层龄期，沿高度分层计算。

表3-2　预制混凝土模板与新浇混凝土之间的粘结力

混凝土龄期/h	4	8	16	24
粘结力 (kN/m^2)	2.5	5.4	7.8	27.3

（11）混凝土与模板的摩阻力。设计滑动模板时需考虑，钢模板取1.5～3.0kN/m²，调坡时取2.0～4.0kN/m²。

（12）雪荷载。雪压按《建筑结构荷载规范》（GB 50009—2012）规定确定。

2. 荷载分项系数

计算模板的荷载设计值时，应采用标准值乘以相应的荷载分项系数求得。荷载分项系数应按表3-3采用。

表3-3 荷载分项系数

项次	荷载类别	荷载分项系数
（1）	模板及其支架的自重	1.2
（2）	新浇混凝土重量	
（3）	钢筋和预埋件的重量	
（4）	工作人员及浇筑设备、工具等荷载	1.4
（5）	振捣混凝土产生的荷载	
（6）	新浇混凝土的侧压力	1.2
（7）	新浇混凝土的浮托力	
（8）	拌和物入仓产生的冲击荷载	1.4
（9）	风荷载	
（10）	混凝土与模板的摩阻力	

3. 基本荷载组合

在计算模板及支架的强度和刚度时，应根据模板的种类，选择表3-4的基本荷载组合。特殊荷载可按实际情况计算，如平仓机、非模板工程的脚手架、工作平台、混凝土浇筑过程中不对称的水平推力及重心偏移、超过规定堆放的材料等。

表3-4 各种模板结构的基本荷载组合

模板种类	基本荷载组合	
	计算承载力	验算刚度
薄板、薄壳的底模板	（1）、（2）、（3）、（4）	（1）、（2）、（3）、（4）
厚板、梁和拱的底模板	（1）、（2）、（3）、（4）、（5）	（1）、（2）、（3）、（4）、（5）
梁、拱、柱（边长≤300mm）、墙（厚≤400mm）的侧面垂直模板	（5）、（6）	（6）
大体积结构、厚板、柱（边长>300mm）、墙（厚>400mm）的侧面垂直模板	（5）、（6）、（8）	（6）、（8）
悬臂模板	（1）、（2）、（3）、（4）、（5）、（6）、（8）	（1）、（2）、（3）、（4）、（5）、（6）、（8）
隧洞衬砌模板台车	（1）、（2）、（3）、（4）、（5）、（6）、（7）	（1）、（2）、（3）、（4）、（6）、（7）

4. 承重模板及支架的抗倾稳定性验算

承重模板及支架的抗倾稳定性应按下列要求核算：

(1) 倾覆力矩。应计算下列三项倾覆力矩，并采用其中的最大值：①风荷载，按现行《建筑结构荷载规范》(GB 50009—2012) 确定；②实际可能发生的最大水平作用力；③作用于承重模板边缘 1.5kN/m 的水平力引起的倾覆力矩。

(2) 稳定力矩。模板及支架的自重，折减系数为 0.8；如同时安装钢筋时，应包括钢筋的重量。

(3) 抗倾稳定系数。抗倾稳定系数大于 1.4。《水工混凝土施工规范》(SL 677—2014) 中还规定：除悬臂模板外，竖向模板与内倾模板应设撑杆或拉杆，以保证模板的稳定性；梁跨大于 4m 时，设计应考虑承重模板的预拱值 (0.1%～0.3%)；多层结构物上层结构的模板支撑在下层结构上时，应考虑下层结构的实际强度和承载能力。

3.1.3 模板的制作、安装和拆除

1. 模板的制作

大中型混凝土工程模板通常由专门的加工厂制作，采用机械化流水作业，以利于提高模板的生产率和加工质量。模板制作的允许误差应符合表 3-5 的规定。

表 3-5 模板制作的允许偏差

<table>
<tr><th colspan="2">偏差项目</th><th>允许偏差</th></tr>
<tr><td rowspan="5">木模板</td><td>小型模板：长和宽</td><td>±2</td></tr>
<tr><td>大型模板（长、宽大于 3m）：长和宽</td><td>±3</td></tr>
<tr><td>大型模板对角线</td><td>±3</td></tr>
<tr><td>模板面平整度：
相邻两板面高差
局部不平（用 2m 直尺检查）</td><td>
0.5
3</td></tr>
<tr><td>面板缝隙</td><td>1</td></tr>
<tr><td rowspan="5">钢模板、复合模板
及胶木（竹）模板</td><td>小型模板：长和宽</td><td>±2</td></tr>
<tr><td>大型模板（长、宽大于 3m）：长和宽</td><td>±3</td></tr>
<tr><td>大型模板对角线</td><td>±3</td></tr>
<tr><td>模板面局部不平（用 2m 直尺检查）</td><td>2</td></tr>
<tr><td>连接配件的孔眼位置</td><td>±1</td></tr>
</table>

2. 模板的安装

模板安装必须按设计图纸测量放样，对重要结构应多设控制点，以利检查校正。模板安装好后，要进行质量检查；检查合格后，才能进行下一道工序。应经常保持足够的固定设施，以防模板倾覆。水工建筑物混凝土模板安装的允许偏差，应根据结构物的安全、运行条件、经济和美观要求确定，大体积混凝土模板安装的允许偏差见表 3-6；大体积混凝土以外现浇结构和预制件的模板安装允许偏差应遵循相关规范规定。

表 3-6　大体积混凝土模板安装的允许偏差　　（单位：mm）

<table>
<tr><th rowspan="2">项　次</th><th rowspan="2" colspan="2">偏差项目</th><th colspan="2">混凝土结构的部位</th></tr>
<tr><th>外露表面</th><th>隐蔽内面</th></tr>
<tr><td>1</td><td rowspan="2">平板平整度</td><td>相邻两面板高差</td><td>钢模：2
木模：3</td><td>5</td></tr>
<tr><td>2</td><td>局部不平
（用 2m 直尺检查）</td><td>钢模：3
木模：5</td><td>10</td></tr>
<tr><td>3</td><td colspan="2">板面缝隙</td><td>2</td><td>2</td></tr>
<tr><td>4</td><td colspan="2">结构物边线与设计边线</td><td>内模板：－10～0
外模板：0～10</td><td>15</td></tr>
<tr><td>5</td><td colspan="2">结构物水平截面内部尺寸</td><td colspan="2">±20</td></tr>
<tr><td>6</td><td colspan="2">承重模板标高</td><td colspan="2">0～5</td></tr>
<tr><td rowspan="2">7</td><td rowspan="2">预留孔、洞</td><td>中心线位置</td><td colspan="2">±10</td></tr>
<tr><td>截面内部尺寸</td><td colspan="2">－10</td></tr>
</table>

3. 模板的拆除

拆模的迟早直接影响混凝土质量和模板使用的周转率。施工规范规定，非承重侧面模板，混凝土强度应达到 2.5MPa 以上，其表面和棱角不因拆模而损坏时方可拆除。混凝土表面质量要求高的部位，拆模时间宜晚一些。而钢筋混凝土结构的承重模板，要求达到下列规定值（按混凝土设计强度等级的百分率计算）时才能拆模。

（1）悬臂板、梁。跨度≤2m，75%；跨度>2m，100%。

（2）其他梁、板、拱。跨度≤2m，50%；跨度 2～8m，75%；跨度>8m，100%。

拆除芯模或预留的内模时，应在混凝土强度能保证不发生塌陷和裂缝时，方可拆除。

拆模的程序和方法：在同一浇筑仓的模板，按“先装的后拆、后装的先拆，先拆非承重模板、后拆承重的模板”的原则，按次序、有步骤地进行，不能乱撬。拆模时，应尽量减少对模板的损坏，以提高模板的周转次数。要注意防止大片模板坠落；高处拆组合钢模板，应使用绳索逐块下放，模板连接件、支撑件及时清理，收检归堆。

3.2　碾压混凝土

3.2.1　原料选择及配合比设计

3.2.1.1　原料选择

1. 水泥

（1）用于配置碾压混凝土的水泥品种主要包括硅酸盐水泥、普通硅酸盐水泥、中热硅酸盐水泥、低热硅酸盐水泥，质量要求应符合相关国家标准规范规定。

（2）在选择配制碾压混凝土所用水泥时，应根据设计要求通过试验进行选择。

（3）大体积碾压混凝土宜采用中低热水泥。

（4）有特殊要求时，针对不同工程特性，宜对水泥品种的矿物成分、细度、水化热和碱含量等提出专门要求，并优先采用散装水泥。

（5）水泥强度等级不宜低于32.5级。

2. MgO微膨胀水泥

MgO微膨胀水泥是将水泥熟料中MgO的含量从1.5%～2.0%提高到3.5 %～5.0%，可更好的发挥其微膨胀作用，有助于补偿混凝土温降收缩，提高混凝土的抗裂能力。若含量超过5%，则须进行试验验证确定。也可在混凝土中掺入轻烧MgO粉末。

3. 掺合料

为了改善碾压混凝土性能，节约水泥用量，降低水化热温升，在碾压混凝土中应掺用掺合料。

掺合料按其性能分活性和非活性两大类。碾压混凝土应优先考虑掺入适量的Ⅰ级或Ⅱ级粉煤灰、粒化高炉矿渣粉、磷渣粉、火山灰等活性掺合料。若施工现场无粉煤灰资源时，可就近选择技术经济指标较合理的其他活性或非活性掺合料，如凝灰岩、磷矿渣、高炉矿渣、尾矿渣、石粉等，经磨细后掺合，其掺量应通过试验论证。

掺合料在掺入碾压混凝土时可采用一种活性掺合料单掺或多种掺合料混掺的方式，实际工程中已经用到的多种掺合料混掺的组合形式有：磷渣粉与天然凝灰岩混合、粉煤灰与石粉混合、铁矿渣与石灰石粉混合等。各种掺合料取代水泥的最大限量一般都有规定，其最大限量的大小与掺合料的活性直接相关，应通过试验验证确定。掺用掺合料混凝土拌合物应确保搅拌均匀，其搅拌时间应通过试验确定。

粉煤灰是碾压混凝土最为主要的掺合料，用量大。从近年来的工程使用经验来看，碾压混凝土坝大多采用Ⅱ级粉煤灰，掺量一般在50%～65%的范围；Ⅰ级粉煤灰主要使用在大型水利水电工程及高等级混凝土中。

4. 骨料

骨料占碾压混凝土总质量的80%～85%，是碾压混凝土的主要组成材料。碾压混凝土对骨料的品质要求，只要能满足常态混凝土要求的骨料，一般都可用于碾压混凝土。

（1）粗骨料

粗骨料分为人工粗骨料、天然粗骨料和混合粗骨料三种。粗骨料质量应符合以下要求：

① 质地坚硬，表观密度大，抗压强度适中。

② 级配连续，粒形宜为立方体形或球形。

③ 最大粒径适宜。既要考虑节约胶凝材料，又要考虑骨料分离情况并结合施工条件选择，碾压混凝土粗骨料最大粒径不宜超过80mm。另外最大骨料粒径须小于铺料厚度的1/3，才不会影响振动碾压的压实效果。

④ 其他要求：粗骨料的其他质量要求见《水工混凝土施工规范》（SL 677—2014或DL/T 5144—2015 ）。

（2）细骨料

碾压混凝土可以使用天然砂、人工砂或两者混合的砂作为细骨料。

① 细骨料要求质地坚硬，级配良好。人工砂细度模数宜为 2.2～2.9，天然砂细度模数宜为 2.0～3.0。应严格控制超径颗粒含量，砂含水率应不大于 6%。使用细度模数小于 2.0 的天然砂，应经过试验论证。

② 人工砂中的石粉（$d<0.16$mm）颗粒含量宜控制在 12%～22%之间，其中 $d\leqslant 0.08$mm 的微粒含量不宜小于 5%。最佳石粉含量随母岩不同而变化，应通过试验确定。

③ 其他要求：细骨料的其他质量要求见《水工混凝土施工规范》（SL677—2014 或 DL/T5144—2015 ）。

5. 外加剂

外加剂是配置高品质碾压混凝土中不可缺少的重要材料。根据碾压混凝土的设计指标、不同工程及施工季节的要求，掺入混凝土外加剂不但能够改善碾压混凝土的性能，使之便于施工，而且能节约工程费用。外加剂的掺入效果随工程所用原料的不同而不同，因此在选择碾压混凝土的外加剂品种时，应通过试验论证，尤其是外加剂与胶凝材料的适应性最为重要。

（1）对大体积及高温季节碾压混凝土施工应采用缓凝减水剂或缓凝高效减水剂。

（2）对有抗冻、抗渗要求的混凝土，应考虑掺用引气剂或引气减水剂；对有防冻或微膨胀要求的混凝土，还应掺用防冻剂或膨胀剂。

6. 拌和用水

碾压混凝土拌和用水质量标准与常态混凝土相同；凡符合国家标准的生活饮用水，均可拌制碾压混凝土。

3.2.1.2　配合比设计

1. 一般要求

在满足设计要求强度、耐久性和施工要求的工作度条件下，通过选择设计参数、计算、试拌和必要的调整，经济合理地确定碾压混凝土单位体积中各材料的用量。在进行碾压混凝土配合比设计时，应考虑下列要求：

（1）水胶比：根据设计要求的混凝土强度、拉伸变形、绝热温升和抗渗抗冻性等指标确定，其值不宜大于 0.65。

（2）砂率的选择：应通过试验选取最佳砂率值。一般情况下，采用天然砂石料时，三级配碾压混凝土的砂率为 28%～32%（表 3-7），二级配碾压混凝土的砂率为 32%～37%（表 3-8）；采用人工砂石料时，各级配碾压混凝土的砂率相应地增加 3%～6%。

（3）单位用水量的选择：可根据碾压混凝土施工工作度（*VC* 值）、骨料最大粒径、砂率及外加剂等选定。

（4）掺合料：掺合料种类、掺量应通过试验确定，掺量若超过 65%时，应做专门的试验论证。

（5）必须掺加外加剂，以满足可碾性、缓凝性及其他特殊要求，外加剂的品种和掺量应通过试验确定。

（6）对于大体积建筑物内部的混凝土，其总胶凝材料用量（水泥、粉煤灰或其他有机活性材料之和）不宜低于 130kg/m^3，当低于 130kg/m^{3}时应专题试验论证。

（7）碾压混凝土拌和物的工作度（VC 值），现场宜选用 2～12s 为宜。机口 *VC* 值应根据现场施工的气候条件变化，动态地选用和控制，宜为 2～8s。

表 3-7　部分碾压混凝土坝体内部三级配混凝土配合表

序号	工程名称	建成年份	强度等级	水胶比	用水量 (kg/m³)	水泥用量 (kg/m³)	粉煤灰用量 (kg/m³)	粉煤灰掺量 (%)	砂率 (%)	石子配合比 (大:中:小)	减水剂 (%)	引气剂 (%)	VC 值 (s)	备注
1	江垭	1999	C_{90}15W8F50	0.58	93	64	96	60	33	30:30:40	0.40	—	7±4	木钙
2	龙首	2001	C_{90}15W6F100	0.48	82	60	111	65	30	35:35:30	0.90	0.045	5～7	天然骨料
3	石门子	2001	C_{90}15W6F100	0.55	88	56	104	65	31	35:35:30	0.95	0.01	6	天然骨料
4	大朝山	2002	C_{90}15W4F25	0.48	80	67	100	60	34	30:40:30	0.75	—	3～10	凝灰岩＋磷矿渣
5	百色	2006	C_{180}15W2F50	0.60	96	59	101	63	34	30:40:30	0.80	0.015	3～8	灰岩
6	光照	2008	C_{90}20W6F100	0.48	76	71	87	55	32	35:35:30	0.70	0.20	4	
7	思林	2009	C_{90}15W6F50	0.50	83	66	100	60	33	35:35:30	0.70	0.015	3～5	

表 3-8　部分碾压混凝土坝体迎水面二级配混凝土配合表

序号	工程名称	建成年份	强度等级	水胶比	用水量 (kg/m³)	水泥用量 (kg/m³)	粉煤灰用量 (kg/m³)	粉煤灰掺量 (%)	砂率 (%)	石子配合比 (大:中:小)	减水剂 (%)	引气剂 (%)	VC 值 (s)	备注
1	江垭	1999	C_{90}20W12F100	0.53	103	87	107	55	36	55:45	0.50	—	7±4	木钙
2	龙首	2001	C_{90}20W8F100	0.43	88	96	109	53	32	60:40	0.70	0.05	6	天然骨料
3	石门子	2001	C_{90}20W8F100	0.50	95	86	104	55	31	60:40	0.95	0.01	6	天然骨料
4	大朝山	2002	C_{90}20W8F50	0.50	94	94	94	50	37	50:50	0.70	—	3～10	凝灰岩＋磷矿渣
5	百色	2006	C_{180}20W10F50	0.50	108	91	125	58	38	55:45	0.80	0.015	3～8	灰岩
6	光照	2008	C_{90}20W12F100	0.45	86	105	86	45	38	55:45	0.70	0.025	4	
7	思林	2009	C_{90}20W8F100	0.48	95	89	109	55	39	55:45	0.70	0.02	3～5	

2. 常用配合比计算方法

碾压混凝土配合比设计的基本方法有绝对体积法、表观密度法和包裹理论法等。一般推荐采用绝对体积法进行配合比计算。

（1）收集配合比设计所需资料。在进行碾压混凝土配合比设计之前，应收集与配合比设计有关的全部文件及技术资料。其主要有：混凝土的设计指标及技术要求，如混凝土的强度、抗渗、变形、热学性能等；使用原材料的品质及单价等。

（2）初步配合比设计。

1）初步确定配合比参数。初步确定配合比参数，主要是确定水胶比、掺合料的掺量、砂率、浆砂比等。配合比参数的选择方法有：①单因素试验分析法；②正交试验设计选择法；③工程类比选择法。

2）计算单方混凝土中各材料的用量。

① 采用绝对体积法进行计算。

基本原理：$1m^3$ 新拌混凝土拌合物的体积等于各组成材料的绝对体积与空气体积之和，其计算公式为：

$$C/\rho_c+F/\rho_F+W/\rho_W+S/\rho_S+G/\rho_G+E/\rho_E+A=1 \tag{3-3}$$

式中　C、F、W、S、G、E——水泥、掺合料、水、细骨料、粗骨料、外加剂用量，kg/m^3；

ρ_c、ρ_F、ρ_W、ρ_S、ρ_G、ρ_E——水泥密度、掺合料密度、水的密度、细骨料及粗骨料饱和面干表观密度、外加剂密度，kg/m^3；

A——混凝土含气量，%。

② 假定表观密度法进行计算。

基本原理：$1m^3$ 新拌混凝土的质量等于各组成材料的质量之和。1m3 新拌混凝土的表观密度通过试验求得，试拌时假定混凝土的表观密度，若测得的混凝土密度与假定密度有差异，则各材料用量应分别乘以实测密度与假定密度比值，即得出碾压混凝土单位体积材料用量，计算公式为：

$$\rho=C+F+W+S+G \tag{3-4}$$

③ 采用填充包裹法进行计算。

基本原理：混凝土中细骨料孔隙恰好被灰浆所填充，即灰浆体积与砂孔隙体积之比为 $\alpha=1$；粗骨料孔隙恰好被砂浆所填充，即砂浆体积与粗骨料孔隙体积之比为 $\beta=1$。实际施工过程中为增加混凝土的工作性及可碾性，除了填充孔隙外，还应有富裕的灰浆比和砂浆来包裹粗、细骨料表面。其计算公式：

$$C/\rho_c+F/\rho_F+W/\rho_W+S/\rho_S+G/\rho_G+E/\rho_E+A=1$$

$$\alpha=(1-S/\rho_S-G/\rho_G)/(S/r_S-S/\rho_S) \tag{3-5}$$

$$\beta=(1-G/\rho_G)/(G/r_G-G/\rho_G) \tag{3-6}$$

式中　r_S、r_G——粗、细骨料的紧密密度，kg/m^3。

（3）室内试拌调整。按初步确定的配合比进行室内试拌，测定拌合物的 VC 值，如 VC 值大于设计要求，则应在保持水胶比不变的情况下增加用水量；若拌合物的抗分离性差则增加砂率等。

（4）室内配合比确定。根据室内的试验结果，确定室内的配合比。

（5）现场碾压试验调整。一个工程在进行碾压混凝土施工之前宜进行现场碾压试验。其目的除了确定施工参数、检验施工生产系统的运行和配套情况，落实施工管理措施之外，通过现场碾压试验还可以检验设计出的碾压混凝土配合比对施工设备的适应性（包括可碾压性、易密性等）及拌合物的抗分离性能，必要时可以根据碾压试验情况适当调整。

3.2.2 施工准备

3.2.2.1 施工组织准备

施工组织准备的主要内容是施工组织设计和混凝土配合比试验及试验块浇筑，应按施工组织设计和试验要求进行具体条件准备和展开工作。施工组织准备的过程如图3-16所示。

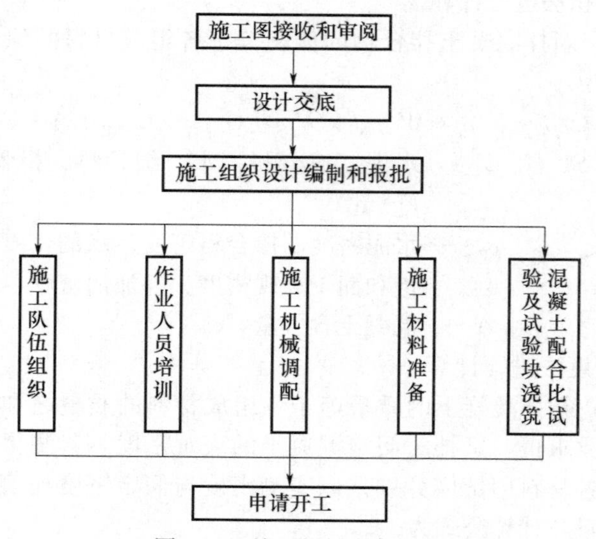

图3-16 施工组织准备过程

碾压混凝土要实现快速施工，原材料供应、仓位准备（主要是模板安装）、碾压混凝土输送、机械设备配置等是主要环节。

1. 砂石生产系统配置

原材料供应必须充分，尤其用量较多的砂石骨料。为满足碾压混凝土高强度的填筑施工，原材料成品必须有足够的储备，一般备料量应经常保持日平均填筑工程量的5～7倍。国内多数工程采用湿法或干湿结合工艺生产砂石料；江垭、棉花滩等水电站碾压混凝土坝采用干法生产人工砂石料，具有较好的技术经济效益。

砂石骨料系统的生产能力可按式（3-7）计算：

$$Q_h = KQ/T \tag{3-7}$$

式中 Q_h——系统小时生产能力，t/h；

K——生产过程中的损耗系数，一般取1.1～1.2；

Q——高峰月混凝土骨料用量，t；

T——月生产小时数，h，一般按1个月25d、1d 12～15h计。

（1）江垭水电站人工砂石料生产。江垭水电站大坝混凝土浇筑高峰期平均日浇筑 $4700m^3$，日需骨料 10000t，骨料加工厂设计生产能力为 10000t/d 或 500t/h，采石场开采能力为 $4664m^3/d$ 或 11.9 万 m^3/月（实方）。采石场分三班作业，骨料加工厂分两班作业。加工工艺满足碾压混凝土对石粉含量的要求。

（2）大朝山水电站人工砂石料生产。大朝山水电站人工砂石料生产系统按满足混凝土浇筑强度 10 万 m^3/月设计，毛料处理能力 800t/h，成品生产能力 684t/h（其中砂 235t/h），岩石抗压强度 85～150MPa。

（3）棉花滩水电站大坝人工砂石料生产。棉花滩水电站大坝人工砂石料生产采用全干法生产工艺，石料为中粗粒黑云母花岗岩，平均饱和抗压强度为 132.7MPa。粗碎选用 JM1211HD 颚式破碎机 1 台，并配备 VMHC60/12 棒条式振动给料机，二级破碎选用 S4000MC 旋回破碎机 1 台，三级破碎选用 H4000MC 圆锥破碎机 1 台，制砂选用 B9000 巴马克立轴式石打石破碎机 2 台。

2. 混凝土生产系统配置

混凝土生产系统应根据高峰月混凝土浇筑强度配置，其生产能力可按式（3-8）计算并满足最大仓面浇筑要求：

$$Q_h = KQ_m / T \tag{3-8}$$

式中　Q_h——混凝土小时拌和强度，m^3/h；

K——不均匀系数，与使用时段有关，一般取 1.5～2.0；

Q_m——高峰月混凝土浇筑量；

T——月拌和时间，h，一般取 400～500h。

一般常态混凝土拌合机均可用于同级配的碾压混凝土拌合，但是拌和时间较常规混凝土适当延长，在选择混凝土拌合设备时，应考虑拌和时间的延长对生产率的影响，一般按铭牌产量乘以 0.7～0.9 的系数即可，拌合能力配备必须满足施工需要并有一定的富余。

3. 混凝土运输设备配置

碾压混凝土常用的运输设备有自卸汽车、带式输送机、塔带机和胎带机、真空负压溜槽、斜面滑道等。运输设备及运输方式的选择不仅要满足施工强度需要，还要满足防止混凝土骨料分离的要求。相比较而言，汽车运输适应性强、机动灵活、直接入仓，可减少分离。其他运输工具一般采取组合运输方式，如机车与吊机组合、带式输送机与溜槽组合等。自卸汽车、带式输送机、箱式满管、真空负压溜槽（管）等已成为碾压混凝土运输的主要手段。

运输碾压混凝土的设备必须同拌合楼生产能力、仓面铺筑能力相匹配。常用运输设备的配置计算方法如下：

（1）自卸汽车运输碾压混凝土生产率的计算见式（3-9）。

$$C_m = T_1 + T_2 + T_3 + T_4 + T_5 + T_6 + T_7 \tag{3-9}$$

$T_4 =（L_1/30 + L_2/10）\times 3600$

式中　T_1——定位装载时间，可按 45～60s 计；

T_2——洗车时间，可按 45～60s 计；

T_3——定位卸料时间，可按 60～90s 计；

T_4——重车运行时间；
L_1——坝外运输距离，km；
L_2——坝内可能运行最大距离，km；
T_5——空车返回行走时间，可取 $T_5=0.9T_4$；
T_6——拌和楼处停等时间，可按 60～90s 计；
T_7——混凝土倒车待卸时间，可按 60～90s 计。

考虑汽车配置时还要考虑一定的备用系数。

（2）带式输送机输送碾压混凝土能力见表 3-9。

表 3-9 带式输送机输送碾压混凝土能力 （单位：t/h）

带速（m/s）		0.8	1.0	1.25	1.6	2.0	2.5	3.15	4.0
带宽（mm）	500	156	184	244	312	382	464	—	—
	650	262	328	412	528	646	782	—	—
	800	—	556	696	890	1092	1322	1648	—
	1000	—	870	1088	1392	1706	2066	2466	—
	1200	—	1310	1638	2096	2568	3112	3716	4404
	1400	—	1882	2230	2854	3496	4236	5056	5990

（3）塔带机和胎带机基本特性见表 3-10。

表 3-10 塔带机和胎带机基本特性

名称	型号	基本特性	输送能力
塔带机	TG2400-84	工作幅度 84m，输送带宽 76cm，固定式，塔柱抗弯力矩 3400t·m，吊钩以下高度 95m，给料胶带和送料胶带长分别为 90m 和 130m，电源总功率 300kW，塔柱有自升功能，也可改作塔吊使用。操作、维护、管理每班 3 人	三级配：$7m^3/min$ 四级配：$5m^3/min$
胎带机	CC200X24	工作幅度 61m，输送带宽 61cm，自行式 360°回转伸缩臂最大仰角 30°，最大俯角 15°，给料胶带长 19.8m，电源总功率 220kW，自重 99880kg，螺旋给料机型号为 AM20/20 型，料斗容量 $8m^3$，混凝土运输车型号为 BigDog，斗容量 $12m^3$。配有电子秤的橡胶鼻管	三级配：$4.5m^3/min$ 四级配：$2.5m^3/min$

（4）真空负压溜槽。真空负压溜槽的输送能力取决于溜槽的大小和倾角，且与进料和出口接料密切相关，一般 50cm 半圆形真空负压溜槽的输送能力为 $200m^3/h$。

4. 仓面资源配置

（1）仓面设备配置。仓面机械很多，有供料机械、摊铺机械、碾压机械、保温机械、切缝机械和冲毛机械等。各机械的作业区域随着供料铺料、碾压、保温、切缝、冲毛工序的完成而随时调换。因此，必须根据工程实际，对作业分区图进行总体规划，并加强现场调度管理，避免各种机械作业的相互干扰和工序之间的脱节。仓面宜设专职指挥人员，统一指挥和协调仓面作业。

① 平仓设备。碾压混凝土施工，大多采用大仓面通仓铺筑，应配备足够数量的平仓设备。平仓设备一般选用平仓机，也有采用大型推土机。平仓设备的配置由式（3-10）计算：

$$N=Q/q \qquad q=WVDE \tag{3-10}$$

式中　N——平仓机数量，台；

Q——摊铺强度，m^3/h，等于最大仓面摊铺层混凝土量除以摊铺层层间覆盖时间；

q——平仓机的生产率，m^3/h；

W——平仓机作业宽度，m；

V——平仓机作业速度，m/h；

D——摊铺层厚度，m；

E——平仓机作业效率，一般取 0.4。

② 碾压设备。宜采用自行式振动碾，重量 10t 左右，频率 1500～2700 次/min，最好在 2400 次/min 以上；边角部位可使用手扶式振动碾碾压。碾压设备的配置由式（3-11）计算：

$$N=Q/q \qquad q=\frac{V(B-b)HK}{n} \tag{3-11}$$

式中　N——碾压机数量，台；

Q——碾压强度，m^3/h，等于最大仓面碾压层混凝土量除以碾压层层间履盖时间；

q——碾压机的生产率，m^3/h；

B——碾压机作业宽度，m；

$B-b$——一次有效碾压宽度，m；

K——碾压作业综合效率，一般取 0.8；

V——碾压机作业速度，m/h；

b——要求的重叠宽度，m；

H——摊铺层厚度，m；

n——碾压遍数，由试验确定。

常用设备配套数量见表 3-11。

表 3-11　常用设备配套数量

仓面面积（m^2）	层厚（cm）	10t 自卸汽车（台）			平仓机（台）	振动碾（台）
		运距（m）				
		500～1000	1000～2000	2000～3000		
1000 以内	30	4～8	7～9	8～12	1	1～2
1000～2000	30	7～14	10～15	15～20	1～2	2～3
2000～4000	30	15	15～20	20～25	2～3	2～3
4000～5000	30	15～25	20～30	25～35	2～3	3～4
5000 以上	30	宜采用分仓或斜层浇筑				

③ 冲毛设备、切缝机、喷雾装置。碾压混凝土施工层面普遍采用高压水冲毛机冲毛（最大工作压力为30～50MPa），一般情况下，仓面面积在2000m^{2}以内的可配置1台冲毛机，2000～5000m^{2}配置2台，5000m^{2}以上配置3台。

碾压混凝土坝的横缝有多种成缝方式，高坝工程趋向使用切缝机。例如江垭水电站采用MPKHPQ13型切缝机（由EX120型液压挖掘机改装），棉花滩水电站大坝采用MPFQ-1型切缝机，大朝山水电站、龙滩等众多工程均采用切缝机成缝。

当日照强烈、风速较大、湿度较低时，为保持湿润环境，应特别做好仓面喷雾工作，以使碾压混凝土的*VC*值不致迅速损失，影响碾压和层面结合质量。喷雾一般由压缩空气和水混合喷射后形成，各工程要根据不同施工季节和施工条件采用不同的喷雾方式。

④ 养护和保护。碾压混凝土浇筑完成后要及时进行养护，养护方式有蓄水、喷水及流水养护等。供水管路的布设、需水流量及压力等需根据浇筑仓面进行统一设计。在冬期及遇有寒潮冲击的条件下施工，须注意碾压混凝土的保温工作，保护方法有设置保温模板、装设苯板或保温被、浇筑层顶面覆盖保温塑料布及保温被等。

⑤ 其他小型机可根据工程经验配置。

（2）仓面人员配置。5000m^{2}以内仓面人员配置，实例见表3-12。

表3-12　5000m^{2}以内仓面人员配置实例

工种	人数（人）	工种	人数（人）	工种	人数（人）
平仓机驾驶员	2	振捣人员	约3	质控人员	约5
振动碾驾驶员	3	值班模板工	2	引导员	约2
切缝人员	3	值班电工	1	仓面指挥长	1
铺浆人员	约3	配合人员	约15	合计	约40

（3）仓面材料配置。

每一仓块碾压混凝土开浇前，所需要的砂石料、水泥、粉煤灰、外加剂等材料应有足够的储量。仓面所需要的模板拉条、隔缝材料、保温材料也应事先准备就绪，保温材料应按最大仓面需要量配置。

5. 仓面准备

（1）仓面工艺设计

碾压混凝土坝由于浇筑量大、仓面面积大、施工快速、施工强度高，为保证混凝土施工质量，需根据不同的浇筑高程、气象条件、浇筑设备的能力、不同坝段的形象面貌要求等合理划分浇筑仓，并在混凝土浇筑前，对浇筑仓号进行仓面工艺设计。

仓面设计编制流程见图3-17。

1）分析仓面特征。

① 升层厚度。升层厚度对混凝土施工速度、施工质量和施工费用有很大影响，根据结构特点、仓面面积、浇筑难度、入仓手段、模板配置、温控要求及气象等因素确定浇筑高度。一般分仓浇筑仓面升层厚度为3m，局部位置为1～2m，通仓连续浇筑可更高，龙滩水电站上游碾压混凝土围堰一次连续浇筑上升24m。

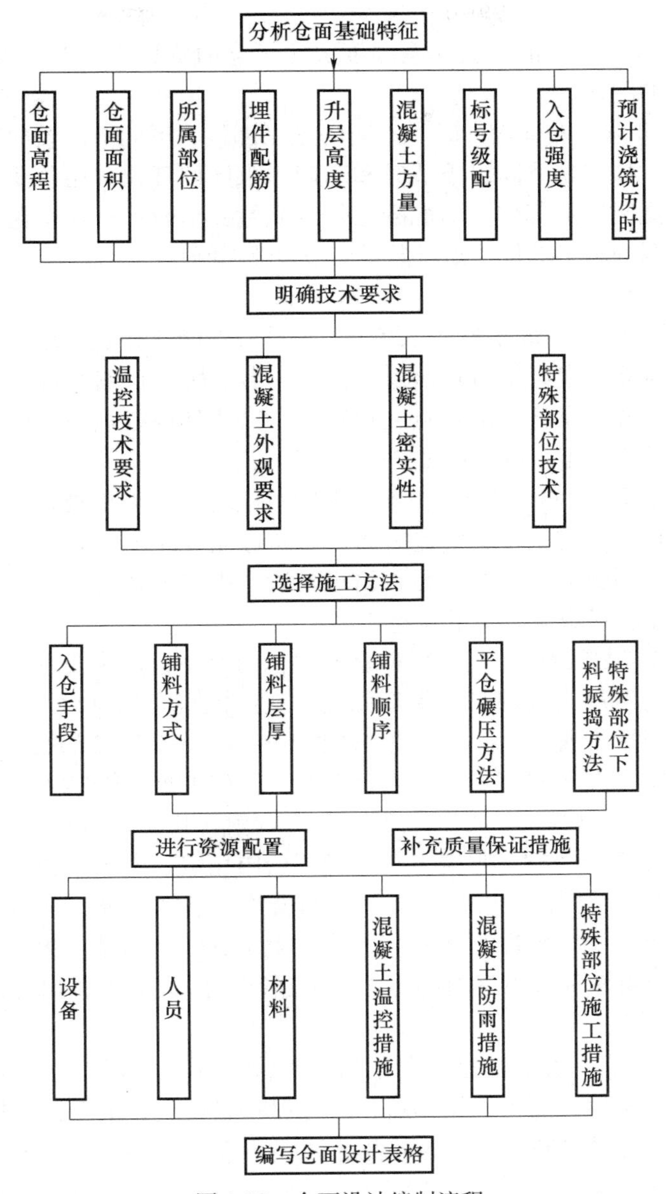

图 3-17　仓面设计编制流程

② 混凝土强度等级级配及配筋情况。混凝土强度等级级配应符合设计要求，对于找平层混凝土、钢筋密集区和浇筑盲区混凝土，可采取小级配（或富浆）替代方案，减少混凝土骨料分离。仓面设计及审核人员应熟悉仓内钢筋分布情况，认真分析钢筋部位的施工难度及浇筑强度。混凝土强度等级级配品种过多，会造成混凝土铺料过程中，切换混凝土品种次数频繁，造成施工程序复杂，影响混凝土入仓速度和施工质量。不同强度等级、级配的混凝土价格不同，使用不当会影响混凝土质量和施工成本。

③ 分析周边影响浇筑的因素。相邻结构块高差、备仓安排、渗水处理及其他平行作业等对混凝土浇筑均有一定的影响，需提前审查施工计划及制定相应的施工保证

措施。

④ 混凝土入仓强度。混凝土入仓强度决定了仓面资源配置，混凝土入仓、平仓、碾压设备及人员的配置。

⑤ 相关技术要求。仓面设计时，不同的施工部位、不同的浇筑时段，其施工技术要求会有所不同。如在夏季高温季节时和基础约束区的部位，温控要求较高，而对于溢流面等高速水流通过的部位，则混凝土外观质量要求较严；在钢衬、闸门槽等与金属结构埋件相关联的施工部位，则对混凝土密实性控制较严。

2）确定浇筑参数。

① 浇筑手段。确定浇筑方案时应综合考虑设备性能、拌合楼维护、钢筋密集区及盲区平仓振捣困难等因素，作为仓面设计依据。当采用两台或两台以上的设备浇筑同一仓面时，应确定各台设备的浇筑范围和顺序，以达到铺料顺序的要求，必要时对浇筑设备的运行方式作限定，以确保设备的安全运行。

② 允许铺料间歇时间。综合考虑不同强度等级的混凝土初凝时间、气温影响及温控要求，确定合理的混凝土接头覆盖时间。如超过允许间歇时间，由现场质量工程师和监理工程师共同判断混凝土接头是否出现初凝。当出现初凝时，应视初凝面积、部位决定采取处理措施后继续浇筑或停仓处理。

③ 铺料方法。碾压混凝土施工根据仓面面积的大小、拌合楼生产强度、运输设备的入仓强度、平仓碾压设备的平仓碾压强度、变态混凝土的处理强度以及气候条件，可采用平层法和斜层法铺料，斜层法铺料的斜度在1：10～1：15之间。

④ 铺层厚度。铺层厚度综合考虑入仓手段、入仓强度、允许铺料间歇时间等因素，一般为30cm；对于特殊情况，可采用25cm，并要求在仓面设计上注明原因。

⑤ 特殊部位混凝土下料、振捣方法。对于仓内止水、灌浆、观测仪器等不能直接下料的部位，以及闸墩门槽和钢衬下部等钢筋密集、空间狭窄、进料困难的部位，应按照相关技术要求，调整混凝土下料、平仓振捣方法。混凝土下料可采用下料皮筒、缓降溜槽、混凝土泵车和人工进料等方法。上述部位的混凝土振捣应采用小型手持振捣器，适当加强振捣。

3）确定资源配置。资源配置主要包括机械设备和人员两个方面。主要机械设备有：入仓设备、振捣机、插入式振捣器、降（保）温设施、平仓机、振动碾、切缝机等；一般工具有：分散骨料工具、排除泌水工具、仓内保洁工具等。人员包括：仓面指挥、盯仓质检员、安全员、卸料指挥、机械操作手、辅助工及各工种值班人员。对大坝混凝土仓的资源配置应根据浇筑强度明确规定。对存在浇筑盲区、抹面层区或有特殊要求的仓位，根据实际情况增加资源投入。

4）制定质量保证措施。对于一般仓位，在仓面设计图表“注意事项”栏加以说明；对于结构复杂、浇筑难度大及有特殊要求的仓位，要求提供专项质量保证措施，作为仓面设计的补充。

（2）仓面组织管理

为保证碾压混凝土正常、连续、快速实施，应建立一个组织严密、运行高效、信息反馈及时的仓面组织管理体系，同时在现场指挥中心设置现场监测系统，以便及时了解、掌握、处理现场问题。

（3）模板、钢筋及预埋件

模板安装是碾压混凝土快速施工的重要环节，是能否确保碾压混凝土连续上升的关键。适用于碾压混凝土施工的模板有钢模板、木模板、混凝土模板等。模板结构型式有组合钢模板、半悬臂模板、悬臂模板、连续上升式翻转模板、混凝土预制模板。在选择碾压混凝土模板时，须根据碾压混凝土浇筑升层高度来确定，并考虑其经济性。

碾压混凝土坝体内的钢筋一般很少，只有廊道、电梯井等孔洞周边布有钢筋，这些钢筋应在碾压混凝土开仓前安装完毕。孔洞周边一般采用常态混凝土或变态混凝土与碾压混凝土同时浇筑。施工中应注意保护架立好的钢筋，避免在碾压混凝土卸料、平仓、碾压过程中损坏。钢筋的制作安装按照有关规范执行。

对于碾压混凝土坝中的钢衬、门槽、引水管等预埋工作应事先制订预埋方案，一般采用二期预埋和浇筑混凝土的办法。

6. 合理的施工布置

（1）拌合楼位置的选择

混凝土从拌合楼到浇筑仓面的运输，一般采用汽车或胶带机。碾压混凝土筑坝，由于其施工速度快、工期短，故应优先考虑使用汽车运输。当采用汽车运输时，拌合楼位置和浇筑仓面距离、高差都不能过大，下仓道路弯道要少，坡度要控制在5%～10%，以便减少运输时间和提高运输能力。由于运输碾压混凝土的车辆较多，拌和楼卸料口附近的道路应比较宽畅和平坦。

（2）汽车直接入仓的道路布置

一般根据地形条件进行布置，即按道路修筑工程量较小、修筑方便、速度快和汽车运输条件较好的原则布置。如清江隔河岩围堰工程，围堰下部及上部的汽车入仓道路为单线封闭式道路，中间部分为环形循环路。环形路干扰少，大大加快了混凝土的运输速度。岩滩围堰工程不能布置环形路，但上游围堰由于渣源充足（基坑开挖弃渣），每5m高差就布置一条路；下游围堰因渣源困难，只布置了3条汽车入仓道路，每条路控制浇筑高度分别为7.2m、11.9m和14.9m。

（3）吊机入仓的布置

吊机高程选择，应以不翻高或少翻高为原则。吊机翻高，影响混凝土浇筑的正常进行，不利于快速施工。吊机是否行走，则应根据线路修筑工程量大小和难易程度而定，一般应以能行走考虑。

3.2.2.2　仓块浇筑准备

每一仓块碾压混凝土浇筑前需制作一份浇筑要领图，将拟浇仓块的相关信息和施工要求标注在要领图中，如浇仓块的范围、桩号、高程、混凝土量、最大仓面面积、摊铺的条带布置、平仓碾压方向、止水设施、切缝、埋件、预留孔洞位置、变态混凝土施工要求、模板架立要求、混凝土入仓方式和浇筑方法，以及注意事项等。现场按照浇筑要领图的要求进行施工准备，验收合格后方可准予浇筑。

1. 模板安装

为便于碾压混凝土机械化、快速施工作业，目前国内大体积碾压混凝土施工普遍采用连续上升翻转模板，面板有3m×3.1m、3m×2.1m、3m×1.55m三种，第一种结构型式见图3-18，由三块模板组成一个单元连续上升。一般在仓面配置小吨位吊车吊装，如 3～5t 仓面吊或 5～8t 汽车吊，吊装一块模板的时间一般需 15～30min。

2. 埋件安装

碾压混凝土埋件有观测仪器和电缆、止水片、分缝预制块、冷却管和灌浆管等。观测仪器和电缆一般采用在碾压完成后的混凝土体内挖坑埋设的方法，对没有方向性要求的仪器，坑槽深度以能埋设仪器和电缆即可；对有方向性要求的仪器，坑槽的深度应能保证在仪器安装就位后上部最少有 20cm 厚的人工回填压实混凝土保护层。止水片安装一般采用钢筋架支撑保护，并在碾压混凝土施工过程中随时检查，发现损坏及时修复。分缝预制块一般在碾压混凝土拱坝中采用，预制块中设有灌浆管道，埋设时位置要准确，预制块两侧混凝土料摊铺时要均匀，防止预制块在施工中错位导致灌浆管路失效。冷却管和灌浆管都在碾压后的层面上埋设，管道埋设后应先铺盖混凝土料后才允许设备行走，管道埋设的时间应满足碾压混凝土层间覆盖时间要求。

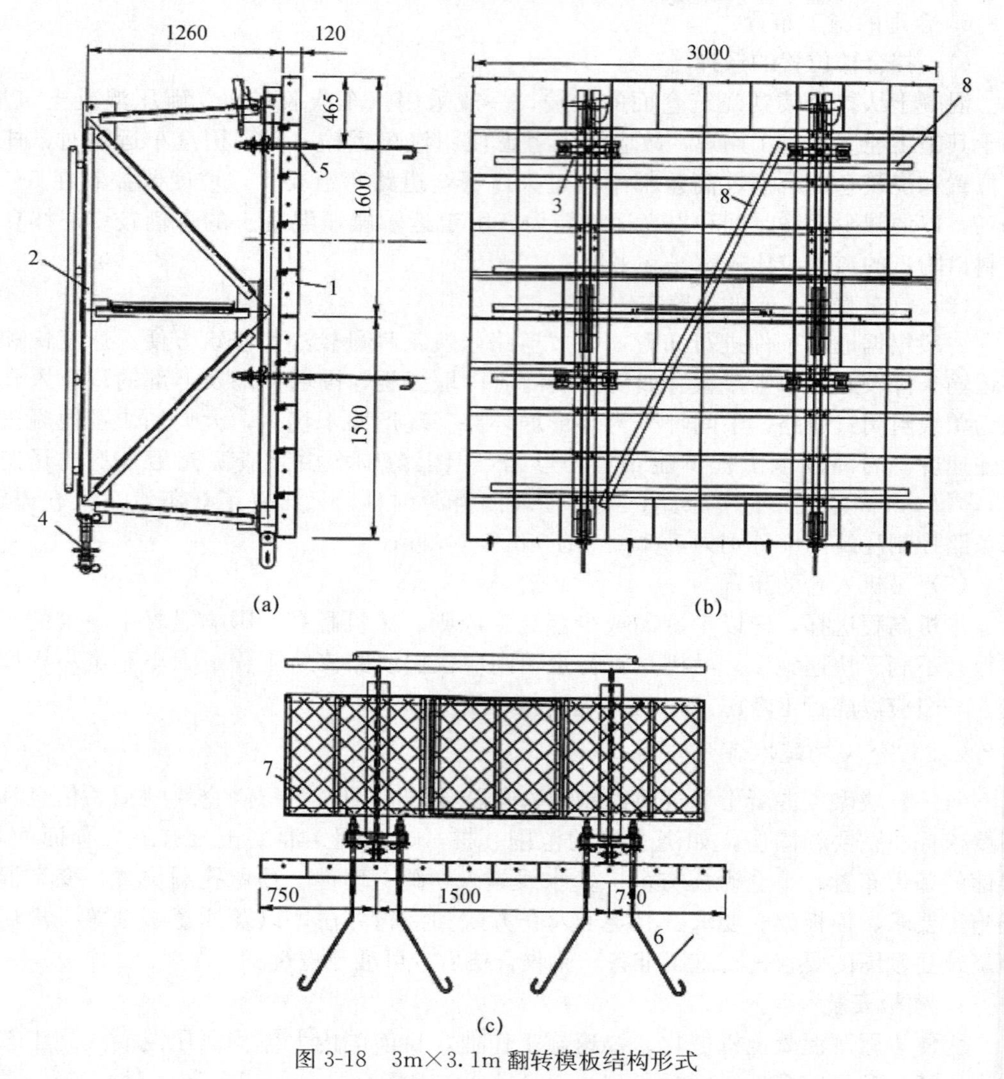

图 3-18　3m×3.1m 翻转模板结构形式

(a) 剖面图；(b) 立面图；(c) 平面图

1—钢面板；2—桁架；3—锚筋梁；4—调节杆；5—预埋螺栓套筒；6—锚筋；7—工作平台；8—组装钢管

3. 切缝

碾压混凝土坝体中的伸缩缝一般采用切缝形成，切缝时间可在碾压前也可在碾压后，切缝前应先在伸缩缝两端的模板上放样，切缝时采用拉线方法控制缝距、方向及斜度，缝内按设计要求填充砂子、塑料纸或铁片等材料。

4. 变态混凝土施工

变态混凝土主要用于大坝上下游贴近模板面的部位、靠岸坡部位、止水埋设处、廊道及电梯井和其他孔口周边以及振动碾碾压不到的地方。变态混凝土应与碾压混凝土同步浇筑，并在两种混凝土初凝前振捣或碾压完毕。在止水埋设处的变态混凝土施工过程中，应采取措施支持和妥善保护止水材料，对该部位混凝土中的大骨料应人工予以剔除，振捣应仔细，以免产生渗水通道。变态混凝土浇筑有水平铺浆法和垂直注浆法两种施工方法：水平铺浆法按碾压层中加浆部位分类，有底部加浆、顶部加浆和中部加浆等不同方式；垂直注浆法是在一个碾压层混凝土摊铺后，均匀地在混凝土面上垂直造孔，然后将水泥粉煤灰净浆注入孔中的施工方法。变态混凝土中掺加水泥粉煤灰净浆的数量可通过试验确定，遵循便于振捣密实的原则，加浆量一般在 4%～6%。

3.2.3　碾压混凝土生产

3.2.3.1　碾压混凝土生产工艺

混凝土生产系统包括：拌合楼、骨料上料系统、制冷系统、胶凝材料输送系统、空压系统、水及外加剂系统。

根据混凝土建筑物设计要求，碾压混凝土分为：常温碾压混凝土、温控碾压混凝土。

碾压混凝土的生产工艺：通过胶带机将混凝土骨料输送到拌合楼的骨料仓内，选用合适的输送方法将水泥、煤灰输送到拌合楼的水泥、煤灰料仓内，水（或低温冷冻水）、外加剂、片冰输送到拌合楼的各自对应的料仓内。按设计的混凝土配合比，上述物料通过称量后进入拌合楼的搅拌机拌和生产成混凝土。

3.2.3.2　碾压混凝土生产系统设计

1. 小时生产能力确定。月高峰混凝土生产强度，一般应按施工进度计划确定，如无进度计划，可按式（3-12）进行估算：

$$Q_m = K_m V / N \tag{3-12}$$

式中　Q_m——混凝土高峰月浇筑强度，m^3；

V——在计算阶段内由该混凝土系统供应的混凝土量，m^3；

N——相应于 V 的混凝土浇筑月数，月；

K_m——月不均匀系数，当 V 按全工程的混凝土总量计算时，K_m＝ 1.8～2.4；V 为估计高峰混凝土浇筑年时，K_m＝1.3～1.6；K_m 取值还受规模、管理水平的影响，管理水平高取值较小，反之取值较大。

2. 按高峰月混凝土生产强度确定。从高峰月浇筑强度换算系统的小时生产能力 Q_h 可按式（3-13）计算：

$$Q_h = K_m Q_m / (NT) \tag{3-13}$$

式中　Q_h——小时生产能力，m^3/h；

K_m——小时不均匀系数，一般取1.5；

Q_m——混凝土高峰月浇筑强度，m^3；

N——每月工作日；

T——每个工作日的工作小时。

例如：高峰月混凝土生产强度为6万m3，每月按25个工作日、每个工作日按20个工作小时计算，即每月500工作小时。

$$Q_h = 1.5 \times 60000 / (25 \times 20) = 180\ (m^3/h)$$

3. 按碾压混凝土最大仓面确定小时生产能力 Q_h 可按式（3-14）计算：

$$Q_h = M_m H / T \tag{3-14}$$

式中　M_m——最大碾压混凝土仓面面积，m^2；

H——碾压混凝土每层厚，m；

T——碾压混凝土覆盖时间按4～8h，平均取6h。

例如：最大碾压混凝土仓面面积为2000m^2，按4～8h覆盖完、平均取6h，每层厚按0.3m计算。

$$Q_h = 2000 \times 0.3 / 6 = 100\ (m^3/h)$$

4. 综合上述1、2两种情况，小时生产能力取大值 Q_h。

3.2.3.3　拌合楼（站）的选取

碾压混凝土生产系统一般优先选取强制式搅拌机的拌合楼（站），自落实式搅拌机的拌合楼（站）也能满足要求。因碾压混凝土多为三级配混凝土，为满足粗骨料直径的要求，强制式搅拌机的单机出料容量要求不小于3m^3。

3.2.3.4　混凝土骨料的储存

设置混凝土骨料调节料仓时，一般骨料调节料仓骨料储存量是高峰月强度1～3d的骨料用量。临时混凝土骨料调节料仓骨料储存量是高峰月强度不小于8h的骨料用量。骨料储存量W可按式（3-15）计算：

$$W = \frac{NQq}{M} \tag{3-15}$$

式中　W——骨料储存量，t；

N——骨料储存使用的时间，1～3d；

Q——混凝土月高峰时段的平均浇筑强度，m^3/月；

q——混凝土中的骨料用量，t/m^3；

M——月工作天数，一般取25d。

3.2.3.5　胶凝材料的储存

胶凝材料的储量一般由混凝土浇筑月高峰的平均用量确定，大、中型工程所需要的胶凝材料常规是混凝土浇筑月高峰期5～7d的用量储存，一般取5～7d，运输条件差或供料困难时可取15～25d。胶凝材料日平均需要量 R 可按式（3-16）计算：

$$R = \frac{Qq}{M} \tag{3-16}$$

式中　R——胶凝材料日平均需要量，t/d；

Q——混凝土月高峰时段的平均浇筑强度，m^3/月；

q——混凝土中的胶凝材料用量，t/m^3；

M——月工作天数，一般取 25d。

胶凝材料的储量 W：

$$W=nR \tag{3-17}$$

式中　R——胶凝材料日平均需要量，t/d；

W——胶凝材料的储量，t；

n——胶凝材料必须储备的天数，一般取 7d。

3.2.3.6　空压站系统

1. 供气工艺。混凝土生产系统供风项目主要有：搅拌楼内的各气顶，散装水泥、煤灰车卸灰，拆包机房射流泵的供气及除尘，外加剂车间搅拌，各罐除尘以及各胶凝材料储料罐破拱，一次风冷料仓和砂仓的气动弧门及气阀等的供气，胶凝材料气力输送入罐与上楼以及排堵装置的二次进气阀等。混凝土系统的供风全部由空压机站提供，供气管路分为两路：一路为控制气压，压力在 0.7MPa；另一路为输送胶凝材料气压，压力在 0.4MPa。

2. 供气量计算。混凝土生产系统用气量按式（3-18）选取：

$$Q=K_1K_2K_3\sum Q_i \tag{3-18}$$

式中　Q——混凝土系统供气总配备量，m^3/min；

$\sum Q_i$——各用风设备的用风量之和，m^3/min；

K_1——空气压缩机效率和未计入的小量用风，$K_1=1.05\sim1.1$；

K_2——管网漏风系数，$K_2=1.1\sim1.3$；

K_3——高程修正系数，按图 3-19 查取。

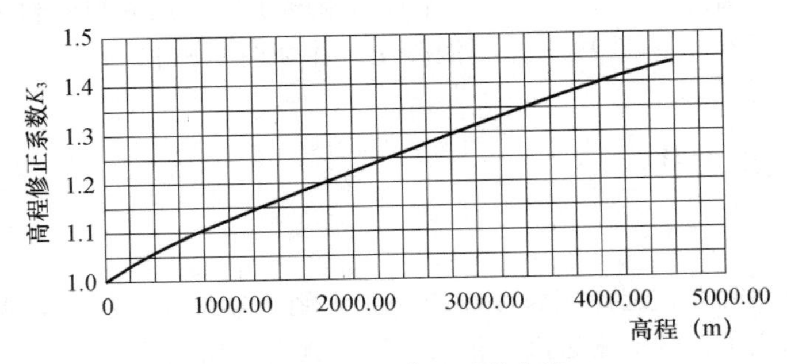

图 3-19　高程修正系数曲线

3. 供气设备的选取。根据混凝土系统供气总配备量 Q（m^3/min）来选取空压机，选定空压机后选取与其匹配的冷却器、液气分离器、无热再生干燥器、除油过滤器及储气罐等。

3.2.3.7　混凝土预冷系统

混凝土工程施工中为了降低混凝土出机口温度，广泛采用混凝土预冷系统工艺，即通过降低混凝土粗骨料的温度、充分加冰、加冷水拌制混凝土，降低混凝土的出机口温度，满足设计要求。在混凝土预冷系统设计时，要遵守各项设计依据，根据工程所在地的自然条件、混凝土材料的物理热学性能及设计要求的出机口温度来决定需要采取的混凝土预冷工艺措施。混凝土出机口温度按式（3-19）计算：

$$T_0=\frac{\sum(C_iW_iT_i)-80\eta G_c+q}{\sum C_iW_i} \tag{3-19}$$

$$q=\frac{860K_jNT}{360V}$$

式中 T_0——混凝土出机口温度,℃；

W_i——混凝土中各种原材料的重量，kg/m^3；

C_i——混凝土各种原材料的比热，kcal/（kg·℃）；

T_i——混凝土各种原材料进行拌和时的初始温度,℃；

G_c——混凝土的加冰量，kg/m^3；

η——冰的冷量利用率，0.8～0.9；

q——混凝土拌和时的机械热，kcal/m^3；

K_j——系数 1.0～1.5，自然出机取 1.0，预冷出机取 1.5；

N——搅拌机的电动机功率，kW；

T——搅拌时间，s；

V——搅拌机容量，m^3；按有效出料容积计。

碾压混凝土预冷工艺在高温季节根据混凝土出机口温度的不同确定混凝土预冷系统的工艺措施，一般通过热平衡计算，由地面粗骨料一次风冷、拌合楼上粗骨料二次风冷、片冰、2～4℃冷水等四种预冷措施组合以下不同工况的预冷工艺措施：

① 地面粗骨料一次风冷＋拌合楼上粗骨料二次风冷＋片冰 2～4℃冷水拌制混凝土。②粗骨料一次风冷＋片冰 2～4℃冷水拌制混凝土。③地面粗骨料一次风冷＋拌合楼上粗骨料二次风冷 2～4℃冷水拌制混凝土。④粗骨料一次风冷 2～4℃冷水拌制混凝土。

3.2.4 仓面施工工艺

3.2.4.1 运输入仓方式

碾压混凝土运输方式选择应满足碾压混凝土施工速度快的特点，碾压混凝土运输设备可采用自卸汽车、带式输送机、箱式满管、真空溜槽（管）、真空缓降溜管、布料机、胎带机、塔带机、顶带机、缆机、门塔机、斜面滑道等。最常用运输方式是采用自卸车、带式输送机、箱式满管、真空溜槽（管）、真空缓降溜管、布料机和胎带机等，相比较而言，自卸车直接入仓是最简便有效的方式，自卸汽车运输具有适应性强、机动灵活，直接入仓，可减少分离等优点，在中低坝宜尽可能采用汽车进仓，在高坝尽可能创造条件采用汽车进仓，其他运输工具常采用组合运输方式。碾压混凝土常用运输组合方式见表 3-13。

碾压混凝土的入仓方式应根据机械设备配制、施工布置特点和地形条件等综合因素进行选用。

表 3-13　碾压混凝土常用运输方式

序号	组合方式	应用水电站
1	自卸汽车直接入仓	普遍适用
2	自卸汽车＋带式输送机＋仓面汽车转料	大朝山、龙开口、彭水
3	自卸汽车（带式输送机）＋真空溜槽（管）＋（带式输送机）仓面汽车转料	龙滩、沙牌、大朝山、江垭、普定、招徕河、棉花滩、索风营
4	自卸汽车（带式输送机）＋箱式满管＋（带式输送机）仓面汽车转料	光照、沙沱、金安桥、思林、鲁地拉
5	自卸汽车（带式输送机）＋真空缓降溜管＋（带式输送机）仓面汽车转料	大花水、思林、格里桥
6	高速带式输送机＋塔带机（顶带机）入仓	龙滩、三峡水利枢纽、向家坝
7	自卸汽车＋高速带式输送机＋罗泰克胎带机＋塔带机	三峡水利枢纽纵向围堰
8	自卸汽车＋真空溜槽＋水平带式输送机＋垂直落料混合器（附抗分离装置）＋仓面汽车转料	棉花滩
9	斜坡轨道车	普定、玉川（日本）
10	自卸汽车＋缆机（或门机）	龙首

3.2.4.2　卸料与铺料

1. 卸料

碾压混凝土施工采用大仓面薄层连续铺筑或间歇铺筑，当压实厚度为 30cm 左右时，可一次铺筑；当为了改善分离状况或压实厚度较大时，可分 2～3 次铺筑。卸料方式有自卸汽车直接入仓卸料、塔带机（顶带机）卸料、布料机卸料、吊罐卸料、带式输送机卸料等。采用自卸汽车卸料时，一般采用退铺法两点叠压式卸料，按梅花形依次堆卸。每次卸料时，为了减少骨料分离，汽车都应将混凝土料卸于铺筑层摊铺前沿的台阶上，再由平仓机将混凝土从台阶上推到台阶下进行移位式平仓（图 3-20）。汽车在碾压混凝土仓面行驶时，尽量避免急刹车、急转弯等有损碾压混凝土质量的操作。

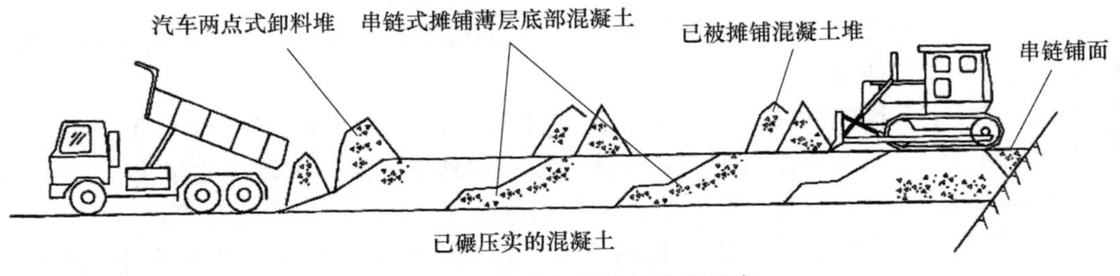

图 3-20　自卸车卸料摊铺作业示意

采用塔带机、布料机、带式输送机卸料时，布料厚度宜控制在45～50cm左右，橡皮筒距仓面高度不大于1.5m，采用鱼鳞式分布法形成坯层，以减少骨料分离。

采用吊罐卸料时，控制卸料高度不大于1.5m，否则需用储料斗，再在仓内采用自卸汽车、装载机等分送至仓面。

卸料应按浇筑要领图的要求和逐层条带的铺筑顺序进行，并尽可能均匀，料堆旁出现有分离大骨料时，应由人工或用其他机械将其均匀地摊铺到未碾压的混凝土面上。

2. 摊铺

碾压混凝土摊铺也称平仓，一般采用串链摊铺作业法，按条带台阶式薄层摊铺均匀。平仓主要采用平仓机进行，局部人工辅助。

针对碾压混凝土工程量大、工期紧的特点，我国碾压混凝土坝施工采用的摊铺方法有平层通仓法和斜层平推法。对于相对较小的仓面采用平仓浇筑，对于大仓面则采用斜层平推法浇筑。对于主要建筑物周边、廊道、竖井、岸坡、监测仪器、预埋件等部位，采用“边角”部位的混凝土及变态混凝土施工工艺。

我国常采用碾压层厚为30cm（摊铺厚度34～36cm），最大骨料粒径为80mm的三级配碾压混凝土。江垭水电站采用RCC法（薄层碾压法）施工，压实层厚度为30cm，摊铺层厚度为34cm。观音阁水电站采用RCD法（厚层碾压法），压实层厚度为75cm，每一碾压层分三层台阶式卸料摊铺，每层厚27cm，并使用推土机在摊铺过程中对碾压混凝土进行预压实；待三层摊铺完毕，再进行振动碾压。

3.2.4.3　碾压

目前，碾压混凝土的压实机械均为振动碾压机，我国碾压混凝土多采用BOMAG BW系列振动碾压实。重型碾用于坝体内部，靠近模板及无法靠近的部位采用轻型或其他手扶小型振动碾。

（1）施工中采用的碾压厚度及碾压遍数宜经过试验确定，并与铺筑的综合生产能力等因素一并考虑。根据气候、铺筑方法等条件，可选用不同的碾压厚度。碾压厚度不宜小于混凝土最大骨料粒径的3倍。

（2）需作为水平施工缝停歇的层面，达到规定的碾压遍数及表观密度后，宜进行1～2遍的无振碾压。

（3）碾压方向应垂直于水流方向，从而可避免碾压条带接触不良形成渗水通道，故迎水面在3～5m范围内碾压方向一定要平行于坝轴线方向。碾压条带相互搭接，碾压条带间的搭接宽度为10～20cm，端头部位的搭接宽度宜为1m左右，这主要是为了改善振动碾外侧混凝土的隆起，改善搭接部位的压实质量。

（4）振动碾压行走速度一般控制在1.0～1.5km/h范围内，行走速度的快慢直接影响碾压效率和压实质量。

（5）连续上升铺筑的碾压混凝土，为保证碾压混凝土层间结合良好，必须控制施工层间间隔时间（指下层混凝土拌和物拌和加水起到上层混凝土碾压完毕为止）。应控制在初凝时间以内，且混凝土拌和物从拌和到碾压完毕的历时宜不大于2h。

（6）在碾压过程中，应根据现场的气温、昼夜、阴晴、湿度等气候条件，适当调整出机口*VC*值，仓面*VC*值一般以2～12s为宜，以碾压完毕时混凝土层面达到全面泛浆、人在上面行走有微弹性、仓面没有骨料集中等作为标准。如果受气温、风力等因素的影响，碾压层面因水分蒸发而导致 VC 值过大，发生久压不泛浆的情况时，应采取有效措施补碾，使碾压表面充分泛浆。

（7）每个碾压条带作业结束后，应及时按网格布点检测混凝土的表观密度。如所测相对密实度低于规定指标时应重新增加碾压遍数再重新检测，如还达不到需查明原因并处置，必要时可增加测点，并查找原因，采取相应措施。

3.2.4.4　成缝

碾压混凝土坝施工宜不设纵缝，但由于受到温度应力、地基不均匀沉陷等作用，往往需要在垂直坝轴线方向设置一定数量的结构缝，即横缝。横缝可用切缝机切割、手工切缝、设置诱导孔或隔板等方法形成，缝面位置及缝内填充材料均应满足设计要求。

目前碾压混凝土施工成缝使用的切缝机基本上可以分为两种类型：一种是以液压挖掘机改装的液压振动切缝机；另一种是使用电动冲击夯改装的电动冲击式切缝机。振动切缝机多用于大型工程，冲击式切缝机多用于中小型工程。

（1）采用切缝机切缝，宜根据工程情况采用“先碾后切”或“先切后碾”的方式。采用“先碾后切”，填充物距压实面 1～2cm，切缝完毕后用振动碾压 1～2 遍。“先碾后切”虽然施工干扰较小，但切缝效率较低且容易造成缝边角的破损。成缝面积每层应不小于设计缝面的 60%。设置填缝材料时，衔接处的间距不得大于 100mm，高度应比压实厚度低 30～50mm。

（2）诱导孔造缝。当采用薄层连续铺筑施工时，诱导孔可在混凝土碾压后由人工打钎或风钻钻进形成；当采用间隔式施工时，可在层间间隔时间内用风钻钻成。成孔后孔内应填塞干燥砂子，以免上层施工时混凝土填塞诱导孔，达不到诱导缝的目的。

（3）模板成缝。当仓面分区浇筑，或个别坝段提前升高时，可在横缝位置立模，拆模后即成缝。

（4）预埋分缝板造缝。在混凝土平仓时（后），设置钢板，相邻隔板间距不得大于 10cm，以保证成缝质量和面积；隔板高度比压实厚度低 2～3cm。

3.2.4.5　*层面及缝面处理*

1. 层面处理

碾压混凝土层面处理的目的是要解决层间结合强度和层面抗渗问题，所以层面处理的主要衡量标准（尺度）就是层面抗剪强度和抗渗指标。不同的层面状况、不同的层间间隔时间及质量要求需采用不同的层面处理方式。一般常用的碾压混凝土层面处理方式如下。

（1）正常层面状况（即下层碾压混凝土在允许层间间隔时间之内浇筑上层碾压混凝土的层面）：①避免或改善层面碾压混凝土骨料分离状况，尽量不让大骨料集中在层面上，以免被压碎后形成层间薄弱面和渗漏通道；②如层面产生泌水现象，应采用适当的排水措施，并控制 VC 值；③如碾压完毕的层面被仓面施工机械扰动破坏，应立即整平处理并补碾密实；④ 对于采用上游二级配混凝土进行防渗的，其上游防渗区域的碾压混凝土层面应在铺筑上层碾压混凝土前铺一层水泥粉煤灰净浆或水泥净浆；⑤碾压混凝土层面保持清洁，如被机械油污染的应挖除被污染的碾压混凝土。

（2）超过直接铺筑允许时间的层面，应先在层面上铺垫层拌和物，再铺筑上一层碾压混凝土。超过了加垫层铺筑允许时间的层面应按施工缝处理。

（3）为改善层面结合状况，还常采用下列措施：①加快施工速度，提高施工效率，加强施工管理，在已有的混凝土拌和设备下尽力提高混凝土质量，在铺筑面积既定情况下提高碾压混凝土的铺筑强度，充分发挥碾压混凝土施工优势；②对碾压混凝土配合比进行优化，选取适合的水灰比和外加剂，优化粉煤灰掺量及胶凝材料用量；在碾压混凝土配合比设计中，增加胶凝材料用量，可有效提高碾压混凝土的层间结合质量；③缩短碾压混凝土的层间间隔时间；④加强碾压混凝土仓面温控措施；⑤防止外来水流入层面，并做好防雨措施。

2. 缝面处理

施工缝应进行缝面处理，缝面处理可用刷毛、冲毛等方法清除混凝土表面的浮浆及松动骨料，达到微露粗砂即可。其目的是增大混凝土表面的粗糙度，以提高层面粘结能力。冲毛、刷毛时间可根据施工季节、混凝土强度、设备性能等因素，经现场试验确定，不应过早冲毛。缝面处理完成并清洗干净，经验收合格后，及时铺垫层拌和物，然后铺筑上一层混凝土，并在垫层拌和物初凝前碾压完毕。根据国内外许多大型碾压混凝土坝工程的施工经验，在处理过的施工缝上铺厚10～15mm的砂浆能保证上、下层混凝土粘结良好。为使砂浆厚度均匀，可采用刮板进行刮铺。砂浆层铺完应马上摊铺混凝土，防止已铺的砂浆失水干燥或初凝，并应在砂浆初凝以前碾压完毕。

因施工计划的改变、降雨或其他原因造成施工中断时，应及时对已摊铺的混凝土进行碾压。停止铺筑的混凝土面边缘宜碾压成不大于1：4的斜坡面，并将坡脚处厚度小于150mm的部分切除。当重新具备施工条件时，可根据中断时间采取相应的层缝面处理措施后继续施工。

缝面处理的具体要求如下：

（1）采用高压水冲毛，水压力一般为20～50MPa，冲毛必须在混凝土终凝后进行，一般在混凝土收仓后20～36h进行，夏季取小值，冬季取大值。高压水冲毛作业时，喷枪口距缝面10～15cm，夹角为75°左右。

（2）碾压混凝土浇筑前，施工缝必须冲洗干净，且无积水、污物等。

（3）在已处理好的施工缝面上按照条带均匀摊铺一层厚15mm左右的水泥砂浆垫层，然后再开始铺筑碾压混凝土。

（4）连续上升铺筑的碾压混凝土，层间间隔时间应控制在直接铺筑允许时间内。为确保层间质量，次高温和高温季节施工已碾压完毕的层面必须覆盖。施工缝及冷缝必须进行缝面处理。缝面处理可用冲毛等方法清除混凝土表面的浮浆及松动骨料，缝面处理完成并清洗干净，经验收合格后，均匀铺15mm厚左右的砂浆，然后摊铺碾压混凝土，并在1.5h内碾压完毕。

3.2.5 温度控制

碾压混凝土坝温度控制设计应研究基础容许温差、上下层新老混凝土温差、内外温差和坝内最高温度，提出温度控制标准及防裂的措施，并应提出遭遇寒潮和冬季混凝土表层的保温设计。常用的温控措施有：

（1）碾压混凝土应采用合适的碾压混凝土原材料，优化混凝土配合比、改善碾压混凝土性能，改进混凝土施工管理和施工工艺，提高碾压混凝土的抗裂能力。

（2）在不影响碾压混凝土强度及耐久性的前提下，应采用发热量较低的水泥、合理确定掺合料的掺量、使用高效减水剂等措施，以减少水化热温升。碾压混凝土坝主要以Ⅱ级粉煤灰为主，掺量高达胶凝材料的 50%～65%。

（3）根据工程特点、温度控制、施工条件、气候条件和施工进度安排等确定合适的碾压层厚、升程高度及碾压方式；优先采用连续均匀上升碾压混凝土铺筑方式，避免在基础约束范围内长期间歇。

（4）合理分缝、分层、分块浇筑。

（5）合理安排混凝土浇筑进度，充分利用低温季节的有利时段浇筑碾压混凝土。

（6）温度控制可采取以下方法：①在粗骨料堆上洒水、喷雾，骨料堆高、地垅取料或加设凉棚；②用冷却水或加片冰拌和混凝土；③骨料预冷；④仓面喷雾或流水养护；⑤在碾压混凝土运输过程中防止热量倒灌；⑥埋设冷却水管。

（7）对于重要部位及易产生裂缝部位宜合理布置限裂钢筋。

（8）根据坝址的气候条件及施工情况进行坝面、仓面及侧面的保温和保湿养护（大坝表面全面保温是防止混凝土裂缝的关键）。对孔口、廊道等通风部位应及时封闭。严寒及寒冷地区应重视越冬层面保温和保温材料的揭开方式。

3.2.6　异种混凝土浇筑

异种混凝土结合部位，是指不同类别两种混凝土相结合的部位，如碾压混凝土与变态混凝土的结合部位、碾压混凝土与常态混凝土的结合部位等。

（1）对于常态混凝土与碾压混凝土的结合部位，两种混凝土应交叉浇筑，按先碾压后常态的步骤进行。常态混凝土应在初凝前振捣密实，碾压混凝土应在允许层间间隔时间内碾压完毕。

（2）结合部位的常态混凝土振捣与碾压混凝土碾压应相互搭接。

（3）在结合部振捣完毕后再采用大型振动碾压机进行骑缝碾压 2～3 遍。

3.2.7　变态混凝土浇筑

在碾压混凝土中加入水泥净浆或水泥粉煤灰净浆并用振捣器振捣密实的混凝土称为变态混凝土。变态混凝土施工技术是由我国首创，并不断发展完善的碾压混凝土施工新技术。

（1）灰浆的配比。变态混凝土施工所用的灰浆的配比要根据其标号和抗渗要求确定。江垭大坝采用的是净水泥浆，其水泥比为 0.7；棉花滩水电站采用的是水泥掺粉煤灰浆，水胶比在 0.5～0.6 之间。

（2）灰浆的拌制与运输。灰浆一般采取集中拌制的方法，如在坝头设置集中制浆站等。集中制浆站根据配比拌制出水泥浆后，通过管道将其输送至仓面，再使用装载车或改装的运浆车将水泥运送到施工部位。灰浆从开始拌制到使用完毕宜控制在 1h 以内。

（3）加浆。

① 加浆量。变态混凝土的加浆量应根据试验确定，一般为施工部位碾压混凝土体

积的5%～7%。

② 加浆方式。变态混凝土的加浆方式常采用分层加浆，也可采用切槽和造孔加浆。采用分层加浆时，铺料时宜采用平仓机铺以人工两次摊铺平整，灰浆洒在新铺碾压混凝土的底部和中部，再用插入式振捣器进行振捣，利用激振力使浆液向上渗透，直至顶面出浆为止。

③ 龙滩、大朝山、索风营等水电站碾压混凝土坝工程所用水泥煤灰净浆均采用集中制浆站拌制，通过专用管道及灰浆泵输送至仓面加浆系统，可控制注浆量和摊铺速度，与碾压混凝土的摊铺速度相适应。仓面加浆系统由1个储浆桶 、慢速搅拌机、柴油发动机、浆液自动记录仪及出浆管路、水泥粉煤灰净浆仓面储浆车等组成。

④ 亭子口水电站研制了一种变态混凝土加浆、振捣一体化机械设备，可进行变态混凝土加浆、振捣一体化自动化控制。

(4) 振捣。

加浆10～15min后即可对变态混凝土进行振捣。振捣重点是把握好振捣深度（深入下层5cm左右）及变态混凝土与碾压混凝土交界处，一般是振捣器从变态混凝土区域插入碾压混凝土区，尽量多搭接，振捣时间适当延长，待见到碾压混凝土交界面有液化起浆时停止振捣。该方法可基本解决异种混凝土间鼓包现象。其他的振捣工艺同常态混凝土施工。

(5) 与碾压混凝土结合部的施工。

工程实践表明，先变态混凝土后碾压混凝土或先碾压混凝土后变态混凝土两种施工方法，各有优缺点。

① 先变态混凝土后碾压混凝土施工。可解决异种混凝土间的鼓包现象，但碾压混凝土施工时容易对模板产生大的冲击力，易造成“跑模”现象，导致外观质量不佳，且浆液会渗入碾压混凝土区域，造成碾压过程中出现“弹簧土”甚至会沉陷振动碾，以及一定程度上会影响碾压混凝土的快速覆盖施工。

② 先碾压混凝土后变态混凝土施工。施工时能较好地控制碾压混凝土表面的平整度，且不会对周边模板产生太大的冲击力，混凝土外观质量较好，但相比先变态混凝土后碾压混凝土施工的周期会稍长，且由于混凝土料放置时间相对较长而增加变态混凝土的施工难度。

3.3 自密实混凝土

3.3.1 概述

自密实混凝土又称自流平混凝土，是一种具有高的流动性、间隙通过性和抗离析性，浇筑时无需振捣靠自重便能均匀密实成型的新型混凝土。自密实混凝土在配合比设计上用粉体取代了相当数量的石子，通过高效减水剂的分散和塑化作用，使浆体具有优良的流动性和黏聚性，能够有效包裹输运石子，从而实现良好的力学工作性能，达到“自密实”的效果。其主要用于钢筋密集、空间狭窄、无操作净空而难以振捣甚至传统施工方法无法浇筑等部位。

与普通混凝土相比，自密实混凝土具有提高生产效率、保证混凝土良好密实性、改善工作环境和安全性、改善混凝土的表面质量、增加结构设计的自由度、避免振捣对模板产生磨损等一系列优点。但由于自密实混凝土骨料粒径小、砂率高、流动性大，水泥用量、水化热相对较大，干缩大，收缩应力大，成本高，在水电工程中主要用于地下洞室混凝土衬砌或断面尺寸较小的二期混凝土（如闸门槽）回填，压力钢管槽回填，水电站厂房蜗壳及座环下部回填，各种基础埋件二期回填。

3.3.2　原料选择及配合比设计

3.3.2.1　原料选择

1. 水泥

水泥强度等级根据混凝土的试配强度等级选择，同时，考虑与减水剂相容性问题，通常自密实混凝土比普通混凝土水泥用量多、水泥强度等级高。由于自密实混凝土中往往都掺有粉煤灰或磨细矿物掺合料，为避免硬化混凝土强度发展较慢的问题，可优先使用不含矿物掺合料或矿物掺合料含量较少的硅酸盐水泥或普通硅酸盐水泥。为确保水工自密实混凝土在施工时不因流动性损失过快而影响其自密实性能，水工自密实混凝土不宜采用早强水泥。考虑到工作性要求及坍落度经时损失小的要求，应优先选择 C_3A 和碱含量小、标准稠度需水量低的水泥。

2. 骨料

考虑到拌和物的间隙通过性、分层离析概率以及流动阻力，粗骨料宜采用连续级配或2个单粒径级配的石子，最大粒径不宜大于20mm；《水工自密实混凝土技术规程》（DL/T 5720—2015）中规定最大粒径不应大于40mm。配制自密实混凝土要求砂石的品质更高，石子的含泥量不大于1.0%、泥块含量不大于0.5%、针片状颗粒含量不大于8%，石子孔隙率小于40%。

为使自密实混凝土有好的黏聚性和流动性，砂浆的含量就较大，砂率就较大，并且为减小用水量，故细骨料选择细度模数大且级配合格的中砂，细度模数宜为2.3～2.8。另外，砂的含泥量应小于1%，砂中所含小于0.125mm的细粉对SCC流变性能非常重要，一般要求不低于10%。

3. 掺合料

自密实混凝土通常胶凝材料用量大，致使其早期水化热和硬化混凝土收缩大，为提高自密实混凝土的体积稳定性及耐久性，一般采用大掺量矿物掺合料的技术措施。品种适宜的矿物掺合料可以和水泥颗粒形成良好的级配，降低水泥用量、降低胶凝材料的需水量，起到调整黏度、调节凝结时间、调节水化热，增加对外加剂的适用性等作用，从而改善拌和物的工作性。

常用的超细矿物掺合料有Ⅰ级粉煤灰、矿粉和硅粉，矿物掺合料的细度和吸水量是重要的参数，一般认为直径小于0.125mm的细矿物掺合料对自密实混凝土更有利，并且要求0.063mm孔径筛的通过率大于70%。硅粉掺量宜控制在40kg/m^3以内。

4. 外加剂

对高流动混凝土外加剂性能的要求为：有优质的流化性能，保持拌和物流动性的性能、合适的凝结时间与泌水率、良好的泵送性；对硬化混凝土力学性质、干缩和徐变无不良影响、耐久性（抗冻、抗渗、抗碳化、抗盐浸）好。

自密实混凝土是随着高效减水剂的发展而产生的，减水剂对其性能有着决定性的影响，即使在设计强度等级要求不高的情况下，也要使用高效减水剂。减水剂的作用相当于振捣棒，均匀分散水泥颗粒于水中形成浆体，骨料通过浆体浮力和黏聚力悬浮于水泥浆中。目前，几乎所有的高流动性混凝土使用的均是聚羧酸系减水剂。

同时，为了使拌和物在高流动性条件下获得适宜的黏度、良好的黏聚性而不离析，有必要时采用黏度改良剂或增稠剂，并应通过试验确定。增稠剂的种类主要有纤维素水溶性高分子、丙烯酸类水溶性高分子、葡萄糖或蔗糖等生物高聚物等，其中纤维素醚和甲基纤维素应用最广泛。

5. 对水的要求

自密实混凝土的拌和水和养护用水应符合《水工混凝土施工规范》DL/T 5144 的规定。

3.3.2.2　配合比设计

与普通混凝土相比，自密实混凝土的配合比设计通常具有以下特点：粗骨料含量低、浆体含量高、水粉比低，减水剂掺量高，以及可能会加入增黏剂。

1. 设计原则

自密实混凝土应根据工程结构形式、施工工艺以及环境因素进行配合比设计，并应遵循工作性能和强度等级并重的原则，合理选择原材料，确定骨料最大粒径以及配合比其他参数，按绝对体积法计算初始配合比。经过试验室试配、调整后确定自密实混凝土配合比。

计算配合比时，其各参数间关系按以下原则确定：

（1）水胶比。除了与常态混凝土一样，混凝土水胶比选择应满足混凝土各项性能外，还必须考虑大流动度混凝土为保持良好的黏聚性需要对最大水胶比的限量。减小水胶比，可以增加混凝土的黏聚性。由试验结果得到，当水胶比在 0.35～0.40 之间时，骨料可以随着浆体通过多层钢筋网，当水胶比大于 0.40 时，骨料通过钢筋网的能力减弱。因此，当钢筋比较密集时，水胶比以不大于 0.40 为佳。但对于较大的浇筑块体，钢筋相对较少时，亦可适当增大水胶比。

（2）胶凝材料用量。为了达到大流动和保持混凝土良好的黏聚性，混凝土胶凝材料料不应过低。在水工混凝土中，不希望用过高的胶凝材料用量，这样会增大水泥水化温升，而过低的胶凝材料用量，又会使混凝土黏聚性变差，根据三峡水利枢纽工程经验，胶凝材料用量大致在 350～450kg/m^3之间选定。

（3）单位用水量。增加单位用水量，可以增大混凝土流动度，但混凝土易发生离析，增大混凝土泌水，影响混凝土的和易性。要得到优质的混凝土，在保证混凝土流动度前提下，应采用较小的单位用水量。为此在配制自密实混凝土时，应选用减水率高的且能保持混凝土结构稳定的外加剂，对自密实混凝土而言，外加剂选择成为决定自密实混凝土性能的关键因素。混凝土的水胶比、胶凝材料用量及用水量三者之间是互相关联的一个整体，需进行综合比较后确定，为了得到流变性好的自密实混凝土配合比，应采用较低的骨料含量和足够黏度的砂浆，水泥浆与骨料的体积比应为 35∶65。

(4) 矿物掺合料用量。掺入细磨粉煤灰的微珠效应和复合高效减水剂作用叠加，赋予混凝土良好的免振自密实性能，而且掺入粉煤灰可以降低水泥水化热温升。为了满足最低胶凝材料用量，在胶材总量不变的情况下，选取合适的粉煤灰掺量，可以满足各种强度等级混凝土要求。

(5) 砂率。自密实混凝土的砂率大小，影响着免振与振捣强度比的大小，增大砂率能够减小砂浆与粗骨料之间的相互分离作用，但砂率过大时会影响自密实混凝土的弹性模量和抗压强度。一般情况下，自密实混凝土砂率应在普通混凝土的基础上提高3%～5%。试验表明，砂子在砂浆中的体积含量超过42%，堵塞随砂体积含量的增加而增加。当砂率达到44%时，堵塞概率为100%，故砂浆中砂体积含量不能超过44%；当砂率小于42%时，可完全不堵塞，但砂浆的收缩度随砂体积含量的减小而增大，故砂子在砂浆中的体积应不低于42%。

(6) 骨料粒径与级配。为了减小骨料分离，也为了能采用混凝土泵输送入仓，骨料最大粒径应不超过40mm，且中石与小石比例采用50：50或40：60为宜。

具体配合比设计步骤见规范《水工自密实混凝土技术规程》(DL/T 5720—2015) 5.2.1条规定。配合比设计最直接的办法是通过试验确定配合比。

2. 试配

自密实混凝土的室内拌和按DL/T 5150的规定进行，采用强制拌和机进行拌和。自密实混凝土试件应一次性浇筑成型。自密实性能、要求及试验方法应符合表3-14的规定。

表3-14　自密实性能、要求及试验方法

自密实性能	性能指标	性能等级	技术要求	试验方法
填充性	坍落扩展度（mm）	SF1	550～655	坍落扩展度、扩展时间 T_{500} 试验
		SF2	660～755	
		SF3	760～850	
	扩展时间 T_{500}（s）	VS1	2～6	
		VS2	0～2	
间隙通过性	障碍高差 B（mm）	BS1	20～40	J环障碍高差 B_J 试验
		BS2	0～20	
抗离析性	离析率（%）	SR1	≤20	离析率筛析试验
		SR2	≤15	

(1) 根据新拌混凝土性能调整配合比。①当试拌混凝土不能达到所需新拌混凝土性能时，应对外加剂、单位体积用水量、水粉比和单位体积粗骨料用量进行调整；②当上述调整仍不能满足要求时，应对混凝土原材料进行变更，若变更较困难时应对配合比重新进行综合分析，调整新拌混凝土性能指标，重新进行配合比设计。

(2) 验证硬化混凝土性能，如硬化混凝土性能不符合要求，应对材料和配合比进行适当调整，重新进行试拌和性能试验。

表 3-15　不同性能等级自密实混凝土的适用范围

自密实性能	性能等级	适用范围	重要性
填充性	SF1	（1）从顶部浇筑的无配筋或配筋少的混凝土结构； （2）泵送混凝土施工工程； （3）截面小，无需水平长距离流动的竖向结构物	控制指标
	SF2	适合一般的普通钢筋混凝土结构	
	SF3	适用于结构紧密的竖向结构和形状复杂的结构等（粗骨料最大粒径宜小于 20mm）	
	VS1	适合一般的普通钢筋混凝土结构	
	VS2	适用于配筋较多的结构或较高混凝土外观性能要求的结构	
间隙通过性	BS1	适用于钢筋净距 90～120mm	可选指标
	BS2	适用于钢筋净距 90～120mm	
抗离析性	SR1	适用于流动距离小于 5m、钢筋净距大于或等于 120mm 的薄板结构和竖向结构	可选指标
	SR2	适用于流动距离大于或等于 5m、钢筋净距大于或等于 90mm 的竖向结构。也适用于流动距离小于 5m、钢筋净距小于 120mm 的竖向结构。当流动距离大于或等于 5m 时，SR 值宜小于 10%	

3.3.3　施工

3.3.3.1　运输

自密实混凝土由于坍落度大，一般采用混凝土罐车运输，罐车的型号以 8～12m3 容积为宜。运输过程中需采取防晒、防寒等措施，罐车滚筒应保持 3～5r/min 的匀速转动。运送时间不宜大于 90min，如需延长运送时间，应采取相应的有效技术措施，并通过试验验证。卸料前，运输车罐体宜快速旋转 20s 以上方可卸料。

3.3.3.2　搅拌

由于组成材料多，必须注意搅拌均匀，目前多采用双卧轴强制式搅拌机，搅拌时间比普通混凝土长 1～2 倍，约 60～180min。搅拌不足的拌和物不仅因不均匀而影响硬化后的性质，而且在泵送出管后流动性进一步增大，会产生离析现象。搅拌时，宜先向搅拌机投入粗骨料、细骨料、水泥、掺合料和其他材料，搅拌 1min，再加入水和外加剂，并继续搅拌 2min。

3.3.3.3　浇筑

自密实混凝土入仓一般采用泵送为主，对少量回填混凝土也可采用搅拌车卸至吊罐吊运入仓，施工前需对吊罐卸料口进行处理，尽量减少卸料门的缝隙，以防漏浆。由于自密实混凝土流动性大，浇筑时对模板或其他结构产生的侧压力或浮力比普通混凝土大，演算时应按液体压力计算，施工前做好加固措施。入仓时应保证混凝土浇筑要有良好的流动性，最大水平流动距离应根据施工部位的具体要求而定，最大不宜超过7m。柱、墙模板内的混凝土倾落高度应在5m以下，当不能满足规定时，应加设串筒、溜槽、溜管等装置。浇筑时宜对称均衡进行，防止钢材发生扭曲变形。为防止浇筑不均匀现象及表面气泡的产生，必要时可以采用振捣器辅助振捣，对于浇筑结构复杂、配筋密集的混凝土构件，可在模板外侧进行辅助敲击。

成型模板应拼装紧凑，不得漏浆；对于薄壁、异形等构件宜延长拆模时间。

3.3.3.4　养护

自密实混凝土浇筑完毕，应及时采取养护措施，养护时间不小于14d，混凝土表面与内部温差小于25℃。

3.3.4　堆石混凝土施工

堆石混凝土（Rock Filled Concrete，RFC），是利用自密实混凝土（SCC）的高流动性、抗分离性能好以及自流动的特点，在粒径较大的块石（实际工程可采用块石粒径在300mm以上）内随机充填自密实混凝土形成混凝土堆石体。它具有水泥用量少、水化温升小、综合成本低、施工速度快、良好的体积稳定性、层间抗剪能力强等优点，在迄今进行的筑坝试验中已取得了初步的成果。堆石混凝土在大体积混凝土工程中具有广阔的应用前景，目前，已成功应用于山西清峪水库、黑龙江东升电站、四川沙坪二级水电站、云南松林水库90m堆石混凝土重力坝等工程。

堆石混凝土所用的堆石材料应新鲜、完整、质地坚硬，不得有剥落层和裂纹。堆石料粒径不宜小于300mm，不宜超过1.0m。当采用150～300mm粒径的堆石料时应进行论证；堆石料最大粒径不应超过结构断面最小边长的1/4、厚度的1/2。

堆石混凝土所用高自密实混凝土的工作性能应采用坍落试验、坍落扩展度试验、V形漏斗试验和自密实性能稳定试验检测，其坍落度为260～280mm，坍落扩展度650～750mm，V形漏斗通过时间7～25s，自密实性能稳定性≥1h。堆石混凝土宜设防渗层，并对坝体与坝基的连接进行防渗设计。采用自密实混凝土作为防渗层时，其厚度为0.3～1.0m，宜配温度钢筋，并与堆石混凝土一体化浇筑成型。堆石施工分层厚度不宜超过2.0m；堆石宜采用挖掘机平仓，靠近模板位置的堆石应人工堆放。

混凝土浇筑时最大自由落下高度不宜超过5m，浇筑点布置均匀，浇筑点间距不宜超过3m。分层浇筑时，应在下一层混凝土初凝前将上一层混凝土浇筑完毕。对于从建基面开始浇筑的堆石混凝土，宜采用抛石型堆石混凝土施工方法。堆石混凝土收仓时，除达到结构物设计顶面外，高自密实混凝土浇筑宜以大量块石高出浇筑面50～150mm为限，以加强层面结合。

3.4　水下混凝土

3.4.1　概述

在陆地（干处）拌制而在水下浇筑（灌注）、凝结硬化的混凝土，称为水下混凝土。水下混凝土主要依靠混凝土自身质量流动摊平，靠混凝土自重及水压密实，并逐渐硬化，具有强度。因此，水下浇筑混凝土具有足够的流动性、抵抗泌水、抗分离的稳定性。为抑制水下混凝土施工中的骨料离析，提高水下补强加固工程的质量与基底有较好的粘结性，开发研制了抗分散剂，形成具有较强粘聚力，在水下不分散、自流平、自密实、不泌水的水下不分散混凝土（NDC）。其施工工艺简单，施工成本低，具有很广阔的应用前景。

水下混凝土在水下虽然可以凝固硬化，但浇筑质量较差，强度较低。因此，只是在其他方法无法满足经济、技术要求的情况下，或在一些次要建筑物的水下部分，才采取水下混凝土浇筑的方法。水下混凝土适用于围堰、码头、港口、护岸等工程的防渗墙结构或基础工程，水下建筑物加固与水下抗磨蚀部位混凝土的修补等工程。

3.4.2 分类及施工条件

3.4.2.1 分类

水下混凝土按用途和材料组分分类，见表3-16。

表3-16 水下混凝土分类及适用条件

类别	基本要求	常用施工方法	适用条件
水下普通混凝土	水下混凝土是在与环境水隔离条件下施工的，为减少水的不利影响，强调施工过程的连续浇筑且不间断；凝固后要清除与水接触部位强度不符合要求的混凝土。浇筑中导管始终埋入已浇筑混凝土中1m左右，保证刚出管口的混凝土与水隔离	导管法、泵压法、柔性管法、开底容器法、袋装叠置法、预填骨料压浆法、进占法	除水下薄壁结构以外的结构
水下不分散混凝土	水下不分散混凝土同样有与环境水隔离条件要求，但容许混凝土在水中有30～50cm落差	导管法、泵压法、柔性管法、开底容器法、进占法	包括薄壁结构（20～30cm板厚）在内的水下结构

3.4.2.2 施工条件

水下混凝土工程应选择适宜的气候条件进行施工，并应具备下列条件：

（1）要求在静水或流速较低（流速一般不宜大于0.5m/s）的动水状态下水中浇筑，水温及酸碱度等水环境要满足其硬化的适宜条件。当流速大于3m/s时，应采取相应措施降低流速，如围挡、套箱、格栅等方法。

（2）要求混凝土具有良好的流动性及自密性；同时构筑物的钢筋不宜过密。

（3）浇筑时，水下混凝土宜连续供应，中间不间断。

（4）密闭结构封底混凝土时，应考虑内外水头差形成的渗透压力对新浇混凝土的影响，必要时采取内外连通等平压措施。

（5）在浇筑过程中不应出现大的分离，形成的混凝土结构应均匀，无夹渣夹泥现象。硬化后的混凝土强度及结构尺寸应满足设计要求。

3.4.3　原材料及配合比设计

3.4.3.1　原材料

（1）水泥：宜用普通硅酸盐水泥或硅酸盐水泥，强度等级不低于 42.5。

（2）细骨料：宜采用中粗砂（水洗河砂），含泥量不高于 3%，其余要求同常规混凝土。水下不分散混凝土用砂细度模数为 2.6～2.9。

（3）粗骨料：最大粒径不宜超过 40mm，且不得超过构建最小尺寸的 1/4，或钢筋最小间距的 1/2。水下不分散混凝土的粗骨料最大粒径不宜大于 20mm，含泥量不高于 1%。

（4）掺合料：可根据需要掺加一定量的粉煤灰、硅粉等。

（5）外加剂：可根据工程条件及需要有选择地掺入抗分散剂、高效减水剂、缓凝剂或引气剂；当掺入两种以上时，应注意外加剂的相容性；外加剂应符合《水工混凝土外加剂技术规程》（DL/T 5100—2014）标准要求。

3.4.3.2　配合比设计

配合比设计应遵循常态混凝土的配合比设计程序进行，参照《水工混凝土配合比设计规程》（DL/T 5330—2015）执行（见图 3-21）。水下混凝土的配合比设计指标应根据施工工艺和经验确定。

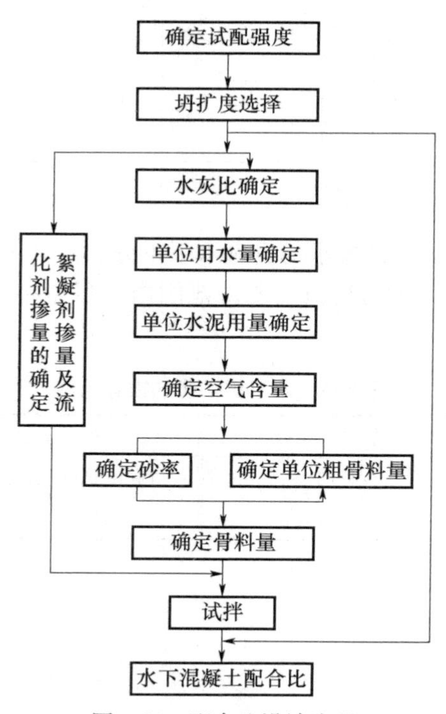

图 3-21　配合比设计流程

《水利水电工程水下混凝土施工规范》（DL/T 5309—2013）中规定水下混凝土配制强度宜提高 10%～20%（JTS 202—2011 中建议提高 40%～50%），其胶凝材料用量不宜少于360kg/m³；混凝土在水中有自由落差时，胶凝材料用量不宜低于400kg/m³；水胶比的上限应根据混凝土耐久性的要求确定；砂率在适宜流动性范围内，以单位用水量最少确定（水下普通混凝土砂率为40%～50%，水下不分散混凝土砂率为38%～42%）。外加剂和掺和料的品种和掺量应通过试验确定，必要时经试验掺配适量缓凝剂。

水下浇筑混凝土强度一般为陆上正常浇筑混凝土强度的50%～90%，影响深度达15cm以上，水下新老混凝土粘结强度仅为干地结合强度的40%～60%。而掺加抗分散剂的水下不分散混凝土（NDC）具有较强的粘聚力，与陆上（空气中）强度相比相差较小。

各种水下不分散混凝土陆上和水下强度对比见表3-17。

表3-17　各种水下不分散混凝土（NDC）强度对比表

类别	水泥用量（kg/m³）	扩展度（cm）	抗压强度（MPa）					备注
			陆上7d	水下7d	陆上28d	水下28d	水深（cm）	
NDC	＞350	35～50	21.2	＞12.7	32.3	＞22.6	30～50	市售
NDC	400	44～50	27.5	20.5	32.4	29.1	30	
UWB絮凝剂	450	40～45	—	—	29.4	23.5	50	聚丙烯酰胺
普通对比组	400	38～40	22.1	5.6	33.3	9.2	30～50	
NDC（PN-1）	400	43～47	22.9	14.2	33.8	23.5	30～50	聚丙烯酰胺
NDC（PN-2）	400	46～53	21.6	12.8	28.0	18.8	30～50	聚丙烯酰胺
普通对比组	450	45～48	20.7	2.8	32.3	7.7	50	
NNDC-2	433	44～45	20.7	17.6	33.9	28.0	50	纤维素
普通对比组	508	48	30.0	7.9	40.7	9.3	50	
NNDC-2	500	45	29.1	21.7	50.6	42.8	50	纤维素
SCR	430	—	32.7	25.4	35.1	30.0	40	纤维素

从上表可以看出，有抗磨蚀要求的宜选水下不分散混凝土。

水下混凝土的流动性，在满足施工要求范围内应尽量小些，几种施工方法坍扩度推荐范围见表3-18。

表3-18　水下坍扩度的推荐范围

施工方法	坍扩度（mm）	施工方法	坍扩度（mm）
水下滑道施工	300～400	利用混凝土泵施工	450～550
利用混凝土导管施工	360～450	必需极好流动性	550以上

3.4.4　施工

3.4.4.1　施工准备

施工前应熟悉图纸，根据水流流速、潮汐变化等施工条件对水下混凝土的影响，确定满足设计要求的施工工艺。必要时，应进行施工工艺性试验。水下混凝土浇筑宜优先采用导管法。

测量放线应确保施工位置、结构尺寸、浇筑高度满足要求，对设计没有分缝要求的宜一次性浇筑完毕；水上施工所采用的船舶、施工平台等其他设备应满足安全施工要求和定位要求。

3.4.4.2　清基

浇筑前应按规定进行基面清理，软土地基应铺碎石或卵石垫层找平；对硬基应清除基底的浮泥、沉积物和风化岩块等杂物；混凝土结合处应凿毛并清理干净；桩孔成孔后应按规定进行清孔，沉渣厚度应符合设计及规范要求，泥浆密度应保证孔壁稳定。水下清基，按清基的深浅和工程量大小通常采取下列方法。

（1）高压水枪、风枪清基；潜水员水下清渣。

（2）索铲或抓斗等机械清基。

（3）对水深大于4m以上的粒径10cm以内的砂石和淤泥可采用气举反循环或抽砂泵进行管吸清理，清淤管管径为200mm、300mm至600mm。

（4）当有较大孤石时，可采用水下爆破，然后清除。为防止水下爆破影响已浇混凝土，可采用水下气泡帷幕或其他减震措施。

3.4.4.3　模板

水下混凝土模板可根据工程特点和现场施工条件确定，要考虑运输、起吊、沉放、适应基础起伏不平等要求。

模板类型主要有沉井、沉箱、预制混凝土模板、组合钢模板及模袋等。水下模板一般做成整体式或装配式，水上吊装，以减少水下安装的工作量。可先在内侧搭设高出水面的施工平台，然后在四周将模板拼好后采用倒链葫芦等工具将模板沉放水中。水下模板应具有较高的稳定性，宜优先选用钢模板或预制混凝土模板。预制混凝土模板一般作为水下混凝土的一部分，无需拆除，有较大的优越性，其强度应与水下混凝土强度相同。预制混凝土模板与结构混凝土的结合面应做凿毛处理。

模板组装应严密，避免砂浆从接缝处漏失。若模板与旧混凝土或岩石接缝处有较大缝隙，宜用袋装混凝土或砂袋堵塞，对水下局部的高点可在立模前采取水下爆破等方式予以整平。

由于水下混凝土的流动性好，并且凝结时间有所延缓，所以水下混凝土浇筑对模板的侧压力比普通混凝土的要大。因此，模板侧压力要以可靠资料、工程实例或试验数据为依据来确定。为安全起见，也可将模板按受液体压力计算。

3.4.4.4　运输

水下混擬土拌和宜采用强制式搅拌设备，准确称量，其拌和能力应满足混凝土施工强度要求。拌和时间应根据试验决定，不分散混凝土宜为120～300s，自密实混凝土宜不少于90s。

水下混凝土应选用坍落度损失少的方法快速运输，及时浇筑。混凝土搅拌和运输能力应不小于平均计划浇筑速度的1.5倍，技术性能匹配，运输路线顺畅，确保混凝土能连续供应。

浇筑现场内的运输方式可选用混凝土泵、吊罐、溜槽、溜管等。100m以内可采用泵送，如转运距离大于100m，优先选用混凝土搅拌车转运，也可考虑就近水上拌和或陆上拌和，水上运输。施工中采用的吊车、输送泵等混凝土输送设备的选型应根据水下混凝土浇筑场所、管输条件、可泵性、一次浇筑量、浇筑速率等因素选定。泵送混凝土时，应采取扩大管径、降低输送速度、减少弯头和软管、提高泵送能力等措施。吊罐运输混凝土时，其卸料口开关应灵活可靠，关闭时不应漏浆，在进料及卸料时应避免发生离析。

3.4.4.5　混凝土浇筑

水下混凝土浇筑有导管法、泵压法、预填骨料压浆法（简称压浆法）、开底容器法、倾倒推进法和袋装堆筑法等方法。为保证质量，宜优先采用导管法；水深较浅时，可采用倾倒推进法施工；对次要的混凝土工程，可采用袋装堆筑法和模袋法。

1. 导管法浇筑

浇筑系统由承料漏斗、导管及隔水球构成。

导管要有足够的强度，导管壁厚不宜小于 3mm，宜优先选用无缝钢管，管径不小于骨料最大粒径的 8 倍且不宜小于 200mm；为便于施工，导管中间节长度可为 2m，底节可为 3～4m，漏斗下可用 1.0m 长导管。导管接头宜采用自带丝扣的快速接头，底节只需一端设置接头。承料漏斗位于导管顶端，漏斗上方装有振动设备以防混凝土在导管中阻塞。提升机具用来控制导管的提升与下降，常用的提升机具有卷扬机、电动葫芦、起重机等。隔水球可用软木、橡胶、泡沫塑料等制成，其直径比导管内径小 15～20mm。

导管在使用前应试拼、试压，不得漏水，各节应统一编号，在每节自上而下标识刻度；并在浇筑前进行升降试验，导管吊装设备能力应满足安全提升要求。

在施工时，先将导管放入水中，底部距离基础面约 300～500mm，尽量安置在地基低洼处；再用绳索将浮球悬吊在导管内水位以上 0.2m，然后浇入混凝土，当球塞以上导管和承料漏斗装满混凝土后，剪断浮球吊绳，混凝土靠自重推动球塞下落，冲向基底，并向四周扩散。球塞冲出导管，浮至水面，可重复使用。冲入基底的混凝土将管口包住，形成混凝土堆。同时不断地将混凝土浇入导管中，管外混凝土面不断被管内的混凝土挤压上升。随着管外混凝土面的上升，导管也逐渐提高（到一定高度，可将导管顶段拆下）。但不能提升过快，必须保证导管下端始终埋入混凝土内，其最大埋置深度不宜超过 5m。混凝土浇筑的最终高程应高于设计标高约 100mm，以便清除强度低的表层混凝土（见图 3-22）。

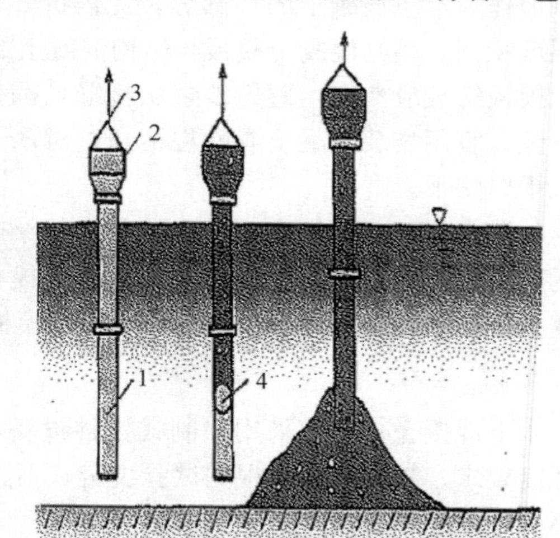

图 3-22　导管法浇筑水下混凝土示意图

1—导管；2—承料漏斗；3—提升机具；4—隔水球

水下浇筑的混凝土必须具有较大的流动性和黏聚性以及良好的流动性保持能力，能依靠其自重和自身的流动能力来实现摊平和密实，有足够的抵抗泌水和离析的能力，以保证混凝土在堆内扩散过程中不离析，且在一定时间内其原有的流动性不降低。施工开始时采用低坍落度，正常施工时则用较大的坍落度，且维持坍落度的时间不得少于 1h。

每根导管的作用半径一般不大于 3m，所浇混凝土覆盖面积不宜大于 30m²，当面积过大时，可用多根导管同时浇筑。混凝土浇筑应从最深处开始，相邻导管下口的标高差不应超过导管间距的 1/20～1/15，并保证混凝土表面均匀上升。

导管法浇筑水下混凝土的关键：一是保证混凝土的供应量大于导管首次埋置深度（1.0～3.0m）和填充导管所需的混凝土量；二是严格控制导管提升高度，且只能上下升降，不能左右移动，以避免造成管内返水事故。浇筑水下不分散混凝土时，在导管内充满混凝土且能保证连续供料条件下，可将导管下端从混凝土中拔出 300～500mm，让混凝土在水中自由落下。

首批浇筑混凝土所需数量参考公式（3-20）计算，并如图 3-23 所示。

$$V \geqslant \frac{\pi D^2}{4}(H_1+H_2)+\frac{\pi d^2}{4}h_1 \qquad (3\text{-}19)$$

$$h_1 = H_w \gamma_w / \gamma_c$$

式中　V——灌注首批混凝土所需数量，m^3；

D——桩孔直径，m；

H_1——桩孔底至导管底端间距，一般为 0.3～0.4m；

H_2——导管初次埋置深度，m；

d——导管内径，m；

h_1——桩孔内混凝土达到埋置深 H_2 时，导管内混凝土柱平衡导管外压力所需的高度，m；

H_w——井孔内水或泥浆的深度，m；

γ_w——井孔内水或泥浆的重度，kN/m^3；

γ_c——混凝土拌和物的重度（可取 $24kN/m^3$）。

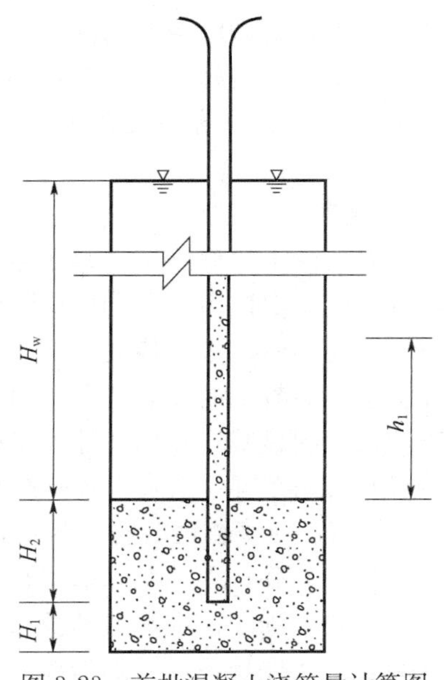

图 3-23　首批混凝土浇筑量计算图

导管法浇筑水下混凝土配比如表 3-19 所示。

表 3-19　导管法浇筑水下混凝土配比

施工深度（m）	导管直径（cm）	骨料最大粒径（mm）	坍落度（cm）	水灰比	砂率（%）	混凝土材料用量（kg/m^3）				设计强度（N/m^2）	试件强度（N/m^2）	钻孔取样试件		
						水	水泥	砂	石			试件尺寸（cm）	龄期（d）	强度（N/m^2）
14	—	20	16～18	0.57	48	230	410	820	877	15	18	—	—	—
2.6	25	25	12～18	0.49	43	183	370	751	1006	40	34.5	ϕ15×30	149	38.4
9.0	25	25	15	0.50	—	185	370	—	—	20	31.8	—	—	—
0.5～2.0	25	40	14～16	0.48	37	176	370	718	1170	20	31	ϕ10×20	89	37.8
0.6～6.5	25	40	13～18	0.43	41	159	370	772	1115	19	38	ϕ10×9.5	28	19.1
2.0～4.0	20	40	16～20	0.41	33	152	374	579	1220	34	37.8	ϕ10×20	190	23.8
14.0	—	40	16～18	0.57	45	230	410	820	986	15	18	—	—	—
0～3.0	30	40～60	16～18	0.55～0.57	38	193～200	350	710	1155	—	26.9	ϕ7×33	122～162	26.5～32.7

2. 泵压法浇筑混凝土

泵压法是指混凝土由混凝土泵直接压送至混凝土输送管进行浇筑。在泵送混凝土之前，一般在输送管内先泵送水下不分散砂浆。当泵管内有水时，先投入海绵球或在泵管的出口处安装活门，管内充满混凝土后，关上活门再沉放到既定位置。当混凝土输送中断时，为防止水的反窜，应将输送管的出口插入已浇灌的混凝土中，埋入深度不宜小于 300mm。当浇灌面积较大时，可采用挠性软管，由潜水员水下移动浇灌。在移动时，不得扰动已浇灌的混凝土。

施工中，当转移工位及越过横梁等需移动水下泵管时，为了不使输送管内的混凝土产生过大的水中落差及防止水在管内反窜，输送管的出口端应安装特殊的活门或挡板。

3. 压浆混凝土施工

压浆混凝土又称预填骨料压浆混凝土，是将混凝土的粗骨料预先填入立好的模板中，尽可能振实以后，再利用输浆管把水泥砂浆压入，凝固而成结石。这种施工方法适用于钢筋稠密、预埋件复杂、不容易浇筑和捣固的部位，也可以用在混凝土缺陷的修补和钢筋混凝土的加固工程。洞室衬砌封拱或钢板衬砌回填混凝土时，用这种方法施工，可以明显减轻仓内作业的工作强度和干扰。

（1）管路布置：压浆管路布置方式，应根据结构的形状及断面大小进行设计，一般多竖直放置。压浆管距离模板不宜小于 1.0m。压浆管的直径、间距与位置应根据灌浆压力、压浆管作用半径、砂浆流动度等事先进行试验确定，管径一般采用38～51mm。

（2）施工程序：水下清基及安装沉井模板，并封闭接缝→分层填放冲洗干净的骨料（如设备条件具备，可加振捣）→同时填埋好压浆管路，压送砂浆（一般采用柱塞泵或隔膜泵）。

（3）压浆：压浆系统要保证有一定的输送能力，移动次数最少，且输送管路最短；压浆前机械设备应试运转，对管路进行压水试验，检查有无漏水；砂浆拌和时间不少于 3min；压浆开始时，先输送水泥较多的砂浆，以润滑管道；压浆时不能间断；压浆压力由试验确定，一般采用 0.2～0.3MPa；砂浆生涨速度应保证每小时 50～100cm。

（4）配合比：应根据试验求得压浆混凝土强度与砂浆强度的关系（见表 3-20）；再按砂浆强度要求，确定砂浆的配合比。砂浆要有一定的流动性，当石子最小粒径大于 20mm 时，流动度宜为 22～25s。水下压浆混凝土材料配合比实例见表 3-21。

粗骨料应采用干净的卵石或碎石，配合比宜采用间断级配，最小粒径不应小于 2cm，一般孔隙率在 40%左右。细骨料使用细砂，大于 2.5mm 的粒径应予筛除。为具有很好的流动性和抗离析，常掺加粉煤灰，并可掺用减水剂、引气剂等，掺入量由试验确定。

表 3-20　压浆混凝土强度 R_{np} 与砂浆强度 R_k 的关系

水灰比不大于 0.75	$R_{np}=0.66R_k$
水灰比不小于 0.75	$R_{np}=0.52R_k$

表 3-21　水下压浆混凝土材料配合比实例表

序号	压浆混凝土设计强度（MPa）	砂的细度模数	拌和水	预埋骨料			水泥砂浆流动度（s）	水泥砂浆配合比			浆液材料用量（kg/m³）		
				种类	粒径（mm）	孔隙率（%）		水灰比	混合材料掺量（%）	灰砂比	水	水泥＋混合材料	砂
1	$R_{28}=24$	1.77	淡水	卵石	15～50	41	18～20	0.5	29	1∶1.3	393	785	1021
2	$R_{28}=24$	1.64	淡水	卵石	15～50	37	21.1	0.5	29	1∶1.3	366	732	952
3	$R_{28}=20$	1.62	淡水	卵石	15～40	43	18～22	0.51	29	1∶1.3	369	724	941
4	$R_{28}=21$	1.43	淡水	卵石	20～60	40	18～22	0.52	29	1∶1.3	377	725	943
5	$R_{28}=18$	1.65	淡水	卵石	最小 20	40	19±3	0.6	17	1∶0.8	535	892	714
6	$R_{28}=10.5$	1.17	淡水	卵石	40～100	38～48	19±3	0.44～0.48	29	1∶1.2	352	801	961
7	$R_{28}=25$	粉细砂	淡水	卵石	—	—	—	0.65	33	1∶1.5	343	715	1073
8	$R_{28}=25$	1.67	海水	卵石	15～50	44	20	0.53	29	1∶1.5	455	700	1050
9	$R_{28}=21$	2.0	海水	卵石	15～75	40	17	0.48	—	1∶1.5	414	782	1173
10	$R_{28}=20$	1.71	海水	卵石	10～45	43	20	0.53	—	1∶1.3	352	733	953
11	$R_{28}=20$	1.42	海水	卵石	10～60	38	17.4	0.58	—	1∶1.5	414	782	1173
12	$R_{28}=15$	1.74	海水	卵石	25～150	42	18～22	0.50	29	1∶1.7	365	630	1071
13	$R_{28}=15$	1.18	海水	卵石	30～150	40	15～29	0.55	29	1∶1.0	378	756	756
14	$R_{28}=15$	1.54	海水	卵石	30～150	40	20.8	0.58	29	1∶1.0	437	795	795
15	$R_{28}=24$	1.49	淡水	卵石	15～45	45	18～22	0.53	38	1∶1.6	375	647	1035
16	$R_{28}=18$	2.17	淡水	碎石	30～50	42	20～25	0.48	—	1∶0.9	363	684	889
17	$R_{28}=18$	2.17	淡水	碎石	30～50	40	22	0.52	—	1∶1.3	398	830	747
18	$R_{28}=15$	1.36	淡水	碎石	80～300	—	17±2	0.54	—	1∶1.2	430	827	1075
19	$R_{28}=20$	1.36	淡水	碎石	80～300	—	17±2	0.50	—	1∶0.9	424	785	942
20	$R_{28}=14～17$	1.8～2.0	海水	碎石	—	40～45	20～22	0.55	—	1∶1.1	449	897	807
21	$R_{28}=14～17$	1.45	海水	碎石	15～100	45	20.8	0.51	—	1∶1.2	393	770	924

4. 开底容器法

开底容器法与采用吊罐浇筑普通混凝土类似，施工简单，适用于对强度和抗渗性要求不高的封底等临时结构。其方法是在浇筑部位采用开底容器将混凝土沉入水下，距基础面约50cm，然后打开容器将混凝土排出，再提出容器，循环作业直至浇筑至水面以上。由于混凝土下料易与水搅和，故优先选用水下不分散混凝土；浇筑时轻放缓提，并保证混凝土水中自由落差不大于50cm。

开底容器宜采用大容器；罐底形状采用锥形、方形或圆柱形。

5. 倾倒推进法

倾倒推进法亦称水平推进法，适用于水深不超过1.5m的浅水中填筑次要的混凝土结构。如水深小于50cm，也可采用混凝土搅拌车、溜槽、溜筒等直接倾倒灌注法（及用混凝土赶水的浇筑方式）一次性将混凝土浇筑出水面。采用这种方法时，混凝土坍落度可以控制在7～10cm。第一批出水面以前的混凝土应适当加大水泥用量，第一罐下料时要有$2m^3$以上混凝土，一次性下完。混凝土浇筑出水面后在其堆顶继续浇筑。同时，用振捣器在料堆干处振捣，待混凝土面快与水面齐平时在其上继续下料振捣，使后浇的混凝土把先浇的混凝土推开，将水推移赶走，始终保证只有外围的混凝土与水接触，整体混凝土不掺和到外水，保证整体混凝土水灰比不发生改变，不断挤向另一端，直到浇筑块浇筑完毕。由于推进法混凝土下料接触面容易与水拌和，故优先选用水下不分散混凝土。

6. 袋装堆筑法

袋装堆筑法用麻袋或土工模袋装入拌好的混凝土，缝好袋口，依次沉放砌筑。在堆筑时，麻袋要交错放置，相互压紧。装混凝土的袋子应选用坚韧的纤维织品，如麻布、土工布等。装入袋中的混凝土不宜太满，一般在1/2左右，以保证堆筑时达到最大的密实性。混凝土的坍落度采用5～7cm为宜。此方法适用于工程量小、水浅、流速不大等标准较低的临时性混凝土结构。

水溶性薄膜袋装法是将混凝土装入具有一定强度的水溶性薄膜袋中，投入水中后，由于薄膜袋柔软可自由变形，层层挤压，使袋与袋之间紧密接触，混凝土隔水凝固硬化，薄膜袋溶解。日本某工程用聚乙烯醇薄膜，膜厚0.045mm，薄膜强度49MPa；装入水灰比为0.55的混凝土（28d抗压强度21.0MPa），在10℃淡水中施工，混凝土4h硬化，薄膜4.5h溶化；施工完毕取样测得28d混凝土强度为20.0MPa。在另一工程中，用聚乙烯薄膜，膜厚0.05mm，薄膜强度60.0MPa，装入水灰比为0.53，28d强度为27.5MPa的混凝土，并在袋中装有长15cm的铁钉，以利于袋与袋之间结合。在10℃淡水中施工，5h薄膜完全溶化；取样测得28d混凝土强度为26.0MPa。混凝土之间抗拉强度为4.1MPa。

3.5 高性能混凝土

3.5.1 概述

高性能混凝土（HPC）是一种新型高技术混凝土，被称为“21世纪混凝土”，受到全世界的关注。其性能和普通混凝土基本相同，只是配比的设计中更多地考虑工程结构和环境所需的强度和耐久性。

高性能混凝土是采用常规材料和工艺生产，具有混凝土结构所要求的各项力学性能，并具有高耐久性、高工作性和高体积稳定性的混凝土。高性能混凝土一般即是高强混凝土（C60～C100），也是流态混凝土（坍落度大于200mm）。主要技术特征为强度高、耐久性好、变形小，并具有较大流动性、易于浇筑、拌和不离析、施工方便等优点。凝固后，早期强度高而后期强度不倒缩、韧性好、体积稳定性好，在恶劣的使用环境条件下寿命长。高性能混凝土也是满足某些特殊性能要求的均质性混凝土，也可掺入某些纤维材料以提高其韧性。

高性能混凝土是水泥混凝土的发展方向之一。它将广泛地被用于桥梁工程、高层建筑、工业厂房结构、港口及海洋工程、水工结构等工程中。

3.5.2　原材料及配合比设计

3.5.2.1　原材料

配制高性能混凝土应选用质量稳定的优质水泥和掺合料、级配良好的优质骨料、与水泥匹配的高效减水剂。

1. 水泥

配制高性能混凝土的水泥一般选用R型硅酸盐水泥或普通硅酸盐水泥，强度等级不低于42.5MPa。

2. 细骨料

细骨料宜选用质地坚硬、洁净、级配良好的天然中、粗河砂，其质量要求应符合普通混凝土用砂石标准中的规定。砂的粗细程度对混凝土强度有明显的影响，一般情况下，砂子越粗，混凝土强度越高。配置C50～C80的混凝土用砂宜选用细度模数大于2.3的中砂，对于C80～C100混凝土用砂宜选用细度模数大于2.6的中砂或粗砂。砂中含泥量不应高于1%，且不含泥块。

3. 粗骨料

高性能混凝土必须选用强度高、吸水性低、级配良好的粗骨料。宜选表面粗糙、外形棱角、针片状含量低的硬质砂岩、石灰岩、花岗岩及玄武岩碎石，级配符合规范要求。由于高性能混凝土要求强度较高，就必须使粗骨料具有足够高的强度，岩石的抗压强度与混凝土强度之比不低于1.5，控制压碎指标不大于10%。最大粒径不应大于25mm，宜采用5～15mm和15～25mm两级粗骨料配合，以10～20mm为佳，这是因为较小粒径的粗骨料内部产生缺陷的概率减小，与砂浆的粘结面积增大，且界面受力均匀。另外，还应注意粗骨料的粒形、级配和岩石种类，一般采用连续级配，其中尤以级配良好、表面粗糙的石灰岩碎石为最佳。粗骨料的膨胀系数要尽可能地小，这样能大大减小温度应力，从而提高混凝土的体积稳定性。

一般情况下，不宜采用碱活性骨料。当骨料含有碱活性成分时，必须按规范规定进行检验骨料的碱活性，并采取预防危害的措施。

4. 细掺和料

配制高性能混凝土时，掺入活性细掺和料可以使水泥浆的流动性大为改善，空隙得到充分填充，使硬化后的水泥石强度有所提高。更为重要的是，加入活性细掺和料改善了混凝土中水泥石与骨料的界面结构，使混凝土的强度、抗渗性与耐久性均得到提高。活性细掺和料是高性能混凝土必用的组成材料。在高性能混凝土中常用的活性细掺和料有硅粉（SF）、磨细矿渣粉（BFS）、粉煤灰（FA）、天然沸石粉（NZ）、偏高岭土粉以及其复合微细粉等。所选矿物细粉必须对混凝土和钢材无害。高性能混凝土中矿物微细粉取代水泥的最大用量为：硅粉不大于10%；粉煤灰不大于30%；磨细矿渣粉不大于40%；天然沸石粉不大于10%；偏高岭土粉不大于15%；复合微细粉不大于40%。当采用粉煤灰时超量值不宜大于25%。

粉煤灰能有效提高混凝土的抗渗性，显著改善混凝土拌和物的工作性。配制高性能混凝土的粉煤灰宜采用含碳量低、细度低、需水量低的优质粉煤灰。

5. 减水剂及缓凝剂

在低水胶比（一般小于0.35）的情况下，要使混凝土具有较大的坍落度，就必须使用高效减水剂，其减水率宜在20%以上。有时为减小混凝土坍落度的损失，在减水剂内还宜掺有缓凝的成分。此外，由于高性能混凝土水胶比低，水泥颗粒间距小，能进入溶液的离子数量也少，因此减水剂对水泥的适应性表现更为敏感。

6. 拌和水

高性能混凝土的拌和水和养护用水应符合《混凝土用水标准》（JGJ 63—2006）和《水工混凝土施工规范》（DL/T 5144—2015）的规定。

3.5.2.2 配合比设计

高性能混凝土配合比设计应符合国家现行相关标准的规定，并应经试验后确定施工配合比。

高性能混凝土的配合比设计应根据混凝土结构工程的要求，确保其施工要求的工作性，以及结构混凝土的强度和耐久性。耐久性设计应针对混凝土结构所在外部环境中的劣化因素的作用，使结构在设计使用年限内不超过容许劣化状态。

处于多种劣化因素综合作用下的混凝土结构宜采用高性能混凝土。根据混凝土结构所处环境条件，高性能混凝土应满足下列一种或几种技术要求（摘自《高性能混凝土应用技术规程》CECS204：2006）：

（1）水胶比不大于0.38；

（2）56d龄期的6h总导电量小于1000C；

（3）300次冻融循环后相对动弹性模量大于80%；

（4）胶凝材料抗硫酸盐腐蚀试验的试件15周膨胀率小于0.4%，混凝土最大水胶比不大于0.45；

（5）混凝土中可溶性碱含量小于3.0kg/m^3。

高性能混凝土单方用水量不宜大于175kg/m^3；胶凝材料总量宜采用450～600kg/m^3；其中矿物微细粉用量不宜大于胶凝材料的40%；宜采用较低的水胶比；砂率采用37%～44%；高效减水剂掺量应根据坍落度要求确定。

3.5.3 施工

3.5.3.1 搅拌

混凝土原材料应严格按照施工配合比要求进行准确称量，称量最大允许偏差应符合下列规定（按质量计）：胶凝材料（水泥、掺和料等）±1%，外加剂±1%，骨料±2%，拌和用水±1%。采用电子计量系统计量原材料。应采用卧轴式、行星式或逆流式强制搅拌机搅拌混凝土，搅拌时间不宜少于2min，也不宜超过3min。炎热季节或寒冷季节搅拌混凝土时，必须采取有效措施控制原材料温度，以保证混凝土的入模温度满足规定要求。

原材料投料顺序宜为：粗骨料、细骨料、水泥、微细粉投入（搅拌约0.5min）→加入拌和水（搅拌约1min）→加入减水剂（搅拌约0.5min）→出料。当采用其他投料顺序时，应经试验确定搅拌时间，确保搅拌均匀。搅拌C50以上等级强度混凝土或采用引气剂、膨胀剂、防水剂和其他添加剂时，应相应延长搅拌时间（摘自《高性能混凝土应用技术规程》CECS 204—2006）。

3.5.3.2　运输

高性能混凝土宜采用搅拌运输车运送，运输车装料前应将筒内积水排净。在运输过程中严禁添加计量外用水。当高性能混凝土运输到施工现场时，应抽检坍落度，每100m³混凝土应随机抽检3～5次，作为质量评定依据。

运输中应采取有效措施，保证混凝土在运输过程中保持均匀性及各项工作性能指标不发生明显波动；对运输设备采取保温隔热措施，防止局部混凝土温度升高（夏季）或受冻（冬季），并应采取适当措施防止水分进入运输容器或蒸发。

3.5.3.3　浇筑

（1）混凝土入模前，应采用专用设备测定混凝土的温度、坍落度、含气量、水胶比及泌水率等工作性能；只有拌和物性能符合设计或配合比要求的混凝土方可入模浇筑。混凝土的入模温度一般宜控制在5～30℃

（2）混凝土浇筑时的自由倾落高度不得大于2m。当大于2m时，应采用滑槽、串筒、漏斗等器具辅助输送混凝土，保证混凝土不出现分层离析现象。

（3）混凝土的浇筑应采用分层连续推移的方式进行，间隙时间不得超过90min，不得随意留置施工缝。

（4）新浇混凝土与邻接的已硬化混凝土或岩土介质间浇筑时的温差不大于15℃。

3.5.3.4　振捣

可采用插入式振动棒、附着式平板振捣器、表面平板振捣器等振捣设备振捣混凝土。振捣时应避免碰撞模板、钢筋及预埋件。采用插入式振捣器振捣混凝土时，宜采用垂直点振方式振捣。每点的振捣时间以表面泛浆或不冒大气泡为准，一般不宜超过30s，避免过振。若需变换振捣棒在混凝土拌和物中的水平位置，应首先竖向缓慢将振捣棒拔出，然后再将振捣棒移至新的位置，不得将振捣棒放在拌和物内平拖。

3.5.3.5　养护

高性能混凝土早期强度增长较快，一般3d达到设计强度的60%，7d达到设计强度的80%，因而混凝土早期养护特别重要。通常在混凝土浇筑完毕后采取以带模养护为主，浇水养护为辅，使混凝土表面保持湿润。养护时间不少于14d。

3.5.3.6　质量检验控制

除施工前严格进行原材料质量检查外，在混凝土施工过程中，还应对混凝土的以下指标进行检查控制：①混凝土拌和物：水胶比、坍落度、含气量、入模温度、泌水率、匀质性。②硬化混凝土：标准养护试件抗压强度、同条件养护试件抗压强度、抗渗性等。

3.6 干贫混凝土

3.6.1 概述

干贫混凝土是在砂石骨料掺入少量胶凝材料拌制而成的一种干硬性填筑材料，掺量不大于100kg/m^3，又称经济混凝土。其*VC*值在10s以上或基本不“泛浆”。干贫混凝土填筑施工速度较快，又具有较高的强度和刚度，水稳性好、抗冲刷能力强，能缓和地基的不均匀变形，消除不利影响，使地基承载力和变形满足设计要求。

目前，干贫混凝土在水电工程中主要用于软基换填处理，破碎带基层处理，路面的半刚性基层处理，堆石坝的回填边坡固坡等工程中。一般对干贫混凝土的强度要求不高，施工时对拌和均匀性要求也不高。

3.6.2 配合比

3.6.2.1 原材料

干贫混凝土主要的设计指标一般有变形模量、压实干密度等，对骨料要求与碾压混凝土相同，凡符合国家标准的水泥均可使用，一般粗骨料最大粒径为80mm。

3.6.2.2 配合比

干贫混凝土一般采用连续级配。其砂率一般要求较低，小于5mm的含量不高于30%，水泥掺量为3%左右。砂、石料用料可用体积法或密度法计算，在采用体积法时应计入含气量。

3.6.3 施工

3.6.3.1 拌和

干贫混凝土拌制机械采用强制式或自落式拌和机，拌和时间30～40s。由于干贫混凝土的生产强度一般要求比较高，连续作业时间长，故有的工程采用反铲和装载机拌制，虽然其拌和物均匀性较差，但也可满足施工和质量要求。

3.6.3.2 运输

干贫混凝土一般采用自卸汽车运至施工地点。对于高差较大、修筑运输道路又困难的工程，可先采用溜槽或溜管运至作业面，再用其他措施转运、摊铺。溜槽坡度控制在1：0.75～1：1.2；如坡度大于1：0.75，宜采用溜管。为了尽量减少卸料过程中的骨料分离，卸料堆不宜高于1.0m。

3.6.3.3 摊铺

干贫混凝土摊铺厚度应根据振动碾能量大小通过试验选定。我国目前一般采取的铺料厚度为 30～60cm。主要采用推土机进行摊铺；较为狭窄的部位采用人工配合反铲进行摊铺。

3.6.3.4　碾压

碾压干贫混凝土的振动碾应具有振动频率高、激振力大、行走速度可调、回转灵活等特性，可采用碾压土石的单钢轮振动碾，也可采用碾压混凝土的双钢轮碾。

振动碾碾压线路要求不漏碾、合理、省时，通常采用“进退错距法”。碾压遍数一般是先静压两遍，再振动碾压 6 遍，最终以达到设计的干密度为准。边角部位采用液压平板夯或冲击夯进行夯实。其施工缝面可以不作处理，连续在上面回填，待终凝后采用洒水养护，养护时间 7～14d。

3.6.4　工程实例

3.6.4.1　洪家渡混凝土面板堆石坝填筑干贫混凝土

洪家渡水电站大坝为钢筋混凝土面板堆石坝，最大横断面底宽约 520m，填筑总量为 902.56 万立方米。该坝是国内已建和在建 200m 级混凝土面板堆石坝之一。在左岸坝基纵上 0＋10～纵上 0＋140，高程 1030.0～1055.0m 存在一直壁陡坎。根据《混凝土面板堆石坝设计规范》（DL/T 5016—1999）的规定，当垂直于趾板基准线方向的坡度陡于 1∶0.5 时，堆石体厚度变化很快，面板的变形梯度大，可能会在高坝周边缝附近出现平行于周边缝方向的面板结构性裂缝。因此，为避免周边缝附近面板出现较大的变形梯度，可在陡壁处设低压缩堆石区或采取回填混凝土等有效措施。

对于坝基陡坎，常规做法是回填混凝土，但由于这种边坡填补不需要补填物料具有很高的强度，只要其模量高于堆石体本身即可。通过专家咨询和试验，决定在左岸填补处回填拌和干贫混凝土（掺加水泥 40～50kg/m^3），与主堆石体铺层厚度相同，同步铺填，同步碾压。

在大量使用干贫混凝土前，在施工现场进行了多组碾压试验，得出干贫混凝土配合比和碾压参数，分别见表 3-22、3-23。

表 3-22　干贫混凝土配合比

垫层料（kg）	P·O42.5 水泥（kg）	加水量（体积%）
2200	50	4～5

表 3-23　碾压参数

干密度（g/cm^3）	铺层厚度（cm）	碾压遍数	28d 抗压强度（MPa）
2.205	40	9 遍（先静压 1 遍，再振压 6 遍，最后静压 2 遍）	5～8

技术要求：干贫混凝土采用拌和楼拌和，拌和时间 1.5～2min，拌和均匀后由 15t 自卸汽车运至填筑工作面直接入仓，与主堆石料同步上升，D85 推土机平料，人工配合平仓，铺层厚度 40cm，回填坡度 1：0.5，18t 自行振动碾碾压 9 遍，靠岸坡部位采用振动板夯实。碾压后的干密度不低于 2.205g/cm^3；若连续碾压，则上、下层的间隔

时间不超过 5h；若分层碾压，则上、下层的间隔时间不少于 72h，层面应做冲洗处理。

通过挖坑灌水法检测碾压后的干密度及试件抗压强度试验，检测抗压强度。

3.6.4.2 宜兴抽水蓄能电站干贫混凝土施工

1. 概况

江苏宜兴抽水蓄能电站上水库进、出水口位于上水库左岸，洞口处岩体以弱风化岩屑石英砂岩夹泥质粉砂岩为主，受断层 F3、F4 的影响，F4 断层上盘的岩体呈破碎状，下盘也有宽 5～10m 的影响带，围岩为Ⅳ～Ⅴ类，进洞条件差。经对上述地质情况的深入分析，库岸若按原设计的坡比 1：1.7 或 1：1.4 进行开挖，则进洞口恰位于断层 F4 上盘破碎带，进洞困难且不易成洞，还需对断层 F4 上盘的破碎岩体及下盘的影响带采取必要处理措施。对此，经专家论证后决定采用挖除断层 F4 上盘破碎岩体、利用下盘较完整岩体的进洞优化方案。

进洞优化方案的要点是在挖除断层 F4 上盘的破碎岩体后，填筑干贫混凝土作为北库岸防渗面板的基础，其填筑典型断面见图 3-24。

2. 技术要求

设计要求干贫混凝土的集料采用最大粒径 80mm，小于 5mm 的含量 25%～32%，掺入水泥 3%左右，其变形模量不小于 1000MPa，压实干密度不小于 2.2t/m³。干贫混凝土的施工工艺参数通过现场生产性试验确定。干贫混凝土集料颗粒级配参数见表 3-24。

表 3-24 干贫混凝土集料颗粒级配参数

包络线范围值（mm）	颗粒含量（%）											
	<0.075	<0.15	<0.3	<1.2	<5	<10	<20	<25	<40	<50	<65	<80
上包线	13	14	16	22	32	35	46	55	80	89	100	—
平均	9	11	13	18.5	28.5	31.5	41	48.5	72.5	84	95	100
下包线	5	8	10	15	25	28	36	42	65	79	90	—

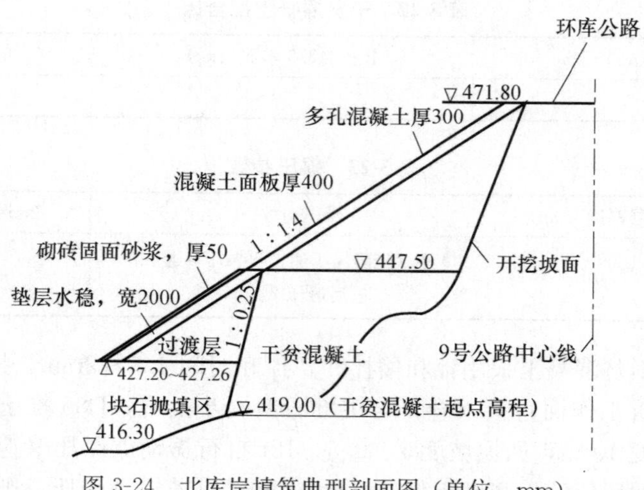

图 3-24 北库岸填筑典型剖面图（单位：mm）

3. 材料及配合比

水泥：宁国 P·C32.5R 级水泥；碎石为人工碎石，级配试验结果组成见表 3-25；砂：砂岩人工砂，级配组成试验结果见表 3-26。通过采用 2.5%和 3.0%水泥用量进行试验比较，用水量控制在 69～75kg/m³之间，得到施工配合比见表 3-27。

表 3-25　干贫混凝土用碎石颗粒级配组成试验结果

颗粒（mm）	80～40	40～20	20～5	<5	<0.075
含量（%）	26.6	30.8	12.6	30	3.0

表 3-26　干贫混凝土用砂颗粒级配组成试验结果

粒径（mm）	5.00	2.50	0.63	0.32	0.16	<0.16
分级筛余（%）	10.0	20.40	12.0	18.0	24.4	10.0

表 3-27　干贫混凝土施工配合比

材料	水泥	水	人工砂	人工碎石		
				5～20mm	20～40mm	40～80mm
用量（kg/m³）	57.5	69～75	652	274	669	578

4. 施工

干贫混凝土具体施工方法是按施工配合比进行配料后，由反铲和装载机反复翻拌至拌和料均匀。采用自卸汽车进行水平运输，汽车不能到达的部位，通过溜槽将其运输到填筑作业面，溜槽坡度达到 1∶1.5～1∶1.8。并采用人工在溜槽末端料堆处将分离的粗骨料均匀铺撒在填筑作业面。

施工中干贫混凝土的主要摊铺采用推土机进行，较狭窄的部位采用人工配合反铲进行摊铺，松铺厚度 45cm。干贫混凝土碾压采用 18t 振动碾进行，施工技术参数为静压 2 遍，振动碾压 6 遍，碾压层厚不超过 40cm。边角部位采用液压平板夯或冲击夯进行夯实，夯实质量能满足设计要求。

干贫混凝土经碾压达到设计要求的压实干密度后，采用人工洒水养护，养护时间 7～14d。

设计要求对压实的干贫混凝土进行干密度和变形模量检测。由于变形模量检测较为复杂，耗时较长，变形模量在生产性试验中采用平板荷载法共检测 4 组。施工过程中的质量控制主要进行施工参数控制，采用核子密度仪或灌砂法进行干密度检测。

3.7　挤压混凝土

3.7.1　概述

挤压混凝土施工是指通过料斗的螺旋机将坍落度很小（甚至为零）的混凝土挤压至一定形状的模具中，再通过模具上附着的高频振动器将混凝土振捣挤压密实。

同时，模具在挤压的反作用力作用下继续往前行驶，将浇筑成型的混凝土能立即脱模的一种工艺。最早挤压混凝土应用于道路园林工程中的道沿，20世纪90年代末在巴西埃塔（ITA）混凝土面板堆石坝（高125m）施工中率先用来进行上游边墙固坡，并很快推广到多个国家。我国于2001年开始对该技术进行研究，2002年8月开始将该项施工技术成功应用于公伯峡水电站混凝土面板堆石坝工程，并在短短的几年时间里，先后在龙首二级、芭蕉河、水布垭等多个水电站混凝土面板堆石坝工程中推广应用。

挤压混凝土边墙适用于混凝土面板堆石坝上游固坡，是在每填筑一层垫层料之前，用边墙机在上游坡面挤压制做出一个梯形的半透水性混凝土边墙，形成一个规则、坚实的支撑区域，然后在其内侧按设计铺筑坝料，用振动碾平面碾压，合格后重复以上工序；水布垭工程中挤压边墙施工程序见图3-25。使用挤压混凝土边墙技术，不再需要传统工艺的坡面平整和碾压设备、沥青喷涂设备和水泥砂浆施工机具等，简化了施工设备，加快了施工进度。挤压混凝土边墙施工速度一般可达40～60m/h，能在短时间内完成，且形成的坡面整齐又美观。

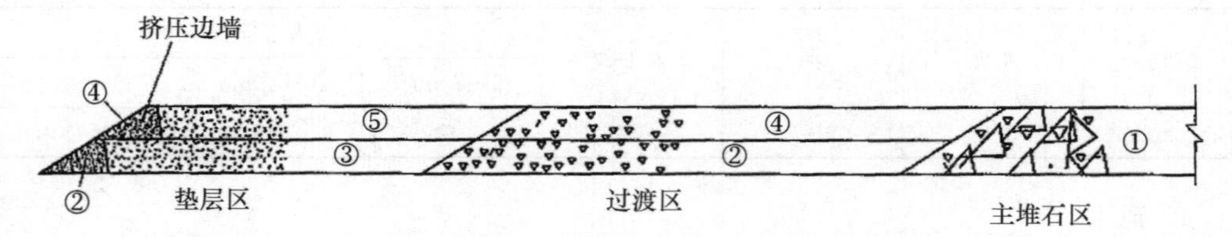

图3-25　挤压边墙与面板堆石坝主体摊铺程序

①②③④⑤—填筑摊铺顺序

上、下层边墙连接可视为铰接方式，这使其适应垫层区的沉降变形，下部不易形成空腔，避免对面板造成不利影响。同时，将传统工艺中对垫层料的斜坡碾压优化为垂直碾压，使密实度得到保证，蓄水后大大减少了上游坡的变形现象。

3.7.2　施工设备

挤压边墙混凝土施工设备为混凝土挤压边墙机，现阶段主要有BJYDP40挤压机。混凝土拌和采用强制式拌和楼，为方便混凝土卸料入仓，混凝土运输宜采用8m³以上搅拌车。

在进行挤压机安装和移位时需要8t以上汽车吊或3m³以上装载机配合。

3.7.3　配合比设计

挤压式边墙混凝土配合比的设计要考虑两方面因素：一是挤压机挤压力的大小，即挤压出的混凝土密实度能满足渗透要求，一般坍落度在0～1之间，挤压力大的按小值控制；二是挤压混凝土的强度和弹性模量能满足设计要求，其弹性模量要低，能适应垫层料的变形，且能承受一定的荷载和冲击。具体要求如下：

（1）工作性：干硬性混凝土，混凝土骨料粒径不大于20mm（按一级配干硬性混凝土设计）时，坍落度为0～1。

（2）低弹性模量要求：弹性模量指标宜控制在5000MPa以下。

（3）低强度和早强要求：28d抗压强度为3～8MPa，2～4h抗压强度应以满足挤压成型，边墙在垫层料振动碾压时不出现坍塌为原则。

（4）高密度性要求：密度宜控制在2.1～2.3g/cm^3，尽可能接近垫层料的压实度。

（5）半透水性要求：渗透系数宜控制在10^{-4}～10^{-3}cm/s，尽可能接近垫层料的渗透系数。

根据以上原则，挤压边墙的混凝土水泥用量一般为70～100kg/m^3，砂率为30%左右，粗骨料为1280～1380kg/m^3，有的工程直接采用特殊垫层料（2B料）来代替砂子和小石，速凝剂的掺量一般为水泥用量的3%～5%。部分混凝土面板堆石坝工程挤压边墙混凝土配合比见表3-28。

表3-28　部分混凝土面板堆石坝工程挤压边墙混凝土配合比

工程名称	混凝土各种材料用量（kg/m^3）						试验成果指标			
	水泥	水	砂	石子	减水剂	速凝剂	28d抗压强度（MPa）	弹性模量（MPa）	渗透系数（cm/s）	干密度（kg/m^3）
伊塔	75	125	1173	1173	—	—	—	—	—	—
公伯峡	85	119	584	1362	—	2.89	2.5	8624	2.02×10^{-2}	2.12
龙首二级	85	91.2	566	1384	—	3.40	1.95	6626	5.35×10^{-3}	—
芭蕉河	70	102	587	1371	—	1.47	4.0	—	3.84×10^{-3}	—
水布垭	70	91	2B料2144		0.56	2.8	4.35	2120	7.71×10^{-3}	2.13
那兰	70	94.5	2B料2115		—	2.8	3.6	2716	3.4×10^{-3}	—
寺坪	90	117	2B料2160		—	4.05	3.9	5900	4.34×10^{-3}	2.04

3.7.4　施工

3.7.4.1　平整场地

混凝土挤压边墙一般是从趾板顶部高程开始上升，整体施工前应采用垫层料将趾板头部的下游三角槽填平。在每一层混凝土边墙挤压前及垫层料填筑之后，必须对施工场地进行检查、修补和人工整理，保证3m范围内平整度不超过±2cm，以满足边墙挤压的施工要求。

3.7.4.2　测量放线

严格按设计要求，控制混凝土边墙的位置，对垫层料高度进行复核后，取其平均值，确定挤压边墙的边线，并根据下部已成型边墙顶边线作适当的调整，使上下两层间错台最小，以减小对混凝土面板的约束力，坝体上游面水平方向偏差控制在±2cm以内。根据调整后的边线向下游挂线确定挤压机定位线。

3.7.4.3　挤压机就位

每层混凝土边墙挤压施工完毕，进行下一层次的混凝土边墙挤压作业时，采用人工推移或直接吊运方式将挤压机运至施工地点。其内侧紧贴定位线绳，然后调整前后4个螺栓，对其进行垂直方向和平行机身方向的水平调节，保证挤压机处于上口料斗水平。挤压机边墙出口高度达到设计要求。

为避免混凝土边墙挤压成型后其坡脚出现松动现象，应将挤压机外坡刀片贴近前一层边墙坡顶。挤压边墙表面的平整度很大程度上取决于边墙挤压机的行走是否为直线。为此，在挤压机靠扶手侧的侧板上设置定位针或定位线，保证挤压机行走时标示线始终与定位线一致，以控制挤压机直线行走。

3.7.4.4 挤压施工

工艺流程为：强制式拌和楼拌制混凝土→搅拌车运至现场→搅拌车给边墙挤压机供料→挤压机挤压混凝土→直线度和平整度等项目检测→ⅡA（垫层）料回填→ⅡA（垫层）料碾压和场地平整。重复以上工序（见图 3-26）。

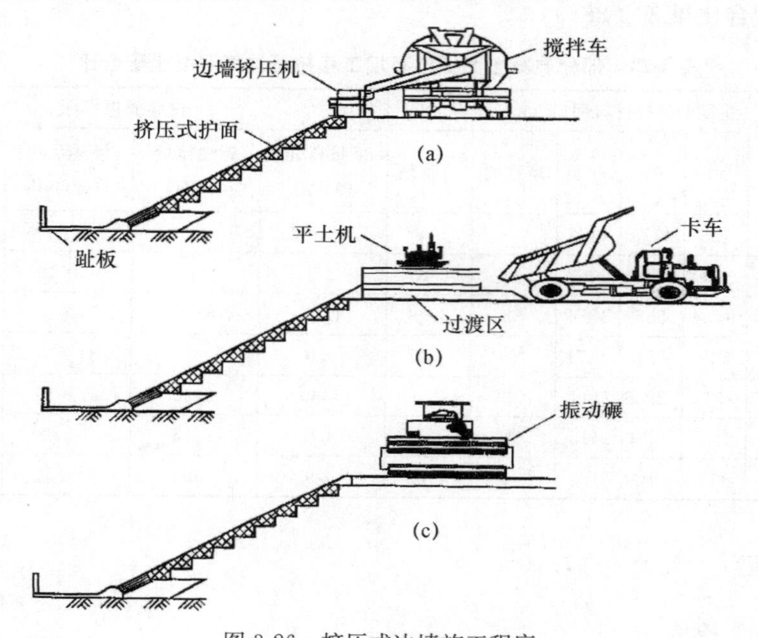

图 3-26 挤压式边墙施工程序

(a) 阶段 1 段边墙施工；(b) 阶段 2 垫层料摊铺；(c) 阶段 3 垫层料碾压

1. 混凝土拌和运输

根据现场试验成果和实际施工条件，挤压边墙混凝土在拌和楼拌和时除速凝剂外其他材料均应按配合比一次性配料拌好。一般采用搅拌车运至施工现场，并可直接向挤压机料仓卸料。速凝剂由挤压机的外加剂罐向进料口添加，边搅拌边添加。

2. 挤压施工

准备工作就绪后，启动边墙挤压机，待机器运转正常，开始混凝土边墙挤压作业施工，挤压时由专人控制挤压机行走方向，挤压机水平行走精度控制在±5cm，行走速度与搅拌车运行速度和方向保持一致，搅拌车应均匀送料至挤压机料斗，且出料速度适中，使挤压机的挤压速度控制在 50m/h。由于混凝土坍落度为 0，搅拌车卸料初可能产生骨料分离。因此，搅拌车刚卸料时应剔除部分粗骨料，待卸料均匀后，再卸入挤压机受料斗内。成型后的挤压边墙须立即进行修整，一般采用 50cm 长木抹子轻拍表面收光，并可适当洒水，保证边墙表面的平整度和美观。

3. 端头处理与施工

在混凝土挤压边墙与两侧岸坡趾板接头处的起始端和终止端采用人工立模浇筑边墙，其使用的混凝土材料与边墙混凝土相同，采用钢模板将其封闭并固定。混凝土面板施工前，将边墙与趾板交接处的混凝土破碎清除，清除的宽度应满足沥青砂浆垫块的尺寸，以减少边墙混凝土对趾板与面板的约束。

4. 垫层料填筑碾压

挤压边墙混凝土施工完毕4～5h后进行垫层料的填筑碾压，靠近边墙区域的垫层料采用小型振动碾，距边墙15～20cm外区域采用18t左右振动碾，垫层料的填筑按要求进行碾压。

5. 边墙层间结合和缺陷处理

混凝土边墙挤压完毕和垫层料填筑碾压后，若边墙的接坡间出现明显的台阶、边墙坍塌、平整度超标、位置及外形尺寸误差过大、成型混凝土缺陷等，应立即采用同种混凝土进行人工修补处理，以保证上、下层间结合平顺，外表美观。

3.8　模袋混凝土

3.8.1　概述

模袋混凝土是通过高压泵把混凝土或水泥砂浆灌入模袋中，控制灌注成形的厚度，凝固后形成具有一定强度的板块状或其他形状的结构。与构筑围堰、排水等其他水下施工方法相比，模袋混凝土只需在水中依据工程需要采用高压泵将混凝土注入固定好的模袋中即可，施工过程更加简单。由于模袋混凝土施工速度快、整体性强，并缩短了施工周期，降低了施工成本，在技术和经济上表现出很大的优越性。

模袋混凝土施工具有下列优点。

(1) 模袋为柔性材料，可按工程需求制成不同的规格形式，能够适应各种复杂环境，尤其是深水护岸、护底等工程，可直接水下施工，不需断流和修筑围堰。

(2) 土工模袋具有反滤作用，灌入混凝土或水泥砂浆后，多余水分通过织物孔隙渗出，降低了水灰比，提高了混凝土的强度。

(3) 模袋混凝土施工采用一次压灌成型，机械化程度高，施工简便快速。

(4) 模袋混凝土结构简单，成形规则，具有很好的自承能力。用于边坡防护时，整体性强，稳定性好，使用寿命长。

3.8.2　施工条件

模袋混凝土作为一种新型建筑材料所形成的工艺，可广泛应用于江、河、湖、堤坝护坡、护岸、港湾、码头等防护工程。可在水下直接灌注，在水中充灌时允许水流速度一般小于1.5m/s。由于模袋有很好的柔软性及防护性，在潮汐、风浪冲击下，对未达到设计强度的充填混凝土，起到挡水和护面作用。

用于护坡时最大坡比为1∶1，较佳的坡度为1∶1.5。

3.8.3 模袋及配合比设计

3.8.3.1 模袋

土工模袋是利用一种双层聚合化纤合成材料制作而成的袋状产品，宜采用锦纶、涤纶或丙纶制作，其技术性能指标应符合《土工合成材料 长丝机织土工布》(GB/T 17640—2008）的要求。模袋布不允许有重缺陷，如破损等，对个别轻缺陷点应用粘合胶修补好；模袋上、下层的扣带间距应经现场试验确定，一般采用 20cm×20cm 为宜；模袋上、下二层边框的缝制应采用四层叠制法，缝制宽度不应小于 5cm，针脚间距不大于 0.8cm。模袋布的表面缺陷、规格尺寸和缝制质量宜在工厂进行检查验收；模袋进场后应逐批检查出厂合格证和试验报告；模袋布的主要技术性能指标，应按设计要求进行抽查复验，每批抽检 1 块。

模袋基本型式根据填充材料的不同，可分为砂浆型和混凝型；根据模袋护坡作用和结构的不同，砂浆型模袋可分为反滤排水点——EP 型、无反滤排水点——NF 型、铰链块型——RB 型和框格型——NB 型，混凝土模袋通常为无排水点——CX 型。它根据使用部位和功能的不同，分为矩形模袋、铰链模袋、起圈模袋、植草模袋、复合型模袋等。其中矩形模袋应用广泛、主要用于水库、引水渠、河道、蓄水池等护岸、护坡、护底等工程。铰链模袋混凝土在保护体淘刷或基础下沉后能自由向下沉降位移，适用于河床和坡脚、河流转拐弯处。模袋混凝土参考型号见表 3-29。

表 3-29 模袋混凝土参考型号

型号	材质	质量（g/m²）	充灌材料	成型厚度均值（mm）
TYC 矩形	锦纶、锦丙、全丙纶	>500	混凝土	120～700
TYC 铰链型		>650	混凝土	250～400
TYC 梅花型		>550	砂浆	80～200
幅宽	宽 8～20m，缝制单元幅宽大于 2m 或大于 4m			

织造土工织物强度 T 视护坡平均厚度及一次充填高度大小而定。厚度及一次充填高度越大，模袋所承受的压力越大，要求织造土工织物的抗拉强度越高，其值可按式（3-21)估算：

$$T=\beta\gamma_c h_1 h_2 \tag{3-21}$$

式中 β——混凝土或砂浆的侧压力系数，0.8；

γ_c——混凝土或砂浆的容重，kN/m³；

h_1——护坡的最大厚度，m，取平均厚度的 1.5 倍；

h_2——1h 内护坡充填高度，m，应控制在 4～5m 之间。

3.8.3.2 配合比设计

模袋混凝土护坡一般采用泵送方法施工，要求所用混凝土或水泥砂浆除具有可泵性外，还要具有适宜的流动性，使之在模袋内能顺利流淌扩散，充满整个模袋，不发生分离。因此，对其材料的配合比和外加剂的应用比一般泵送混凝土要求更高。模袋混凝土粗骨料最大粒径取决于模袋充灌后的拉筋带长度。一般模袋起圈厚度 12～30cm

时，骨料最大粒径在 10～15mm；起圈厚度 30～70cm 时，骨料最大粒径小于 25mm。粗骨料应优先选用卵石，当选用碎石时，应严格控制颗粒形状及针片状含量。砂子宜选用中细河砂。水泥多为等级为 42.5 的普通硅酸盐水泥。掺料为粉煤灰，掺量最高可达 30%。混凝土中宜加入缓凝型减水剂。配合比根据混凝土标号、原材料特性及混凝土和易性等要求，通过试验决定。

3.8.4　施工

1. 基础处理

模袋铺设前应按设计要求对基础进行挖填整平，保证基础平顺，无明显凹凸、尖角等且无杂物，填方部位要夯（压）实。水下基础找平层要大体平顺，保证不平整度小于 15cm，必要时可利用潜水员辅助水下处理、检查。

2. 模袋定制及混凝土试配

根据设计要求选择模袋型式，确定其大小、厚度及形状，经试验修正后，定制铺设单元及数量；配合比设计要求同“泵送混凝土”，并结合施工环境掺加合适的外加剂，经试验修正后确定配合比。

3. 模袋铺设

模袋铺设前，要按施工编号进行详细检查，看有无孔洞、缺经、缺纬、跳花等缺陷。检查完毕后，模袋铺平、卷紧、扎牢，按编号顺序运至铺设现场。打开袋包，按编号顺序铺设在坡面上，检查搭接布、充灌袖口和穿管布等是否缝制有误，是否破坏。如果正常，则进行相邻模袋布的缝接，穿钢管于模袋穿管孔中。如果发现异常，要尽快解决。

铺设模袋时必须预留横向（顺水流方向）收缩量，一般来讲，起圈厚度在 15～25cm 时，横向收缩量控制在 20cm 左右。

对于护坡模袋，为了防止模袋顺坡下滑，在坡顶模袋上缘封顶混凝土沟槽以外适当设置定位桩。定位桩的间距视坡长、坡度、模袋厚度等条件而定。通常是在模袋布的小单元分界面打设一个定位桩，用尼龙绳在一端将穿入模袋穿管孔中的钢管系牢；另一端通过拉紧装置与定位桩相连。每根桩上配拉紧绞杠，用以调整模袋上、下位置并固定模袋。

风浪较大的施工现场，可用砂袋分散压住铺好的模袋，防止风浪使模袋变位。

4. 混凝土充灌

混凝土用常规搅拌机生产，模袋混凝土的充灌宜用泵送方法，混凝土拌和物的坍落度不宜小于 200mm；为了保证混凝土进入模袋时的坍落度值，在高温季节施工时，当管道长时（不宜超过 50m），应预先以水润湿管道，对模袋同样应预先润湿。充灌模袋的速度不宜过快，压力不宜过大，一般利用低流量灌注。速度宜控制在 10～15m^3/h，管道口压力控制在 0.2～0.3MPa。

模袋自下而上从两侧向中间进行充灌，充灌饱满后，暂停 10min，待模袋填料中水分、空气析出后，再稍充些填料，这样就能充填饱满，而且使充灌后的混凝土强度高于同标号的常规方法浇筑的混凝土。

在灌注混凝土的过程中，一个小单元模袋应尽量 1 次连续充灌完成；充灌地点设专人指挥，与混凝土的操作者时刻保持密切联系。充灌地点配备适当数量的人员观察灌注情况，对灌注困难的部位可采取踩踏的方法使其充满，水下施工需潜水员配合充灌口的连接及浇灌过程中的水下辅助作业。

充满结束后应及时做好封口处理；用绳将充灌袖口系紧，防止混凝土外溢，待混凝土稍微凝固后，用人工将袖口混凝土掏出，将袖口布塞入布袋内，用水将模袋表面冲洗干净；对施工中难以避免的脚印尽量消除，然后进行保护，防止人畜踩踏或其他物品撞、压。模袋混凝土在充灌过程中出现的不饱满情况可注入浓浆进行修补。

5. 清场及养护

一个施工单元完成后，把混凝土输送管道等器具运至下一个单元，把本单元的场地清理干净。模袋混凝土终凝后，用草袋覆盖洒水养护，养护时间按照设计要求确定。采用钻岩芯法检验混凝土质量，有条件时宜采用水下录像检查成果。

本章参考文献

[1] 袁光裕、胡志根．水利工程施工［M］．6版．北京：中国水利水电出版社，2016.

[2] 苗兴皓、高峰．水利工程施工技术［M］．北京：中国环境出版社，2017.

[3] 陶家俊．城市水利工程施工技术［M］．合肥：合肥工业大学出版社，2013.

[4] 马振宇、贾丽炯．水利工程施工［M］．北京：北京理工大学出版社，2014.

[5] 张海文、刘春鸣．水利工程施工技术［M］．北京：中国水利水电出版社，2014.

[6] 李继业．新型混凝土技术与施工工艺［M］．北京：中国建材工业出版社，2002.

[7] 曾正宾．水工混凝土材料新技术［M］．北京：中国水利水电出版社，2018.

[8] 田育功．大坝与水工混凝土新技术［M］．北京：中国水利水电出版社，2018.

[9] 黄巍，等．碾压混凝土施工［M］．北京：中国水利水电出版社，2017.

[10] 吕芝林，等．特种混凝土施工［M］．北京：中国水利水电出版社，2016.

[11] 水利电力部水利水电建设总局．水利水电工程施工组织设计手册（第三卷）［M］．北京：中国水利水电出版社，1997.

[12] 李林，刘鲁强，陈建国，等．水工建筑物新材料及高效施工技术［M］．北京：中国水利水电出版社，2019.

[13] 水利水电工程施工实用手册编委会．混凝土工程施工［M］．北京：中国环境出版社，2017.

[14] 水利水电工程施工实用手册编委会．模板工程施工［M］．北京：中国环境出版社，2017.

[15] 水利水电工程施工手册编委会．混凝土工程［M］．北京：中国电力出版社，2002.

[16] 刘振飞．水利水电工程设计与施工新技术全书（第二卷）［M］．北京：海潮出版社，2001.

[17] 胡竟贤，纪建林．自密实混凝土性能及其在三峡三期工程中的应用［J］．西北水电，2005（4）．

[18] 李罕赫，张智操，谢昆壳．模袋混凝土在泥河水库护坡工程中的应用［J］．水利科技与经济，2010.6（6）：16.

[19] 曹林．长江九江河段深水模袋护岸技术的应用与研究［J］．水利水电技术，2007，10.

[20] 刘攀，唐芬芬．干贫混凝土在洪家渡面板堆石坝填筑中的应用［J］．人民长江，2004.7（35）．

[21] 龚前良．干贫混凝土在宜兴抽水蓄能电站的应用［J］．南水北调与水利科技，2008，（6）：2.

[22] 王亚文，廖光荣，周俊芳．面板堆石坝挤压混凝土边墙技术在水布垭面板坝中的应用［J］．水力发电，2004，（6）．

[23] SL 49—2015 混凝土面板堆石坝施工规范［S］．

[24] SL 228—2013 混凝土面板堆石坝设计规范［S］．

[25] SL 251—2015 水利水电工程天然建筑材料勘察规程［S］.
[26] SL 314—2018 碾压混凝土坝设计规范［S］.
[27] SL 677—2014 水工混凝土施工规范［S］.
[28] SL 678—2014 胶结颗粒料筑坝技术导则［S］.
[29] SL 757—2014 水工混凝土施工组织设计规范［S］.
[30] SL 744—2016 水工建筑物荷载设计规范［S］.
[31] DL/T 5016—2011 混凝土面板堆石坝设计规范［S］.
[32] DL/T 5110—2013 水电水利工程模板施工规范［S］.
[33] DL/T 5112—2009 水工碾压混凝土施工规范［S］.
[34] DL/T 5144—2015 水工混凝土施工规范［S］.
[35] DL/T 5309—2013 水电水利工程水下混凝土施工规范［S］.
[36] DL/T 5330—2015 水工混凝土配合比设计规程［S］.
[37] DL/T 5720—2015 水工自密实混凝土技术规程［S］.
[38] DL/T 5306—2013 水电水利工程清水混凝土施工规范［S］.
[39] GB 50010—2010 混凝土结构设计规程（2015年版）［S］.
[40] GB 50496—2009 大体积混凝土施工规范［S］.
[41] JGJ/T 283—2012 自密实混凝土应用技术规程［S］.
[42] CECS207：2006 高性能混凝土应用技术规程［S］.

第 4 章　生态护坡技术

4.1　铺草皮护坡

4.1.1　概述

铺草皮是常用的一种护坡绿化技术，是将已培育且生长优良的草坪，用平板铲或起草皮机铲起，运至需绿化的坡面，按照一定的大小、规格重新铺植，使坡面迅速形成草坪的护坡绿化技术。

铺草皮是一种植被快速恢复方法，移植完毕后就可以在坡面形成植被覆盖，基本不受时间和季节限制，只要给予适当的管理，在一年之中的任何植物生长季节都可以移植。

草皮根据移植方式分为草皮块和地毯式草皮卷（见图 4-1、4-2）。

图 4-1　普通草皮块

图 4-2　地毯式草皮卷

4.1.2　技术特点

同直接撒播草种护坡相比，铺草皮护坡具有以下特点：

（1）成坪时间短

草种从播种到成坪所需的时间较长，一般需要 1～2 个月。采用平铺草皮方法，可实现“瞬时成坪”，因此，对于急需绿化或植物防护的边坡，采用铺草皮是首选方法。

（2）护坡功能见效快

植物的防护作用主要通过它的地表植被覆盖和地下根系的力学加筋来实现，草坪在未成坪前对边坡基本起不到防护作用。铺草皮由于可即时实现草坪覆盖，因此，依靠其地表覆盖，在一定程度上可减弱雨水的溅蚀及坡面径流，降低水土流失，迅速发挥护坡功能。

（3）施工季节限制少

植物发芽都需要适宜的温度条件。冷季型草种的适宜播种季节是早春和夏末秋初，最适宜的气温为 15～25℃；暖季型草种最适宜的播种季节是春末秋初，适宜的气温为 20～25℃。在适宜季节外施工，草种的发芽率、生长都受到影响。平铺草皮则不存在此限制，一般除寒冷的冬季外，其他时间都可施工。

（4）前期管理难度高

新铺的草皮，容易遭受各种灾害，如病虫害、缺水、缺肥等，因此，在新铺草皮养护期间，必须加强管理。

4.1.3　草皮生产技术

1. 普通草皮生产

一般选择在交通方便、便于运输、土壤肥沃、灌溉条件充足的苗圃地或农耕地作为普通的草皮生产基地。

经过翻耕、平整、播种等作业和播后的洒水、施肥、病虫害防治等管理，一般在 45～55d 就可成坪出圃。普通草皮出圃多采用平板铲，也可用起草皮机。

普通草皮生产由于播种的草种、播种作业和管理等的一致性，便于规模较大的生产作业，形成草皮生产基地。它的不足之处是需要占用较好的田地，起草皮需要带走一定厚度的表土等。

2. 地毯式草皮生产技术

地毯式草皮生产，是以草种或其根茎，均匀撒播在采用无纺布、塑料薄膜、聚丙烯编织片及其他材料作垫层的种植床上，经过培育形成草皮卷出圃。与普通草皮生产相比，地毯式草皮生产具有以下特点：

（1）对场地条件要求不严格，只要阳光充足，有水源供应即可；

（2）投产容易，生产期较短，出圃快，在育苗期由于根系向地生长受阻，只能横向生长，迅速互相交织成网，形成根团，有利于成卷出圃；

（3）草块使用率高，而且起苗、运输、铺装方便；

（4）施工不受季节限制，甚至在草苗生长抑制期仍可施工，由于地毯式草皮的根系保持完整，容易使草坪恢复生机。

地毯式草皮生产工艺如下：

（1）草种的选择

要选择适应当地气候条件的草坪草种，同时要注意种子的含水率、净度和发芽率等种子的质量条件。若采用根、茎直播，播种前，首先采集具有 2～3 节间的健壮的匍匐枝和根茎。

（2）垫层材料

生产地毯式草皮，首先要正确选用垫层材料。垫层材料包括无纺布、塑料薄膜、聚丙烯编织片、尼龙网、纱布、旧报纸、炉渣、沙、珍珠岩、锯末、稻壳等。无论何种材料，应具有成本低、渗透性好、空隙多等特点。比较理想的垫层材料有无纺土工布、聚丙烯编织片等。

(3) 营养上的配制

在垫层上培育草皮须使用一定厚度的营养土，用来固定草根、匍匐茎，并提供给草皮生长所需的养分、水分。配制营养土的原则如下：

① 因地制宜，就地取材；

② 保水、保肥，具有良好的渗透性、通气性；

③ 土壤肥力较高，质量轻。

(4) 坪床加工

首先，将计划培育地毯草皮的地块翻耕、耙细、平整，再用无纺布或已打好孔的聚氯乙烯地膜、聚丙烯编织片等垫层材料铺在平整的床面上，其后上铺营养土，以备播种。

营养土厚度为2.0～2.5cm，营养土应均匀覆盖，用木耙平耙搂平播种。为防止虫害，应进行土壤处理，强施用敌百虫、呋喃丹等制成毒土撒入床面。

(5) 播种

播种前须进行种子消毒灭菌，特别是灭除真菌性病害，可采用多菌灵或百菌清等。可用50%多菌灵可湿性粉剂，0.5%溶液，或70%百菌清可湿性粉剂，0.3%溶液，浸泡种子24h后捞出，沥水后播种。

播种方法及播种量：可采用单一品种或多品种混播，一般采用人工播种或小型播种机播种。播种量根据草种的千粒重、纯净度、发芽率等确定，用量过多，出苗后密度高，通风透气差，易受病害；用量过少，形成草皮的密度低，质量降低，不能全覆盖。一般草地早熟禾用量为15～18g/m^2，高羊茅为25～30g/m^2。播种后需覆土5～10mm。若用根、茎直播，播种前，首先采集具有2～3节间的健壮匍匐枝和根茎，放在荫凉处备用并洒水防止干枯，按500～700g/m^{2}的用量，将草茎均匀地撒在垫层材料上，并及时覆盖2.0cm厚的营养土。覆盖营养土时防止将草茎全部埋于土下，要有1/3左右的草茎露出营养土。覆土后用木板轻拍压实，增加草与营养土的接触面。

为减少侵蚀并为幼苗生长发育提供一个较湿润的生境，减少地面板结，对床面用稻草、草帘、秸秆等材料覆盖。

(6) 养护管理

① 洒水。播后洒水是培育地毯式草皮的关键措施之一。因营养土和土壤之间有垫层间隔，地下水的补给能力差，需要洒水，保持床面湿度。宜用喷灌强度较小的喷灌系统，以雾状喷灌为宜。前期洒水应多次少量。随着新草坪草的发育，草苗在三叶期以后，洒水的次数逐渐减少，但每次的洒水量则增大。

② 适量揭除覆盖物。当草苗基本出齐后，应及时揭去覆盖物，为防止烈日将幼苗晒枯，应在阴天或在傍晚揭除覆盖物。

③ 追肥。草坪草出苗后20～25d左右，根据植株发育情况、叶色表现，因地制宜补施氮肥和氮磷复合肥。一般生长前期以追施氮肥为主，生长中期以氮磷复合肥为主，少量多次。

④ 防除杂草。杂草的生长将抑制草坪植株的生长，影响草坪的成坪速度。应在早期采用人工拔除与化学防除相结合的方法防除杂草。

⑤ 修剪。适时修剪不仅能使草坪整齐、美观，而且能促进草坪植物的新陈代谢，改善密度和通气性，减少病虫害的发生，还可以有效抑制生长点较高的阔叶杂草。

⑥ 防治病虫害。首先应利用各种措施改变草坪的生态环境条件，控制病原物的存活、繁殖、传播。当草苗发生病害时，应根据病害类型及时用药治疗。

4.1.4　设备与材料

1. 主要设备

平铺草皮护坡并不需要专用设备，通常情况下使用锹、镐、锤等各种常规工具即可进行。

2. 主要材料

平铺草皮使用的主要材料有普通草皮块或地毯式草皮卷、固定草皮块或草皮卷用的尖桩（竹签、木棍、锚钉、锚杆等）、过筛土壤、肥料、土壤改良剂等。

4.1.5　适用条件及施工工艺

4.1.5.1　适用条件

根据铺草皮护坡在国内不同地区、不同类型边坡的应用经验，初步确定其适用约束条件，包括以下几个方面：

1. 应用地区

各地区均可应用，但在干旱、半干旱地区应保证养护用水的持续供给。

2. 边坡状况

类型：主要适用于各类土质边坡，对于采取土壤重建措施后的岩质土边坡和岩质边坡也可应用。

坡度：一般缓于 1∶1.0，局部可不陡于 1∶0.75。

坡高：一般不超过 10m。

稳定性：稳定边坡。

3. 施工季节

春季、夏季和秋季均可施工，适宜施工季节为春秋两季。

4.1.5.2　施工工艺

1. 工艺流程

施工准备→平整坡面→准备草皮→铺草皮→前期养护。

2. 施工方法

（1）平整坡面

清除坡面所有石块及其他一切杂物，翻耕 20～30cm，若土质不良，则需改良，增施有机肥，耙平坡面，形成草皮生长床，铺草皮前应轻震 1～2 次坡面，将松软土层压实，并洒水润湿坡面，理想的铺草皮土壤应湿润而不是潮湿。

（2）准备草皮

在草皮生产基地起草皮。起草皮前一天需浇水，一方面有利于起草皮作业，同时也保证草皮中有足够的水分，不易破损，并防止在运输过程中失水。草皮切成长宽为

30cm×30cm 大小的方块，或宽 30cm、长 2.0m 的长条形，草皮块厚度为 2～3cm。为保证土壤和草皮不破损，起出的草皮块放在用 30cm×30cm 的胶合板制成的托板上，装车运至施工场地；长条形的草皮可卷成地毯卷，装车运输。

有条件的地方，可采用起草皮机进行起草皮，草皮块的质量将会大大提高，不仅速度快，而且所起草皮的厚度均一，容易铺装。

草皮卷和草块的质量要求：覆盖度 95%以上，草色纯正，根系密接，草块或草皮卷周边平直、整齐，以草叶挺拔鲜绿为标准。

(3) 铺草皮

铺草皮时，把运来的草皮块顺次平铺于坡面上，草皮块与块之间应保留 5mm 的间隙，不能重叠，以防止草皮块在运输途中失水干缩，遇水浸泡后出现边缘膨胀；块与块间的间隙填入细土。铺草皮时应尽量避免过分地伸展和撕裂。若是随起随铺的草皮块，则可紧密相接。

铺好的草皮在每块草皮的四角用尖桩固定，尖桩为木质或竹质，长 20～30cm，粗 1～2cm。钉尖桩时，应使尖桩与坡面垂直，尖桩露出草皮表面不超过 2cm，如图 4-3 和图 4-4 所示。每铺完一批草皮，要用木锤把草皮全面拍一遍，以使草皮与坡面密贴。在坡顶及坡边缘铺草皮时，草皮应嵌入坡面内，与坡缘衔接处应平顺，以防止水流沿草皮与坡面间隙渗入，使草皮下滑。草皮应铺过坡顶肩部 100cm，坡脚应采用砂浆抹面等进行处理。

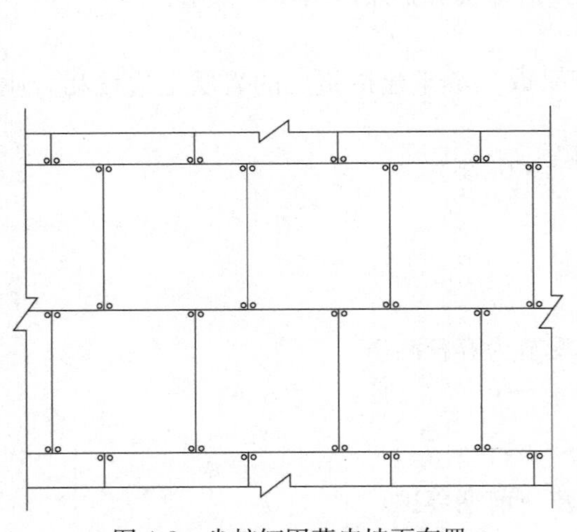

图 4-3　尖桩钉固草皮坡面布置

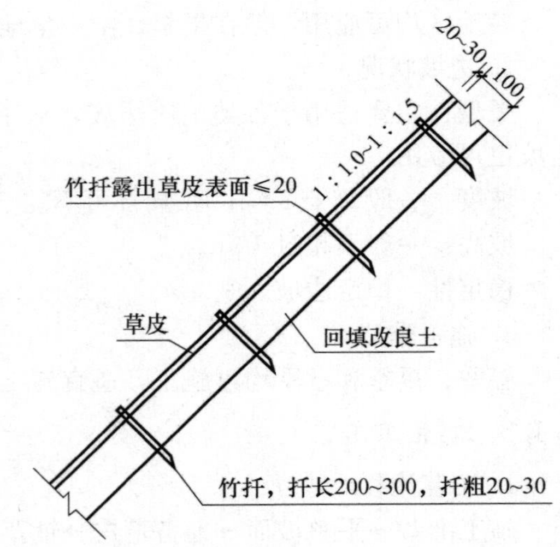

图 4-4　坡面铺草皮护坡横断面（单位：mm）

为节省草皮，可采用间铺法和条铺法。

① 间铺法：草皮块可切成正方形或长方形，铺装时按照一定的间距排列，如棋盘式、铺块式等。此种方法铺草皮时，要在平整好的坡面上，按照草皮的形状和厚度，在计划铺草皮的地方挖去土壤，然后镶入草皮，必须使草皮块铺下后与四周土面相平。经过一段时期后，草坪匍匐茎向四周蔓延直至完全接合，覆盖坡面。

② 条铺法：将草皮切成 6～12cm 宽的长条，两根草皮条平等铺装，其间距为 20～

30cm，铺装时在平整好的坡面上，按草皮的宽度和厚度，在计划平铺草皮的地方挖去土壤，然后将草皮嵌入，保持与四周土面相平。经过一段时间后，草皮即可覆盖坡面。

草皮卷和草皮块的运输、堆放时间不能过长，未能及时移植的草皮要存放在遮阴处，注意洒水保持草皮湿度。

（4）前期养护

① 洒水：草皮从铺装到适应坡面环境健壮生长期间都需及时洒水，且每天均需洒水，每次的洒水量以保持土壤湿润为原则，每日洒水次数视土壤湿度而定，直至出苗成坪。

② 病虫害防治：当草苗发生病害时，应及时使用杀菌剂防治病害。使用时，应掌握控制适宜的喷洒浓度。为防止抗药菌丝的产生，使用杀菌剂时，可以用几种效果相似的杀菌剂交替或复合使用。对于常发生的虫害如地老虎、蝼蛄、蛴螬、草地螟虫、黏虫等，可采用生物防治和药物防治相结合的综合防治方法。

③ 追肥：为了保证草苗能茁壮生长，在有条件的情况下，可根据草皮生长需要及时追肥。

4.2　液力喷播植草护坡

4.2.1　概述

液力喷播技术是 20 世纪 50 年代在美国基础设施建设大发展时期被开发出来的，随后传入欧洲和日本，并得到了进一步的提高和发展。我国在 90 年代初从瑞士、美国、日本、澳大利亚等国引进液力喷播技术。目前，液力喷播技术已广泛应用于城市绿地建设，公路、铁路边坡植物防护等工程。

液力喷播技术是将草种、木纤维、保水剂、肥料、染色剂等与水的混合物通过专用喷播机喷射到预定区域建植成坪的高效绿化技术。由于其喷出的混合浆液具有很强的附着力和明显的区分色，可不遗漏、不重复地将种子喷射到目的位置，在边坡坡面形成一种均匀的毯状覆盖层。覆盖层依靠纤维的交织性和溶液的黏性相互连接并与土壤紧密结合，使植物种子紧紧粘附于坡面上，保水剂和其他营养元素能不断地为种子发芽提供所必须的水分和养分（见图 4-5）。

液力喷播技术是集工程力学、生物学、土壤学、高分子化学、园艺学、生态学等学科于一体的综合环境治理技术，其核心是通过各种物质的科学配置，在治理坡面上营造一个既能让植物生长发育，又不被冲刷的多孔稳定结构（种植基质），大大改进了草坪建植方法，使播种、覆盖等多种工序一次完成，提高了草坪建植的速度和质量，同时，又能避免人工播种受大风等影响作业的情况，克服不利的自然条件的影响，满足不同自然条件下草坪建植的需求。它的出现标志着

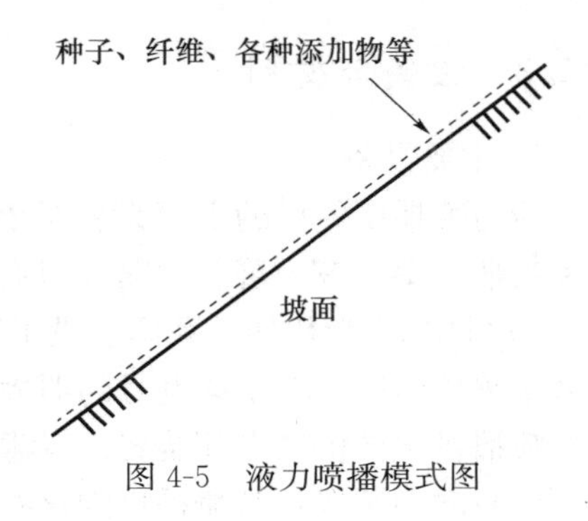

图 4-5　液力喷播模式图

工程绿化和植被护坡工程从人工建植时代开始走向机械建植时代，并为客土喷播、厚层基质喷播、连续纤维加筋土喷射等难度更高的机械建植技术的产生奠定了理论基础和技术基础。

4.2.2 技术特点

液力喷播植草是一种高速度、高质量和现代化的绿化技术，可在坡面形成比较稳定的坪床面，营造良好的生长条件，保证草种正常发芽。该技术具有以下特点：

（1）机械化程度高

液力喷播施工机械化程度很高，采用专用设备，且自重较大，一般需要车载移动，对行车条件和作业规模有一定要求。对于偏僻的零星边坡施工，液力喷播难显其优势。

（2）技术含量高

液力喷播植草专业化程度高、技术含量高。针对不同的土质坡面，需要专业人员配制合理的添加剂组分配方，来补充土壤所需的各种养分，达到均匀改良土壤表层理化状况的目的。并且，液力喷播植草解决了传统人工播种方法所遇到的技术难题，如草籽受风力影响漂移，陡坡播种困难、种子易受降雨冲刷流失等问题，实现了草种混播、着色、施肥、播种、覆盖等多种工序一次完成，在最大风力 5 级的情况下，也不影响喷播的效果。

（3）施工效率高，成本低

液力喷播在混合搅拌和输送喷射两个环节上能大幅度提高工作效率、降低劳动强度，这是决定喷播技术实施效果和效益的关键技术。液力喷播可大量减少施工人员和投入，如铺 10000m^2 草皮需要 77 个工作日，而液力喷播 1 台喷播机仅需 1～2d，且成本单价不高。因此，液力喷播植草是一项低投入、高产出的技术。

（4）成坪速度快，草坪覆盖度大

由于液力喷播植草使种子和肥料等均匀地搅拌在一起，种子和幼苗能够充分和有效地吸收养分、水分。因此，种子萌发和幼苗生长迅速，成坪速度快，草坪覆盖度大。与人工植草相比，在相同坡度条件下液力喷播植草的成坪时间缩短 20～30d，覆盖度提高 30%。

（5）草坪均匀度高，质量好

由于液力喷播的混合液搅拌均匀，喷播的速度也一致，因此，采用喷播建植的草坪均匀度很高。

4.2.3 设备与材料

1. 主要设备

液力喷播所使用的主要设备是液压喷播机，是一种专用设备，直接关系到喷播质量和喷播效率。较为著名的喷播机有 FINN、BOW. IE、TURBO、EASY LAWN 等品牌。20 世纪 90 年代初，我国引进了第一台喷播机。随着国外机械的不断引进，国内也有多家单位研制成功不同型号的喷播机械，并应用于生产。

喷播机主要由动力部装置、容罐、搅拌装置、水泵和喷枪等几部分组成。

（1）动力装置：是喷播机的核心部件。发动机一般采用柴油发动机或汽油发动机。发动机动力一方面带动马达，驱动罐内搅拌机进行机械搅拌，另一方面带动水泵，进行罐内循环，并在罐内物料混合均匀后送入喷枪，进行喷播作业。

（2）容罐：承装混合物料。罐体容量的大小决定额定释放时间和喷播面积。

（3）搅拌装置：为使物料能充分混合，采用桨叶式搅拌器进行机械搅拌。有的喷播机为使搅拌更充分，除采用桨叶式搅拌器外，在容罐内还设有污水泵，进行罐内循环，实现双重搅拌。

（4）水泵：将罐内混合的物料压出罐外。目前，国际上用于非均质混合浆液输送的有离心泵、蠕动泵、螺杆泵、柱塞泵等几种形式。离心泵在流量、体积、质量方面具有优势；柱塞泵在出口压力、垂直输送高程、浆液浓度方面具有优势；蠕动泵和螺杆泵技术性能介于两者之间，而蠕动泵在流量、体积等方面比螺杆泵具有优势。一般采用具有较宽泛的综合适应性的、有一定吸程和扬程的离心泵。

（5）喷枪：其作用是将容罐内的混合物料均匀地喷播到坡面上。喷枪的性能结构和制造质量直接影响喷播的质量。

2. 主要材料

喷播材料的性能好坏是影响喷播质量的关键因素。喷播材料在土壤表面形成的喷播层，是草种迅速萌芽、生长的重要保证。喷播材料需要满足以下 3 点要法度：首先，应具有良好的稳定性，能牢固地附着在边坡表面，有效防止因风吹和雨水冲刷而脱落；其次，应具有良好的吸水、保水和保肥的性能，使喷播时的水和肥料不易顺坡流失，当浇水或下雨时能再吸水，并能防止喷播层中的水分过快蒸发，使草种在生长初期始终处于湿润状态；第三，喷播材料应无毒害性，保证对草种、幼苗无害，对环境无污染。

（1）草种

草种的选择合理与否关系到喷播植草的成败。应根据气候区划进行草种选型，草种应具有优良的抗逆性，并采用两种以上的草种（含同种不同品种）进行混播。堤坝边坡喷播草种宜采用低茎蔓延的草类，不应采用茎高叶疏的草类。

（2）水

水作为主要溶剂，将各种材料进行溶合，是液力喷播物的载体。

水的使用量与和纤维用量直接相关，影响到喷播覆盖面积和喷播质量。在水量一定的条件下，随着纤维用量的逐步增加，覆盖面积也会加大，但是超过一定比率后，由于纤维用量增加，悬浊液的稠度也增高，喷播面积反而会逐步减小。因此，水和纤维是两个互相影响的重要因素，纤维量过多，不仅浪费材料，而且影响喷播效果；纤维量过少，虽然可以节省材料，但达不到应有的覆盖面积和绿化效果。

（3）木纤维

木纤维是指天然林木的剩余物经特殊处理后的成絮状的短纤维，这种纤维经水混合后成松散状、不结块，给种子发芽提供苗床的作用。水和纤维覆盖物的质量比一般为 30：1，纤维的使用量平均为 45～60kg/亩，坡地为 60～75kg/亩，根据地形情况可适当调整。

为提高木纤维间的交织性能，加工时纤维的长短和粗细比率应达到合适的纤维分离度，从而保证喷播层有良好的性能。为此，加工纤维时应搭配选用一定量的针叶树种原料。

选用造纸厂的纸浆作为木纤维的代用材料时，应注意可能有以下弊病：纸浆中可能含有对草种萌芽、生长有害的因素，如 pH 值过高；纸浆纤维过于短细，易造成喷播层交织性不好，并会产生板结现象；吸水、保水性能变差，在浇水和下雨时不易吸水，水分易蒸发，且在发干后产生“结壳”现象，会使草种萌芽、生长困难，甚至干死；另外，纸浆因含水率过高，给供应、包装、运输和施工带来诸多麻烦。

泥炭土是喷播可选的另一种材料，它也可以和木纤维按一定的配比混合使用，用于含有泥炭土的喷播层，较用纯木纤维具有更优良的附着和保水性能，它可在土壤层较薄且非常瘠薄，甚至风化岩的坡面上进行喷播。

（4）保水剂

保水剂是一种交联密度很低、不溶于水、高水膨胀性的高分子化合物。由于它具有自身数十倍乃至数千倍的高吸水能力和加压也不脱水的高保水性能，因此在农林、园艺、环保、医疗等方面应用极为广泛。保水剂按原料来源可分为6类：

① 淀粉系列，包括淀粉接枝、羧甲基化淀粉、磷酸酯化淀粉、淀粉黄原酸盐等。

② 纤维素系列，包括纤维接枝、羧甲基化纤维素、羧丙基化纤维素、黄原酸化纤维素等。

③ 合成聚合物系列，包括聚丙烯酸盐类、聚乙烯醇类、聚氧化烷烃类、无机聚合物类等。

④ 蛋白质系列，包括大豆蛋白、丝蛋白类、谷蛋白类等。

⑤ 其他天然物及其衍生物系列，包括果胶、藻酸、壳聚糖、肝素等。

⑥ 共混物及复合物系列，包括高吸水性树脂的共混，高吸水性树脂与无机物凝胶的复合物，高吸水性树脂与有机物的复合物等。

保水剂是喷播材料中另一重要组分，一般常用合成聚合物系列，如丙烯酸、丙烯酰胺共聚物等。保水剂的用量取决于施工地点的气候、边坡状况等。

（5）黏合剂

黏合剂的主要功用是提高木纤维对土壤的附着性能和使纤维之间相互粘接，以保证喷播层抗风吹、雨冲而不脱落。黏合剂应与保水剂相互匹配而不削弱各自功能，同时也要求对草坪和环境无害。黏合剂可选用纤维素或胶液。一般为纤维质量的3%，坡度较大时可适当加大。

（6）肥料

肥料用来提供草坪植物生长所需的养分。根据土壤肥力状况，喷播时配以草坪植物种子萌芽和幼苗前期生长所需的营养元素，一般采用氮磷钾复合肥。

（7）染色剂

喷播用木纤维可事先染成草绿色，或根据需要喷播时在搅拌箱中加染色剂进行着色，纤维染色是为了提高喷播时的可见性，便于喷播者观察喷播层的厚度和均匀性，此外，亦可改善施工表面形成草地的绿色景观。喷播时亦可直接用不染色的原色木纤维，以防可能造成对环境的污染。

（8）泥炭土

泥炭土是一种森林下层的富含有机肥料（腐殖质）的疏松壤土。主要用以改善表层结构，有利于草坪的生长。

（9）活性钙

活性钙有利于草种发芽生长的前期土壤pH值平衡。

建议喷播材料配比如下：每平方米用水4000mL，纤维200g，黏合剂（纤维素）3～6g，保水剂、复合肥及草种根据具体情况确定。

4.2.4　适用条件及施工工艺

4.2.4.1　适用条件

根据液力喷播植草护坡在国内不同地区、不同类型边坡的应用经验，初步确定其适用约束条件包括以下几个方面：

1. 适用地区

适用区域主要为湿润区和半湿润区，且年降雨量不宜大于800mm；在半干旱地区若能保证养护用水的持续供给亦可使用，但要与覆盖保墒技术相结合。干旱地区不建议使用液力喷播技术。

2. 边坡状况

类型：一般用于填方土质边坡，土石混合填方边坡经处理后可用。

坡度：一般不大于1∶1.5，当坡度超过1∶1.25时应结合其他方法使用。

坡高：每级高度不超过10m。

稳定性：稳定边坡。

3. 施工季节

一般施工应在春季和秋季进行，应尽量避免在暴雨季节施工。

4.2.4.2　施工工艺

1. 工艺流程

施工准备→平整坡面→排水设施施工→喷播施工→覆盖保墒→前期养护。

2. 施工方法

草种使用前应测定发芽率，不易发芽的种子喷播前应进行催芽处理；其他主要材料应测定主要质量指标。

（1）平整坡面

边坡修整应自上而下、分段施工，不应上下交叉作业。交验后的坡面，采用人工细致整平，清除所有的岩石、碎泥块、植物、垃圾。对土质条件差、不利于草种生长的堤坝坡面，采用客土回填方式改良边坡表层土，回填客土厚度为5.0～7.0cm，并用水湿润，让坡面自然沉降至稳定。若pH值不适宜，尚需改良其酸碱度，一般改良土壤pH值应于播种前一个月进行，以提高改良效果。

（2）排水设施施工

边坡排水系统的设置是否合理和完善，直接影响到边坡植草的生长环境，对于长大边坡，坡顶、坡脚及平台均需设置排水沟，并应根据坡面水流量的大小考虑是否设置坡面排水沟。一般坡面排水沟横向间距为40～50m，排水沟的设置不应影响边坡稳定和植物生长。

（3）喷播施工

喷播前，应按照材料配比和顺序投入搅拌机内，经完全搅拌均匀后方能开始喷播（建议20min为宜）。喷播枪操作手要根据浆液压力、射程和散落面大小有规律地、匀速地移动喷播枪口，保证喷播物能均匀地覆盖坡面；喷播顺序应先上后下、先难后易，喷播厚度应均匀，不得漏喷。对于干燥的坡面，喷播前应适当洒水，以增加土壤墒情。对于潮湿的坡面，应等到其土壤水分降低后再实施喷播，否则喷播物会顺坡面流失，难以与土壤黏合在一起。作业前应注意天气预报，在雨天或可能降雨时，应尽量避免喷播施工。喷播施工后的几个小时内如果有降雨，要及时采取防护措施。

喷播施工过程中应文明施工，减少对周围环境的影响。

（4）覆盖保墒

喷播后立即覆盖草帘子或无纺布，既可以避免草种被雨水冲刷流失，又可以实现保温保湿的作用。

（5）前期养护

① 洒水养护：喷播后应及时洒水养护，用高压喷雾器使养护水成雾状均匀地润湿坡面。注意控制好喷头与坡面的距离和移动速度，保证无高压射流水冲击坡面形成径流。养护期限视坡面植被生长状况而定，一般不少于45d。

② 病虫害防治：应定期喷广谱药剂，及时预防各种病虫害的发生。

③ 追肥：应根据植物生长需要及时追肥。

④ 及时补播：草种发芽后，应及时对稀疏无草区进行补播。

液力喷播植草护坡典型剖面见图4-6。

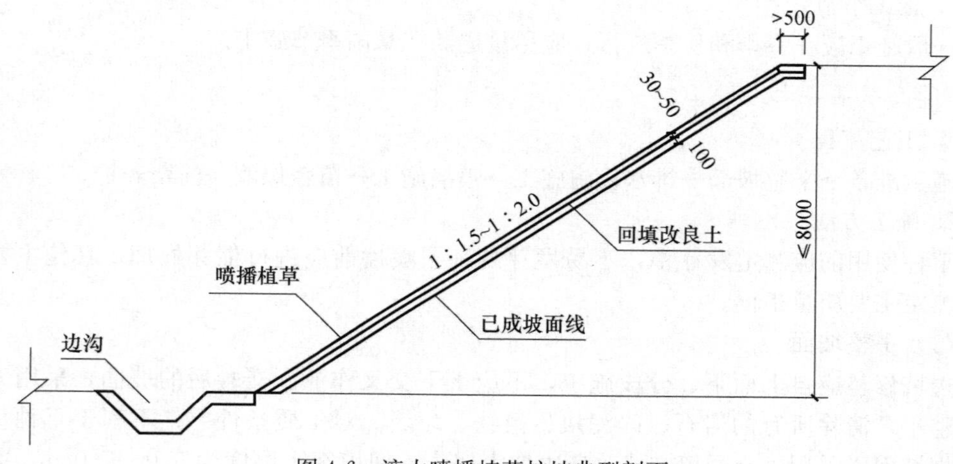

图4-6　液力喷播植草护坡典型剖面

4.3　客土喷播植被护坡

4.3.1　概述

客土喷播是日本根据本国公路建设中存在大量岩土边坡需要开展植物护坡的工程需求，参考美国和欧洲的液力喷播技术，在20世纪70年代中后期开发出来的边坡植物防护技术。我国在1995年从日本引进客土喷播防护技术，开始对岩石边坡进行客土喷播绿化技术研究。目前，客土喷播技术已经成为我国坡面防护及植被恢复工程的一种常用技术，在全国各地得到普及推广。

客土喷播植被护坡是使用专用机械设备将植物种子、种植土、保水剂、黏合剂、团粒剂、有机质、纤维材料、肥料等材料制成混合“基材”，再均匀喷附于坡面上，形成一定厚度的营养土层，为植物生长提供基础。客土喷播创造出植物、微生物适合的初级生态平衡环境，能促进植物种子发芽、生长，使坡面植被覆盖得以恢复，并达到改善自然景观、保护环境的目的。

客土喷播特别适用于风化岩、土壤较少的软岩及土壤硬度较高的土壤边坡。对于坡度大、石质成片的坡面可借鉴锚杆钢筋喷锚的工艺，通过打锚杆、挂镀锌铁网后再喷播，同样可以达到绿化美化的目的（见图 4-7）。

客土喷播根据载体的不同，可分为干法喷播（灰料喷播）和湿法喷播（泥浆喷播）。干法客土喷播一般可以在坡面上喷成 5～10cm 的客土层，如果与挂网技术相结合，其喷射的客土层厚度甚至可以达到 20cm 以上，基本上能满足乔灌草各种植物生长对营养土层的要求。湿法客土喷播所形成的客土厚度较干法客土喷播要薄，一般为 3～5cm；喷射距离随泵扬程和固形物含量而不同，一般在 30～50m。

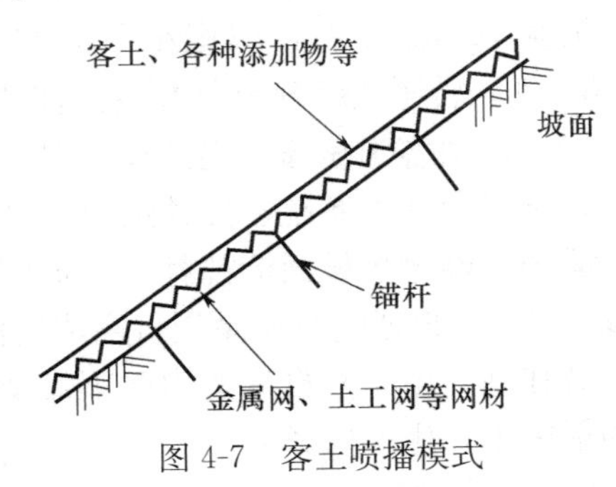

图 4-7　客土喷播模式

4.3.2　技术特点

客土喷播植被护坡具有防护边坡、恢复植被的双重作用，可以取代传统的喷锚防护、块石护坡等圬工措施。客土喷播植被护坡是目前解决石质边坡绿化的最好办法，具有以下优点：

（1）综合性强，技术专业水平要求高。该技术融合了土壤学、植物学、生态学、机械学以及土木工程的基本原理，是生态技术、机械技术与土木技术的有机集成，技术专业化程度高。

（2）适用范围广。由于客土的应用，为植物根系提供了良好的生长基础，它不仅能够在土质良好的地段应用，也能在贫瘠地段和高陡边坡建立植被。

（3）机械化操作，施工效率高，所需人工少。每台设备每天可喷播上万平方米，可满足大面积快速绿化的需要。

（4）可以快速建立植被，绿化效果好。客土喷播可以构建草灌相结合的植物群落，实现立体绿化、改善景观的效果。

（5）抗雨水侵蚀性强。由于混合基材中有黏合剂、稳定剂，喷附于坡面后形成具有一定强度及厚度的面层结构，能有效防止雨水冲刷，避免种子流失。加之植物发芽及初期生长快，能在短期内发挥植物防雨水侵蚀的效能。

（6）可与工程防护方法结合应用。在边坡陡峭、基岩不稳定的条件下，可先使用格子梁、挂网及喷锚方法使边坡稳定，再客土喷播植被绿化。

4.3.3 设备与材料

1. 主要设备

干法客土喷播设备：转子式喷射机、喷管、喷枪、搅拌机、发电机、空压机、水泵、水罐或水车、普通载重汽车。

湿法客土喷播设备：泥浆喷播机、水泵、水罐或水车、普通载重汽车。

(1) 转子式喷射机是源于瑞士转子技术的小型水泥喷混机械，通过大型空气压缩机提供的高压气流，输送干混合物质，在喷射口与雾化水混合落到作业面上。小型转子式喷射机输料管直径51mm，最大骨料粒径20mm，工作风压0.2～0.4MPa，耗风量4～12m^3/min，喷送量3～7m^3/h，水平输送距离80～100m，垂直输送距离30～40m。整机质量700kg左右，体积小移动方便，喷射7cm厚度客土层施工能力可达200～250m^2/日。转子式喷射机不具备搅拌功能，客土材料要事前混合好以后再送入喷射机。

(2) 湿法客土喷播使用的设备是泥浆喷射机，这种设备的构造与液压喷播机基本一致，都是由动力系统、搅拌系统、泵送系统和喷射系统构成。将客土材料和水装进储料罐中，经过机械回流搅拌，形成固形物含量（质量）超过50%的混合浆液（最高浓度60%），再通过泵送系统将高浓度泥浆喷射到作业面上。泥浆喷射机自重较大，需要车载移动，由于其自带动力，不需要与空气压缩机配合使用，因此可以一边移动一边喷射施工，生产效率高。

2. 主要材料

客土植被的种植基材主要有种植土、有机质、肥料、保水剂、黏合剂、植物种子、团粒剂、稳定剂、pH缓冲剂和水等。

(1) 植物种子

首先确定边坡植被防护类型，从而选择植物种子材料并确定混播配比。一般要求护坡植物应具有如下特点：既具有较强的抗旱抗寒能力，又有良好的抗湿抗热能力，能够充分适应当地气候及地质条件。

客土喷播植物种子混播配比应选择以草本和灌木植物相结合的草灌型植被防护类型，搭配固氮保肥的豆科植物使用。混播生命力很强的灌木，可弥补只用草种的弊端，灌木根系发育，能起到较好的护坡和水土保持效果。通过多种树草种子混播，可以实现边坡全年绿色期达到半年以上，而且2～3年后还能逐步演替为以灌木为主的粗放型生态植被。常见的灌木护坡植物有：紫穗槐、刺槐、马棘、沙棘、胡枝子、银合欢、山毛豆、荆条等，草本护坡植物有：紫花苜蓿、高羊茅、多年生黑麦草、结缕草、草木樨、百喜草、沙打旺等。在喷播前一定要对批量种子发芽率进行测定，并根据实际测定的面积，计算实际种子用量。由于灌木种皮较厚，需根据种子特性进行温水浸泡等各种催芽处理。

(2) 种植土

种植土可就近取材，以天然有机质土壤改良材料为主体，混入含各种对植物生长有益的有机质和无机质材料。同时要干净无杂草，并筛除大颗粒，以便喷播使用。

(3) 有机质

有机质的使用主要是增加土的肥力和保证土壤的通气性，常用泥炭土、腐叶土、堆肥、谷壳、经充分发酵的家畜肥料等。其中泥炭土含有大量水分和未被彻底分解的植物残体、腐殖质以及一部分矿物质，其有机质含量在30%以上，质地松软易于散碎，相对密度0.7～1.05，pH值一般为5.5～6.5，非常适合营造肥沃、透水透气性好的土壤层，应用于坡面绿化，有利于提高植物出苗速度，保证出苗率。

（4）保水剂

保水剂又称吸水剂、保湿剂，是一种有机高分子聚合物，它的分子结构中有网状分子链。保水剂遇到水以后立即发生电离，离解为带正电和负电的离子，这种带正电和负电的离子和水有强烈的亲和作用，因而使其具有极强的吸水性和保水性，有利于形成植物生长的“地下水库”，增强植物体内酶的活性，提高根系活力，促进植物生根，增强植物的抗旱抗逆功能；平衡供给植物生长所需养分，保肥省肥，改善土壤的生态环境。

（4）肥料

主要用化学肥料和有机肥。化学肥料多采用缓释复合肥；有机肥必须经过充分发酵，以免植物生长发育过程中产生过多病害。

（5）黏合剂

为避免风雨等自然因素对种植基材造成侵蚀，导致基材流失，必须在种植层中加入黏合剂，以促使基材与边坡粘合，增强基材本身的抗冲刷能力。同时，要求对植物种子和周边环境无害。

（6）网材

当边坡坡率大于1∶1.2时或边坡表面光滑或有冻土层时，应铺网。网材通常使用铁丝网或镀锌铁丝网，部分工程使用土工格栅。固定材料一般选用锚杆，长度和直径可根据坡度和岩性的不同进行调整。

（7）其他材料

① 根瘤菌剂：部分工程增施对豆科植物生长发育具有促进作用的土壤活性材料，用量为豆科种子用量的十分之一。

② 覆盖材料：通常使用草帘和无纺布等，有的工程使用专用植生带覆盖，可有效保障绿化和景观效果。

③ 水：就近取用无污染的河水、井水、池塘水等。

4.3.4 适用条件及施工工艺

4.3.4.1 适用条件

1. 适用地区

适用区域主要为湿润区和半湿润区。在半干旱地区若能保证养护用水的持续供给亦可使用；干旱地区不建议使用客土喷播技术。

2. 边坡状况

类型：适用于包括挖方和填方边坡在内的各类土质边坡、石质土边坡和强风化岩石边坡，如果与框格梁等方法并用，也可以用于一般岩石边坡。

坡度：不挂网的客土喷播可用于坡度在1∶1以下的边坡；挂网客土喷播可用于坡度在1∶0.75以下的边坡。

稳定性：稳定边坡。

3. 施工季节

一般施工应在春季和秋季进行，应尽量避免在暴雨季节施工。

4.3.4.2　施工工艺

1. 工艺流程

施工准备→坡面清理→坡面挂网（必要时）→喷料准备→物料喷播→覆盖保护→养护管理。

2. 施工方法

由于岩石类边坡稳定程度不同，在进行边坡客土喷播植被护坡工程设计前，应首先考虑边坡的稳定情况。因为从严格意义上讲，客土喷播只能解决坡面的浅层防护问题（见图 4-8）。若坡体不稳定，则应进行必要的加固措施（抗滑桩、锚索桩、挡墙或地梁等），然后再进行相应的设计。

（1）坡面清理

平整坡面，对于较松动的岩石坡面，一般用人工方法进行清理坡面浮石、浮土等，遇上凹凸不平的硬质岩石坡面，要采用风凿进行施工。对于光滑坡面（岩面），可通过挖掘横沟等措施进行加糙处理，以免客土下滑。处理后的坡面倾斜一致、平整，无大的石头突出与其他杂物存在，施工前坡面的凹凸度控制在±10cm，最大不超过±30cm，以利于基材和岩石表面的自然结合。

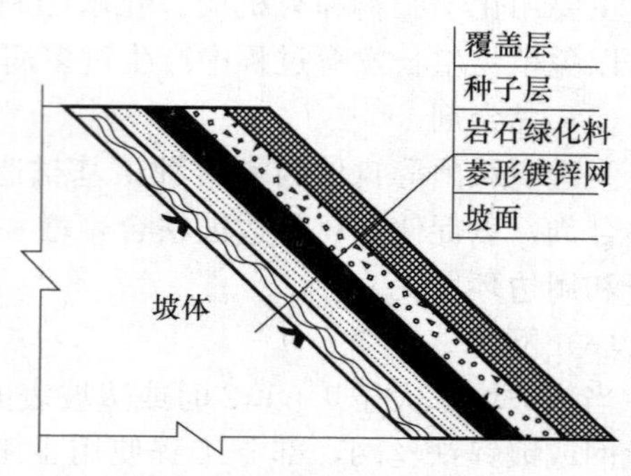

图 4-8　客土喷播坡面浅层防护示意

为了防止雨水冲刷喷播层，影响喷播效果及以后植物的生长效果，边坡较高时每8～10m（垂直高度）设置一级平台（马道），并根据实际情况在坡顶、坡脚及平台适当位置设置截排水沟等排水设施。

（2）铺网

通常使用铁丝网或镀锌铁丝网，部分工程使用土工格栅。以镀锌铁丝网为例，铺网采用自上而下的方式，边坡顶部铺网时应向坡顶上部延展一定距离（岩质边坡宜大于1.5m，土质边坡宜大于3.0m），若坡顶截水沟未修筑，最好置于坡顶浆砌石底下，在坡底也应有50cm的镀锌铁丝网埋置于平台填土中。横向和竖向相邻网之间搭接宽度为10～15cm，网面应与坡面保持一定距离，间距宜为喷播层厚度的2/3。完工后，要严格检查镀锌铁丝网的牢固性，确保网与坡面形成稳固的整体。若坡度太大或硬质岩石坡面光滑，可在铁丝网上捆扎稻草、竹片或木桩等增加附着力。

（3）锚固

镀锌铁丝网要用锚杆固定在坡面上，锚杆通常可分为主锚杆和辅锚杆。主锚杆直径为ϕ16mm，锚杆长度为0.45～4.0m；辅锚杆直径为ϕ10～12mm，锚杆长度为0.25～2.0m，具体规格依据边坡类型而定。安装锚杆时，先放样，长锚杆与短锚杆交错并列，横、纵向间距为1～2m，然后采用电钻或风钻钻孔，钻孔深度与锚杆长度相同。孔钻好后，便可进行锚杆的固定工作，锚杆事先要进行防锈处理，用水泥砂浆灌注，往锚孔灌注水泥砂浆时，一定要灌满、灌实，锚杆伸出坡面长度为6～8cm。

（4）客土喷播

按照设计要求准备好各种物料，在施工现场混合后用于喷播使用。混合前要确认各种取料的种类和用量，并将设计用量（通常以100m^2喷播面积或1m^3客土体积为基本单位）换算成每台设备的投入量，保证各类材料的用量比例符合设计要求。干法客土喷播的物料混合时间以1.5～2.5min为宜，湿法客土喷播的物料混合时间以15～20min为宜。在物料混合时要注意将混在物料中的石块、木块、树枝等尺寸较大的异物挑出来，以防止这些异物堵塞喷射管或损坏喷射机械。

客土喷播时应尽可能从正面进行，凹凸部分及死角部位要喷射充分，施工时要根据边坡的岩性，合理调整喷射厚度，以保证客土能提供植物生长所需的足够的养分和水分。

干法客土喷播使用压缩空气为动力，物料喷出时压力较大，因此在操作喷枪时切不可将枪口对人，以免产生伤害。喷枪口要垂直于坡面，一般枪口距离坡面1～1.5m，以保证物料能有足够的压力紧紧地附着在地表上。干法客土喷播的物料在喷管出口处与雾化水混合，雾化水进入喷管后到出口之间的距离最好在2m以上，以保证物料与雾化水能充分混合。雾化水的使用量应根据物料的干湿程度进行调整。

工程实践表明，分层喷播比一次性喷播完成后的绿化效果明显，成本降低，即分为基质底层和种子表层。湿法客土喷播客土层厚度超过3cm时，首先喷射基质底层，厚约3cm，待客土稳定后（10～20min），再喷射种子层直至设计厚度（总厚度不超过5cm为宜）。干法客土喷播常用做法也是分两次喷射客土，基质底层占总厚度的2/3左右。

（5）表层覆盖

表层覆盖可防止雨水冲刷，阻滞种子在发芽生根期的移动损失，也可部分防止水分蒸发，起保温保湿的作用。覆盖材料可选草帘、无纺布或植生带，覆盖时注意不露边口，重叠10～15cm，保持表面平整，用竹钉或木桩固定，两端用土压埋稳固。

（6）养护管理

根据土壤肥力、湿度、天气情况，酌情洒水灌溉，至幼苗长到5～6cm或2～3片叶时，揭掉覆盖层。从喷播到成坪至少洒水4次（喷雾洒水），遇天然降雨适当减少次数。对于局部出苗效果不好的区域应进行补喷或喷栽处理。

4.4　三维植被网护坡

4.4.1　概述

三维植被网，又称防侵蚀网、固土网垫、三维土工网垫，是一种呈立体拱形隆起结构的塑料网，具有较强的柔韧性，外观见图4-9。三维植被网在结构上分为基础层和网包层（均为两层或多层）。基础层为双向拉伸平面网，具有很好的贴伏性，能适应坡面变化；网包层是凹凸状膨松网包（见图4-9），可以减缓雨滴对地表的冲击作用，减弱降雨对土壤的侵蚀。基础层和网包层网格间的经纬线交错排布，在交接点处经热熔后相互粘结在一起，形成具有三维结构的网垫。

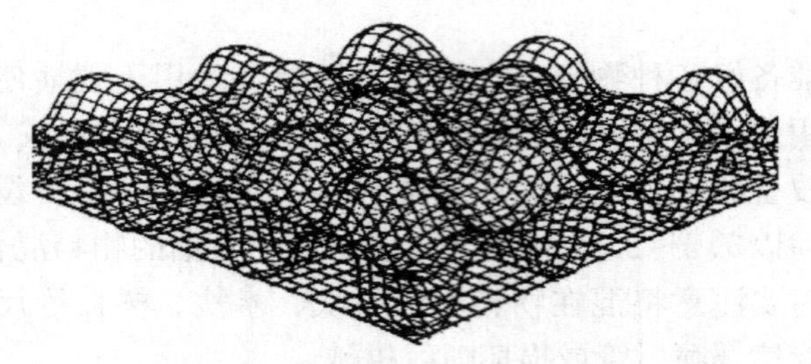

图 4-9 三维植被网结构示意

在边坡表面覆盖三维植被网垫，并向网垫内填充土壤、种子和肥料，形成初期的人工护坡系统。网垫对坡面起到加筋固土的作用，将覆盖土固定在三维植被网的立体空间内，贴附在坡面上。随着植物生长，枝叶可向上伸出网垫并覆盖坡面，其根系可以从网垫穿过，扎入坡体土壤内，相互缠绕，构建出具有高抗拉强度且牢固的复合力学嵌锁式立体防护系统。可有效抑制风、雨对边坡的侵蚀，增加边坡表层土体的抗张强度和抗剪强度，从而大幅度提高边坡的稳定性和抗冲刷能力，最终实现防护边坡和恢复植被（见图 4-10）。

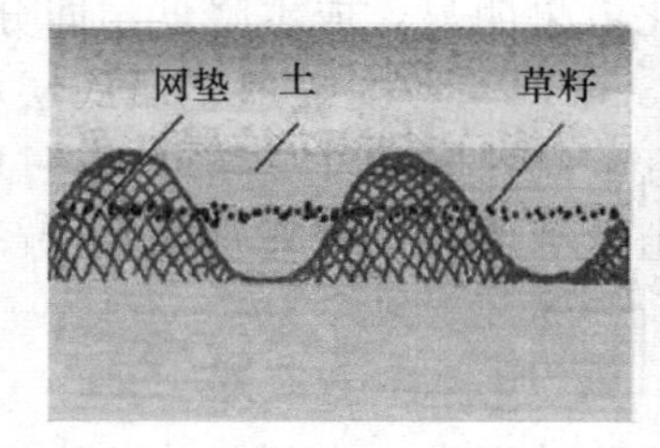

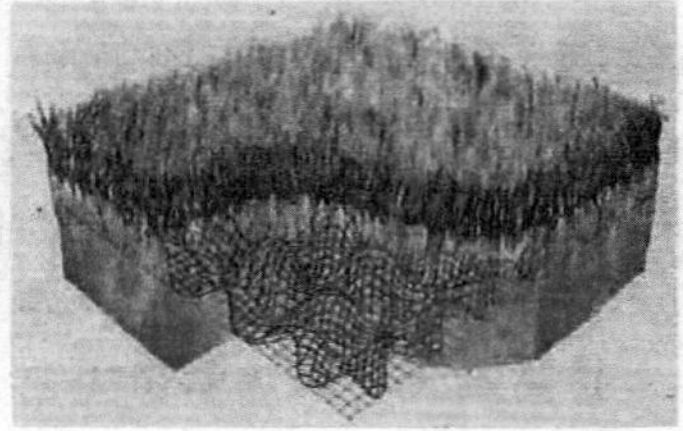

图 4-10 三维植被网护坡模式

4.4.2 技术特点

三维植被网护坡技术具有以下特点：

（1）固土能力强。

三维植被网表面有波浪起伏的网包，对覆盖于网上的客土、草种有良好的固土蓄水作用。其基础层和网包层的网格交错排布粘结，对回填客土起着加筋作用，且随着植草根系的生长发达，三维植被网、客土及植草根系相互缠绕，形成网络覆盖层，可以显著提高坡面土壤的稳定性。经试验，对于 1∶1 坡面，三维植被网的固土阻滞率达 97.5%。

（2）抗风、雨侵蚀能力强。

由于网包层的存在，缓冲了雨滴的冲击，减弱了雨滴的溅蚀，网包多层的起伏不平，使风、水流等在网表面产生无数小涡流，减缓了风蚀及水流引起的冲蚀。

（3）植生性能良好。

三维植被网立体空间有利于土壤充填，网内可以大量填充各种土壤、腐殖土、堆肥和有机质等，在坡面表层形成结构合理、养分充足的植生基质层，为植物生长提供基础。同时，植被网的空间结构，可使土壤不易板结，利于植物根系发育。

（4）施工技术简单，操作方便，施工速度快，工程造价低，使用寿命长。相比客土喷播或植生基质喷播，成本降低 55%以上。

（5）材料化学成分稳定，无腐蚀，对环境无污染，对大气、土壤和微生物呈惰性。

（6）生态效益好。三维植被网护坡不仅起到水土保持、美化环境的作用，还具有由植物吸收汽车尾气和噪声等功能。

4.4.3　设备与材料

1. 主要设备

三维植被网护坡施工所需设备与填土播种方法有关。如果是以人工填土和播种为主，所需设备是土筛、搅拌机和洒水车。土筛用来处理回填土，保证土粒大小符合网垫网眼的规格；搅拌机用来混合充填在网垫内的各种物料，包括种植土、肥料、各种添加剂和植物种子；洒水车用来进行浇水养护。如果是采用客土喷播或液力喷播的话，则要在上述这些设备的基础上，再配备客土喷播或液力喷播设备，具体可参见 4.2 和 4.3 节相关内容。

2. 主要材料

（1）三维土工网

国内一般采用聚乙烯（PE）为原料制成，产品颜色通常采用黑色或绿色，性能指标应满足 GB/T 18744 标准的要求。具体规格和颜色由供需双方确定。

（2）种植土

三维土工网内充填土壤，一般应采用人工配制的客土。采用过筛处理的当地表土或农田土，配合以腐殖土、有机肥、土壤改良剂调制而成。客土参考配比为：沙质土壤 60%、有机纤维 30%、其他添加物 10%。

若坡面土需要改良，可就近采用农田土更换或采用当地表土配制种植土，参考配比为：过筛土 85%、有机纤维或有机质 10%、其他添加物 5%。不论是何种土壤都要过筛处理，以去除其中的石块和杂物。

（3）肥料

肥料主要包括有机肥料（堆肥、农家肥等）、无机肥料（速效肥料、缓效肥料等）或复合肥。

（4）添加剂

添加剂包括有机纤维（泥炭土等）、保水剂、土壤改良剂、黏合剂等。

（5）固定材料

固定材料建议采用 U 形钉或聚乙烯塑料钉，也可用钢钉，但需配以垫圈。钉长 20～45cm，松土可用长钉。钉间距一般为 90～150cm（包括搭接处）。

（6）覆盖材料

覆盖材料可选用无纺布、遮阳网或草帘子等材料。

（7）植物种子

三维土工网垫的网眼大小为 0.8～1.0cm，一般的草种和灌木种都可以使用。建议在寒冷、干旱的气候条件下，种子用量以800～1500株/m^{2}为宜，在温暖、湿润的气候条件下，种子用量1500～2500株/m^2。

4.4.4 适用条件及施工工艺

4.4.4.1 适用条件

1. 适用地区

适用区域主要为湿润区、半湿润区。半干旱地区若能保证养护用水的持续供给亦可使用。

2. 边坡状况

类型：适用于各类土质边坡，包含路堤和路堑边坡，强风化岩石边坡经处理后也可使用。

坡度：一般适用于1∶1.5以下的边坡，当坡度大于1∶1时慎用。

要求每级坡高不大于10m。

稳定性：稳定边坡。

3. 施工季节

一般施工应在春季和秋季进行，应尽量避免在暴雨季节施工。

4.4.4.2 施工工艺

1. 工艺流程

施工准备→清理坡面→底土改良→铺网固定→填土播种→表层覆盖→前期养护。

2. 施工方法

（1）清理坡面

由于开挖边坡与填筑边坡大都凹凸不平，并留有碎石、树根等杂物，为使三维植被网与边坡坡面紧密结合，对于交验后的坡面，应采用人工细致整平，填平凹坑使之尽量与坡面齐平，并清除坡面上所有的碎石、泥块、树根、垃圾及其他可能顶起三维网的阻碍物。

在坡顶及坡底部沿边坡走向开挖矩形沟槽，以便固定三维植被网。沟槽宽30cm，深不小于20cm，坡面顶沟距离坡面边缘不小于30cm。

此外，要根据当地降雨情况和坡面流量大小综合考虑是否需要设排水沟。排水沟要设置在坡顶、坡脚及平台处，一般坡面排水沟宽度为40～50cm。

（2）底土改良

在施工前要对坡面现有土壤进行理化性质检测，检测主要内容有硬度、pH值、质地、营养成分、盐分等。如果坡面现有土壤条件较好，则不必进行人工改良，可对坡面适当施肥并整平耙松（深度5cm）。若坡面现有土质较差不利于植物生长，则应进行底土改良；回填客土厚度为50～75mm，并用水润湿使坡面自然沉降至稳定。若pH值不适宜，尚需改良其酸碱度，一般改良土壤的pH值应于播种前一个月进行，以提高改良效果。

（3）铺网固定

自上而下顺坡铺设三维网。三维网的剪裁长度应比坡长150cm，顺坡铺设。三维网上端应嵌入坡顶沟槽内，设钉固定后覆土压实，钉间距为 75cm。铺网时，网垫要与坡面紧贴，防止悬空，不能产生褶皱，网与网之间的搭接长度为 10～15cm。固定时建议采用 U 形钉，在坡面呈品字形交错分布，竖向间距 100cm、横向间距 140cm，如有必要可在 U 形钉之间用竹签、大头钢钉、塑料钉等固定三维植被网，使用量为 3～4 根/m^2。

（4）填土播种

播种前要对种子进行适当的处理，如浸泡、催芽等。

人工填土播种：将配制好的客土、植物种子、各种肥料及添加剂等搅拌均匀后，人工填入三维植被网内。为确保填土质量，应分层多次填土（忌用湿土）。第一次回填后要浇水湿透，让回填土自然沉降，防止“空鼓”现象，然后再次回填，并重复上述过程，直至整个网垫完全被土覆盖，且网包不外露、网内土壤密实。

机械喷土播种：将配制好的客土、植物种子、各种肥料及添加剂等搅拌均匀后，采用喷播机械将混合物料喷射进三维植被网中，均匀地覆盖且网包不外露。

（5）表层覆盖

覆土播种后应立即覆盖无纺布、遮阳网或草帘子，以避免阳光直射，防止雨水冲刷，利于草籽保湿保温，促进草籽发芽生长。待草籽主叶长出后，及时撤除无纺布等覆盖物。

（6）前期养护

① 洒水：定期洒水以满足植物生长所需，洒水次数及洒水量视坡面植被成长状况而定，一般不少于 45d。为避免水流冲击坡面形成径流，一般用高压喷雾使养护水呈雾状均匀润湿坡面。

② 病虫害防治：应定期喷广谱药剂，及时预防各种病虫害的发生。

③ 及时补播：草种发芽后，应及时对稀疏无草区进行补播。

4.5　植生带植草护坡

4.5.1　概述

植生带植草又称水土保持性植生带，是一种综合性护坡和绿化技术。在国外应用较早，我国在 20 世纪 80 年代末开始试制和应用该技术。目前，植生带已广泛应用于城市园林绿化、水土保持以及边坡绿化中。

植生带是采用专用机械设备，依据特定的生产工艺，把草种、肥料、保水剂等按一定的密度播撒在可自然降解的植物纤维、非织造布（无纺土工布）或其他材料上，并经过机器的滚压、针刺复合定位、冷粘接等工序，形成的一定规格的带状产品。

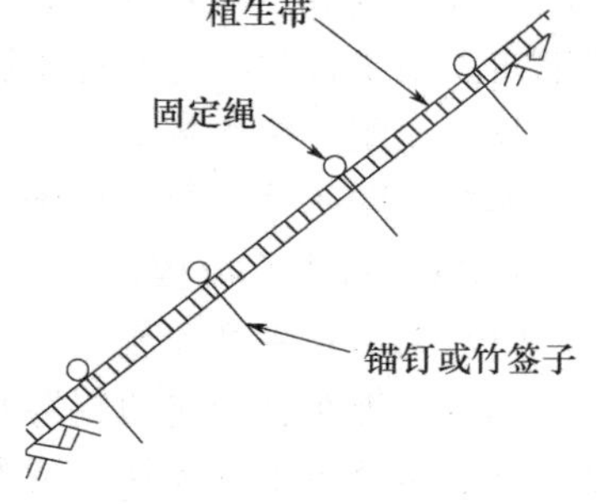

图 4-11　植生带护坡模式

施工时只需把植生带铺设在经过平整处理的坡面上，在温度、水分条件适宜时植生带内的种子就会发芽，其叶穿透纤维载体向上伸展，其根系向下穿透纤维载体扎入坡面土壤内，并与带基一起形成具有三维结构的土壤保护体系，减小或防止水土流失的发生，达到保护坡面、重建植被的目的。

4.5.2 技术特点

植生带植草护坡具有以下特点：

（1）植生带体积小、质量轻，可规模化生产，运输、搬运轻便灵活，施工简便，省时省工，并可根据需要任意裁剪；

（2）植生带衬底采用可自然降解的植物纤维或无纺布等材料，与地表吸附作用强，腐烂后可转化为肥料；

（3）植生带置种子与肥料于一体，具有播种施肥均匀，精准播种，种子肥料不易移动之特点；

（4）植生带能够有效防止水土流失，避免种子被水流冲失；

（5）种子出苗率高，出苗整齐，建植成坪快。

4.5.3 植生带生产

1. 生产设备

无纺布生产设备包括清花机、梳棉机、气流成网机、浸浆机、烘干机和成卷机等。

植生带复合设备包括喷肥、播种、复合、针刺、成卷等机械。

2. 主要材料

（1）种子

目前植生带的生产设备均能适应各种颗粒大小的草种，如黑麦草、高羊茅、早熟禾、三叶草等。草种的质量直接影响植生带的质量，所以提供制作植生带的草种，必须是颗粒饱满、净度合格和有较高的发芽率和发芽势的高质量种子。

（2）植生带载体

植生带载体应质地柔软、质量轻、厚薄均匀，具有较高的物理强度，无污染，铺装施工后能较快地自然降解。目前多选用棉、麻、木质等天然纤维作为植生带的基础载体，较为理想的是无纺布和木浆纸制品。

无纺布的原材料要用纯棉纱无纺布，而不能用含有化纤成分的无纺布，因为化纤很难降解。纯棉纱原料又以新棉布角料经开花成绒的为最佳，其绒长在10mm以下，而棉布在纺织过程中已通过脱脂，因此，吸水性强，有利于出苗。精梳短棉次之。

（3）化肥、保水剂等

根据不同的草种及应用条件确定化肥和保水剂的用量，化肥一般采用复合肥。

3. 植生带生产流程：

（1）无纺布生产流程

原料（棉花、布角边料等）→开花、打碎成绒花→喂入清花机→梳棉机→成网→浸浆→滚压→烘干→无纺布成卷→入库。

（2）植生带生产流程

目前，国内外采用的植生带生产工艺主要有双层热复合植生带生产工艺、单层点播植生带生产工艺、双层针刺复合均播植生带生产工艺（见图4-12）。近期我国又推出冷复合法生产工艺（见图 4-13），而双层针刺复合植生带生产工艺应用较多。

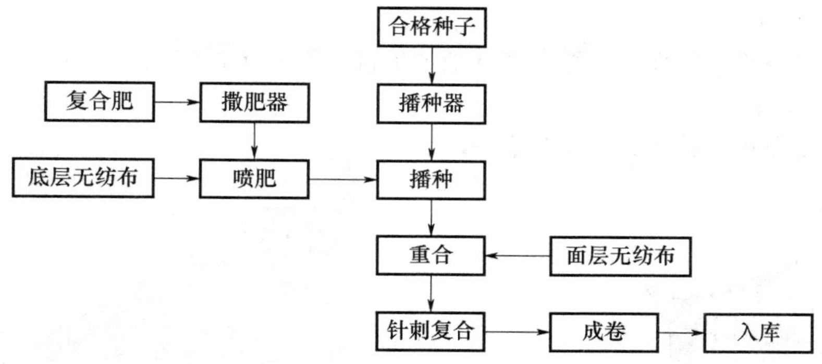

图 4-12　针刺复合法植生带生产流程

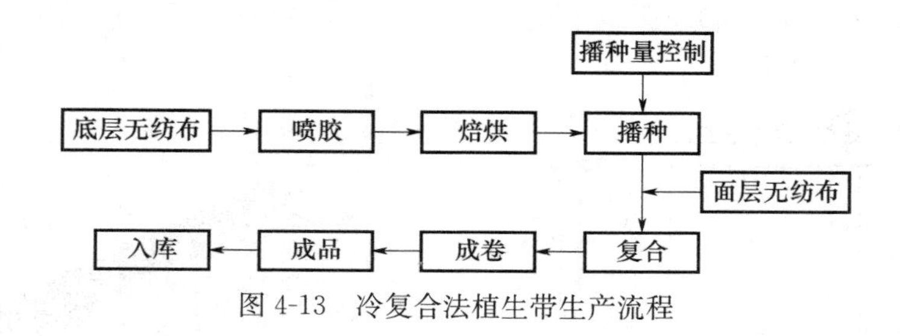

图 4-13　冷复合法植生带生产流程

4.5.4　设备与材料

1. 主要设备

植生带铺设由人工完成，并不需要专用设备，施工时使用锹、镐、耙、锤等即可。

2. 主要材料

施工材料主要为成品植生带，以及植生带施工所需锚杆、专用 U 形钉、竹签、铁丝等。并备足覆盖植生带所需的细粒土。

4.5.5　适用条件及施工工艺

4.5.5.1　适用条件

1. 适用地区

凡是适合开展面状植被护坡的地区均可应用，但降雨量小于 200mm 的干旱地区不推荐使用。

2. 边坡状况

类型：一般用于土质边坡。

坡度：常用于坡度为 1∶1.5～1∶2.0 的边坡，当边坡坡度超过 1∶1.25 时应结合其他方法使用。

坡高：一般不超过 10m。

稳定性：稳定边坡。

3. 施工季节

一般施工应在春季和秋季进行，应尽量避免在暴雨季节施工。

4.5.5.2　施工工艺

1. 工艺流程

施工准备→平整坡面→开挖沟槽→铺植生带→覆土→前期养护。

2. 施工方法

植生带植草护坡施工如图 4-14 所示。

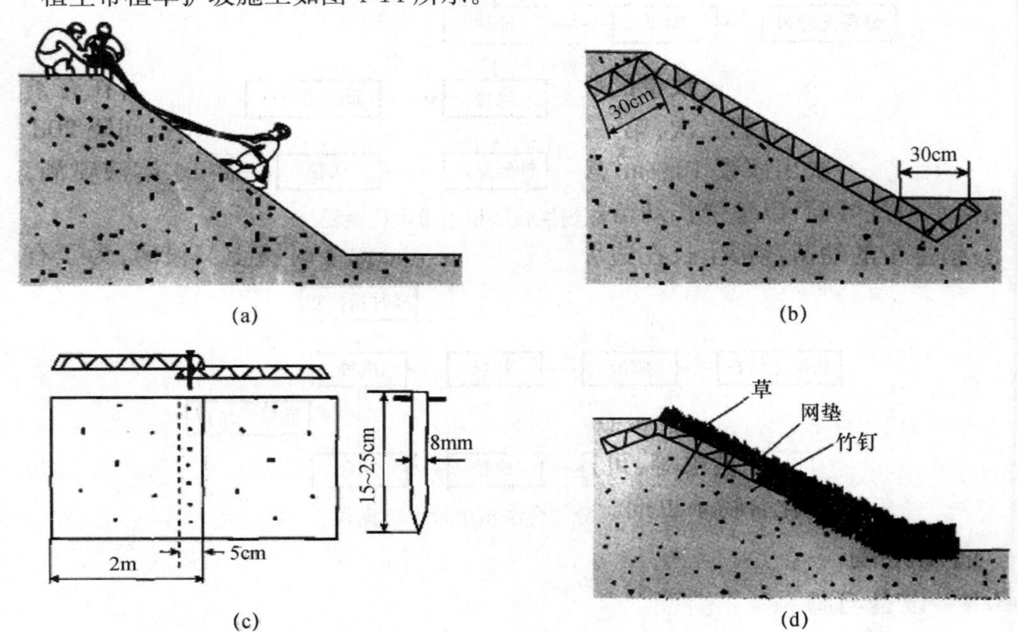

图 4-14　植生带植草护坡施工示意

(a) 植生带铺设过程；(b) 植生带铺设完毕；(c) 植生带的搭接；(d) 植生带绿化后景观

(1) 平整坡面

清除坡面所有石块及其他一切杂物，全面翻耕边坡，深耕 20～25cm，并施有机肥，可用腐熟牛粪或羊粪等，用量为 0.3～0.5kg/m²，打碎土块，搂细耙平。若土质不良，则需改良，对黏性较大的土壤，可增施锯末、泥炭等改良其结构。

铺植生带前 1～2d，应灌足底水，以利保墒。

(2) 开挖沟槽

在坡顶及坡底沿边坡走向开挖一矩形沟槽，宽 20cm，深不小于 10cm。坡面顶沟距坡面 20cm，用以固定植生带。

(3) 铺设植生带

铺设植生带前，应再次采用木板条刮平坡面。铺设植生带时，采用锚杆将植生带的一端固定在坡顶沟槽内，填土压实，锚杆采用量为 2～3 根/m²。然后再把植生带自然地平铺在坡面上，一边向下放平拉直，一边用 U 形钉或竹签等固定，但不要加外力强拉。U 形钉或竹签的使用量为 6～8 根/m²。植生带的接头处（上下接头、左右接缝）应搭接 10cm。施工到边坡底部时，须将植生带的另一端固定在坡脚沟槽内，填土压实。

(4) 覆土

在铺好的植生带上，用筛子均匀地铺撒准备好的细土，并将覆土拍实。细粒土的覆盖厚度为 0.3～0.5cm，以沙质土壤为宜，每铺 100m^2 的植生带，需备 0.5m^3 细土。对于棉网状植生带或植生毯可不用覆土。

（5）前期养护

① 洒水：植生带铺装完毕后应及时洒水，初次洒水一定要浇透，以后每日都要洒水，每次的洒水量以保持土壤湿润为原则，每日洒水次数视土壤湿度而定，直至出苗成坪。出苗后可逐渐减少喷洒次数，加大洒水量。洒水时要用小水流呈雾状喷洒，避免大水头对植生带的冲刷。在草苗未出土前，如因洒水等原因，露出植生带处，要及时补撒细土覆盖。成坪后的养护与常规草坪相同。

② 追肥：虽然植生带含有一定数量的肥料，但为了保证草苗能茁壮地生长，在有条件的情况下，可进行追肥。一般追肥两次，第一次追肥在草苗出苗后一个月左右，间隔 20d 再施第二次。追肥量为第一次用尿素 10g/m^2，第二次用尿素 15g/m^2。用稀释水溶液喷洒，追肥后一定要用清水清洗叶面，以免烧伤幼苗。

③ 覆土：植生带的幼苗茎都生长在边坡表面，而植生带铺装时覆土又很薄，为了有利于幼苗匍匐茎的扎根，可以在幼苗开始分蘖时，覆细粒土 0.5～1.0cm。

④ 病虫害防治：当草苗发生病害时，应及时使用杀菌剂防治病害。在使用杀菌剂时，应掌握适宜的喷洒浓度。为防止抗药菌的产生，使用杀菌剂时，可以用几种效果相似的杀菌剂交替或复合使用。对于常发生的虫害如地老虎、蝼蛄、蛴螬、草地螟虫、黏虫等，可采用生物防治和药物防治相结合的综合防治方法。

4.6　框格骨架植被护坡

4.6.1　概述

框格骨架植被护坡是指采用现浇钢筋混凝土、预制件、浆砌石、钢材、砖等材料在坡面上构建规则形框架，并在框架内栽种植物进行植被恢复的一种综合生态护坡技术，可结合平铺草皮、三维植被网、喷播植草、栽植苗木等方法实施。框格骨架可以增强坡体稳定性，控制坡面水土流失，为植物生长创造良好条件，对坡面具有一定加固作用，而且形态较美观，可以营造不同的景观形式。

框格骨架植被护坡具有布置灵活、形式多样、截面调整方便、与坡面密贴、可随坡就势等显著优点。该方法既可美化景观，又可防止水土流失、保护环境，在铁路、公路的边坡和路堤的防护中已得到广泛和成功的应用。根据框格采用的材料不同，框格可分为浆砌块石框格、现浇钢筋混凝土框格和预制混凝土框格（又称 PC 框架）。其中 PC 框架在日本应用较为广泛，并有较为完善的设计施工规范。目前，我国在边坡工程中主要使用浆砌块石和现浇钢筋混凝土框格。

框格骨架随边坡坡度、坡质、坡形的不同而有所差异。对于填方边坡和坡面比较平整、坡度也比较平缓（坡角 45°以下）的边坡，可采用浆砌石砌筑、预制件拼装形成框格。对于开挖边坡、岩质边坡和坡面凹凸不平且坡度陡峭（坡角 45°以上）的边坡，一般选用现浇混凝土框格的方法，若岩体不稳定，还需要加入锚杆锚索，加固抗滑力，使边坡坡体（坡面）的下滑力传递到稳定层中，从而保证岩体处于稳定状态。

框格骨架具有方形、菱形、人字形及弧形等多种形式，如图 4-15 所示。

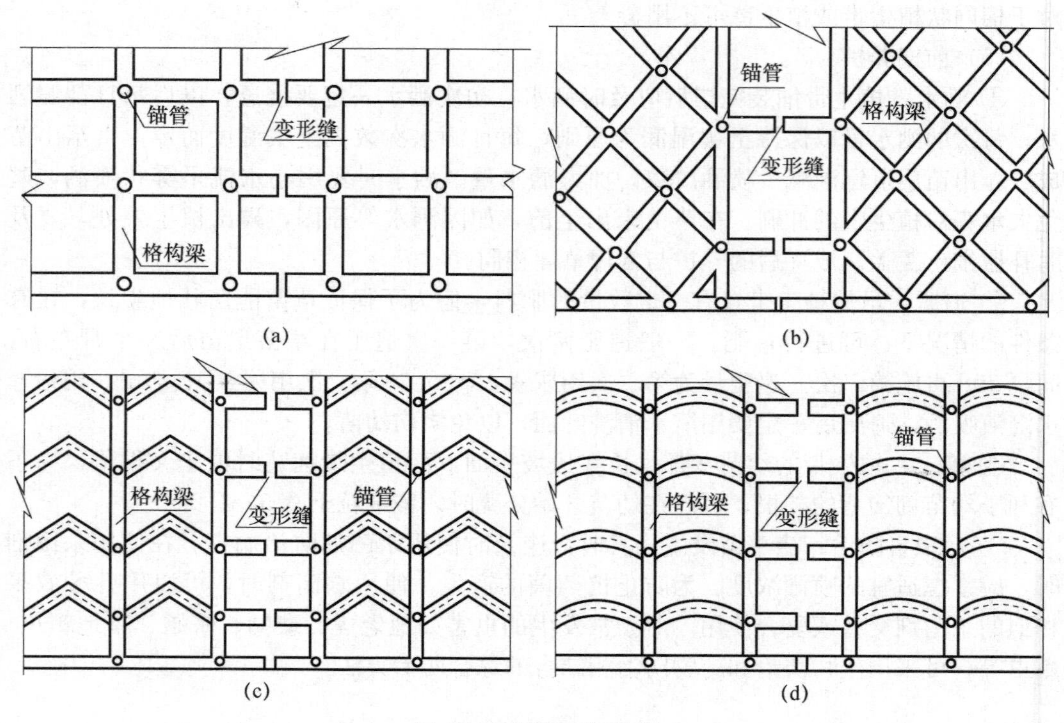

图 4-15　框格骨架形式

(a) 方形；(b) 菱形；(c) 人字形；(d) 弧形

下面主要介绍浆砌石骨架植被护坡和钢筋混凝土框格骨架植被护坡。对于稳定性差的高陡岩石边坡所采用的预应力锚索框架地梁护坡可参考公路、铁路边坡防护的相关资料。

4.6.2　浆砌石骨架植被护坡

4.6.2.1　材料选用

1. 骨架材料

材料采用浆砌片石或预制混凝土块。混凝土材料强度不低于 C20，砂浆强度不低于 M7.5，石料强度不低于 MU30。

2. 植物种子或苗木：选择适应当地气候及地质条件的乔木、灌木、草植物种或苗木。

3. 种植土：种植土可就近取材，以天然有机质土壤为主。

4. 肥料：用来提供草坪植物生长所需的养分。

5. 覆盖材料：通常使用草帘和无纺布等。

4.6.2.2　适用条件

1. 适用地区

各地区均可应用，但在干旱、半干旱地区应保证养护用水的持续供给。

2. 边坡状况

类型：各类土质边坡和土石边坡，强风化岩质边坡也可应用。

坡度：常用坡度 1∶1.0～1∶1.5，坡度超过 1∶1.0 时慎用。

坡高：每级高度不超过 10m。

稳定性：深层稳定边坡。

3. 施工季节

一般施工应在春季和秋季进行，应尽量避免在暴雨季节施工。

4.6.4.2　施工工艺

骨架应按设计形状和尺寸嵌入边坡内，表面与坡面齐平，其底部、顶部和两端做镶边加固。宜采用混凝土预制块拼装，并设计修筑养护阶梯。当采用浆砌石骨架时应在堤坝填土沉降稳定后施工。

下面以人字截水型浆砌石骨架铺草皮护坡（见图 4-16）施工方法为例，介绍浆砌石骨架植草护坡。

1. 工艺流程

施工准备→平整坡面→骨架施工→回填种植土→植草作业→表层覆盖→前期养护。

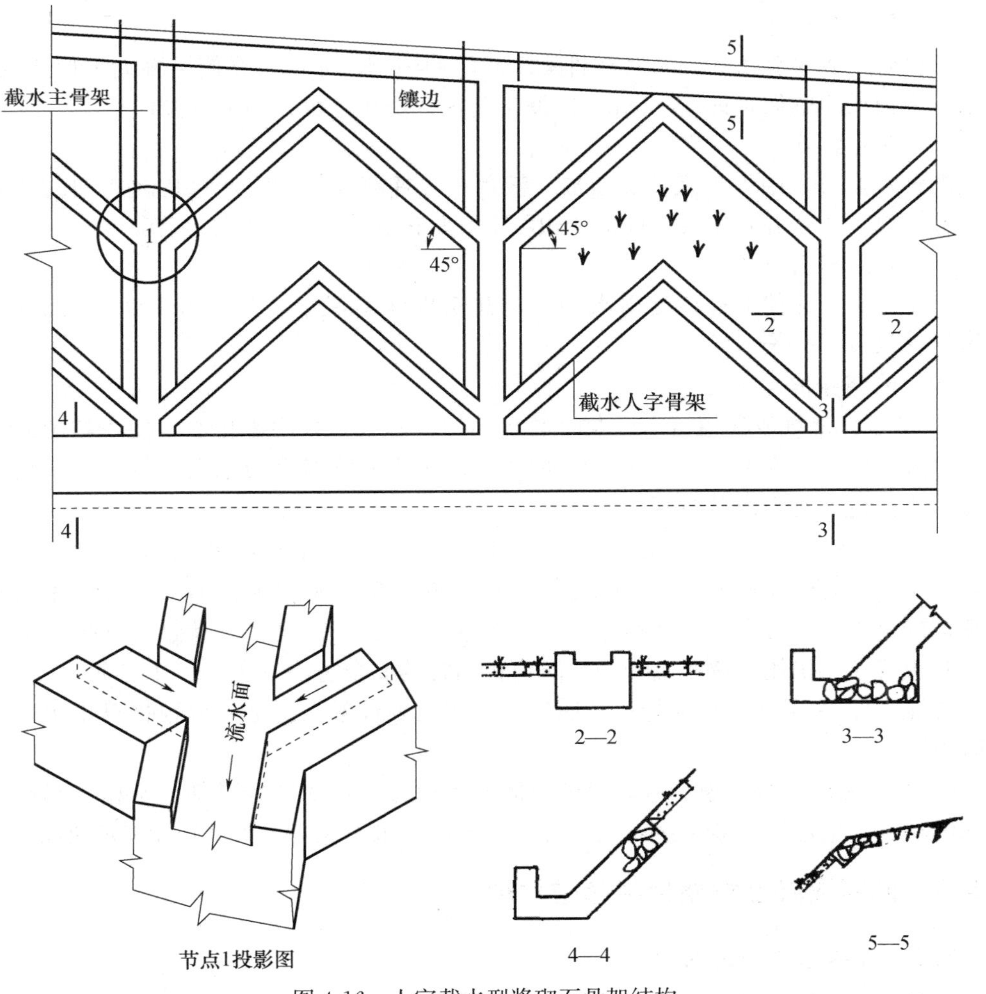

图 4-16　人字截水型浆砌石骨架结构

2. 施工方法

(1) 平整坡面

待坡面沉降稳定后，按设计要求平整坡面，清除坡面危石、松土，填补坑凹等。

(2) 骨架施工

① 施工前，应按设计要求在每条骨架的起迄点放控制桩，挂线放样，然后开挖骨架沟槽，其尺寸根据骨架尺寸而定。为了保证骨架稳定，骨架埋深不小于2/3截面高度。

② 采用M7.5水泥砂浆就地砌筑块石。砌筑骨架时应先砌筑骨架衔接处，再砌筑其他部分骨架，两骨架衔接处应处在同一高度。

③ 截水主骨架垂直于坝轴线，从坡顶一直延伸至坡脚排水沟。截水人字骨架于主骨架间，对称布置，两侧与主骨架呈45°相接；断面形式为L形，用以分流坡面径流水。每隔10～25m设一道伸缩缝，缝宽20mm。

④ 在骨架底部及顶部和两侧范围内，应用M5水泥砂浆砌片石镶边加固。

⑤ 施工时应自下而上逐条砌筑骨架，骨架应与边坡密贴，骨架流水面应与草皮表面平顺。

(3) 回填种植土

框格骨架砌筑完工后，及时在骨架内回填种植土，充填时要使用振动板使之密实。回填土表面低于骨架顶面2～3cm，以便于蓄水并防止土壤、种子流失。

(4) 植草作业

播种作业可采用人工穴播、点播、散播；平铺草皮作业时，草皮在骨架内从下向上错缝铺设压实，并采用尖桩固定于边坡上，具体施工方法参见4.1节。

(5) 表层覆盖

雨季施工，为使草种免受雨水冲失，并实现保温保湿，应加盖无纺布或编织席，促进草种的发芽生长。

(6) 前期养护

① 洒水：播种或移植苗木后及时洒水养护，洒水时采用雾化水，使水均匀润湿地面。每天均需进行洒水作业，每次的洒水量以保持土壤湿润为原则，每日洒水次数视土壤湿度而定，直至出苗成坪。

② 病虫害防治：当草苗发生病害时，应及时使用杀菌剂防治病害，在使用杀菌剂时，应掌握适宜的喷洒浓度。为防止抗药菌丝的产生，使用杀菌剂时，可以用几种效果相似的杀菌剂交替或复合使用。对于常发生的虫害如地老虎、蝼蛄、蛴螬、草地螟虫、黏虫等，可采用生物防治和药物防治相结合的综合防治方法。

③ 追肥：为了保证草苗能茁壮地生长，在有条件的情况下，可根据草皮生长需要及时追肥。

④ 种子出苗或草皮成活后，对稀疏区或无植被区及时进行补播、补植。对有景观要求的坡面，应注意对杂草进行人工控制；如仅是水土保持要求，则无需清除杂草。

4.6.3 钢筋混凝土框格骨架植被护坡

4.6.3.1 基本原理和适用性

钢筋混凝土框格骨架植被护坡是指在边坡上现浇钢筋混凝土框架或将预制件铺设

于坡面形成框格骨架，再回填客土并采取措施使客土固定于框格骨架内，然后在骨架内植草以达到护坡绿化的目的。它同前面介绍的浆砌石骨架植被护坡类似，区别在于钢筋混凝土对边坡的加固作用更强。一般而言该方法可适用于各类边坡，但由于造价高，仅在那些浅层稳定性差且难以绿化的高陡岩坡（不宜大于 70°）和贫瘠土坡中采用。

4.6.3.2　钢筋混凝土骨架内固土方法

采用此方法时固定骨架内的客土是非常重要的，固土的方法比较多，可以根据工程的具体情况采用适当的固土方法。下面介绍通常采用的固土方法。

1. 框格骨架内填空心六棱砖固土植草护坡

即在框格骨架内满铺并浆砌预制的空心六棱砖，然后在空心六棱砖内填土植草。该方法使回填客土具有很强的稳定性，能抵抗雨水的冲刷，可适用于坡度达到 1∶0.3 的岩质边坡。常用的空心六棱砖规格如图 4-17 所示。空心砖植草也可单独应用，主要用于低矮边坡的植被防护。一般边坡坡度不超过 1∶1.0，高度不超过 10m，否则易引起空心砖的滑塌，造成植被防护的失败。

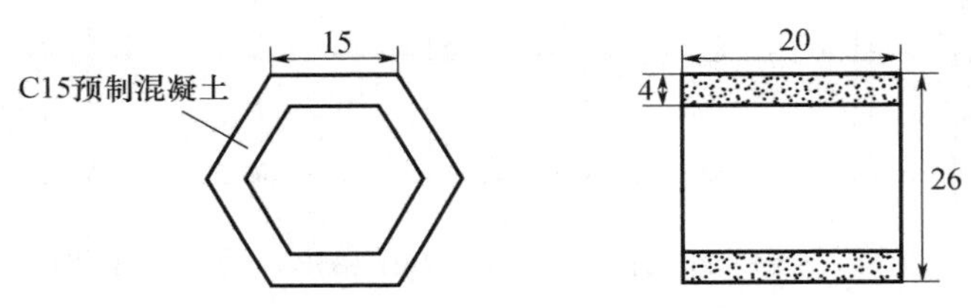

图 4-17　空心六棱砖规格（单位：cm）

2. 框格骨架内设土工格室固土植草护坡

框格骨架内固定土工格室，并在格室内填土，挂三维网喷播植草绿化，从而实现在较陡的边坡上培土 20～50cm。施工流程是：整平坡面并清除危石→浇筑钢筋混凝土框格骨架→展开土工格室并与锚梁上钢筋、箍筋绑扎牢固→在格室内填土，填土时应防止格室胀肚现象→在坡面采用人工或机械喷播营养土 1～2cm，以覆盖土工格室及框格骨架→从上而下挂铺三维植被网并与土工格室绑扎牢固→将混有草种、肥料等的混合料用液力喷播法均匀喷洒在坡面上→覆盖土工膜并及时洒水养护边坡，直至植草成坪。

图 4-18 是钢筋混凝土框格骨架土工格室固土植草绿化典型图。

3. 框格骨架内加筋固土植草护坡

即在框格骨架内加筋后填土，再挂三维网喷播植草或直接喷播植草的绿化方法。对于 1∶0.5 的边坡，骨架内加筋填土后挂三维植被网喷播植草绿化；对于边坡坡度为 1∶0.75 的边坡，骨架内加筋填土后直接喷播植草绿化，可不挂三维网。施工方法是：

（1）用机械或人工的方法整平坡面至设计要求，清除坡面危岩。

（2）预制埋于横向框格梁中的土工格栅。

（3）按一定的纵横间距施工锚杆框格梁，竖向锚梁钢筋上预系土工绳，以备与土工格栅绑扎用。视边坡具体情况选择框格梁的固定方式。

（4）预埋用作加筋的土工格栅于横向框架梁中，土工格栅绑扎在横梁箍筋上，然后浇注混凝土，留在外部的用作填土加筋。

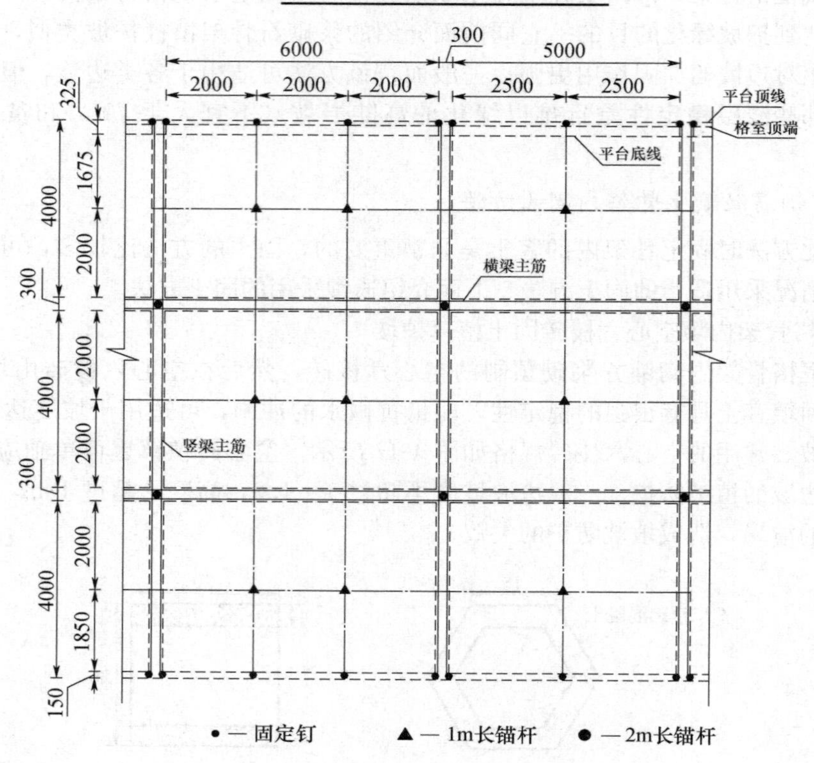

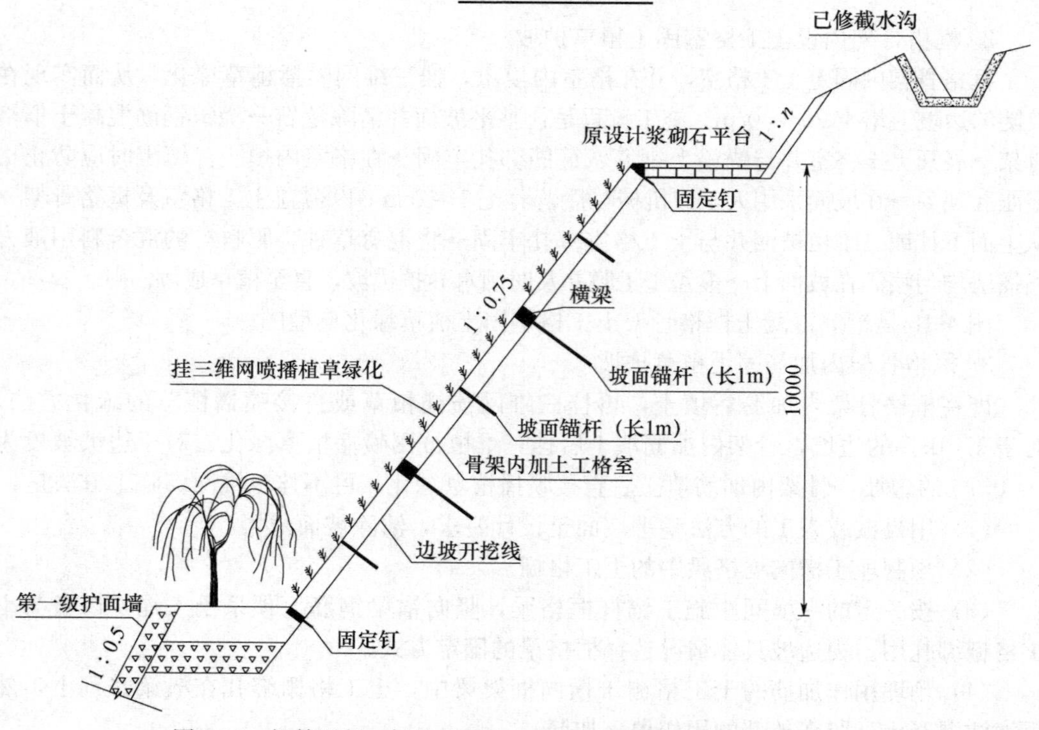

图 4-18　钢筋混凝土框格骨架土工格室固土植草绿化（单位：mm）

（5）按由下而上的顺序在框格骨架内填土。根据填土厚度可设二道或三道加筋格栅，以确保加筋固土效果。

（6）当坡度陡于 1∶0.5 时，须挂三维植被网，将三维网压于平台下，并用土工绳与土工格栅绑扎牢固。三维网竖向搭接 15cm，用土工绳绑扎。横向搭接 10cm，搭接处用 U 形钉固定，坡面间距 150cm。网与竖梁接触处回卷 5cm，U 形钉压边。要求网与坡面紧贴，不能悬空或褶皱。

（7）采用液力喷播植草，将混有种子、肥料、土壤改良剂等的混合料均匀喷洒在坡面上，厚 1～3cm，喷播完后，视情况覆盖一层薄土，以覆盖三维网或土工格栅为宜。

（8）覆盖土工膜并及时洒水养护边坡，直到植草成坪。

图 4-19 即为钢筋混凝土框格骨架内加筋固土植草典型图。

4. 框格骨架内错位码放植生袋护坡

植生袋是由聚乙烯编织网和种子夹层缝制而成的袋子，袋内填装土壤与肥料，在适宜的水热条件下种子就会发芽生长并形成植被层，从而达到保护坡面、恢复植被的目的。其自然降解时间为 2～3 年。

植生袋结合框格骨架可用于坡比大于 1∶1 的高陡边坡。施工流程为：（1）清理坡面，除去碎石及危石；（2）浇筑钢筋混凝土框格骨架；（3）植生袋填装客土并搬入场内（为便于施工，避免植物种子发芽，一般施工前一天或当天，在客土搅拌场进行植生袋装填客土）；（4）错位码放植生袋，可用锚杆固定，与坡面紧贴，不留缝隙；（5）覆盖保墒并浇水养护，从播种到出苗期间要勤浇水，保持土壤湿润。建议在禾草 3～5cm，豆科 2～4cm 时去掉覆盖物。

4.6.3.3　框格梁施工流程

框格梁施工流程见图 4-20。

施工流程为坡面整修、搭设脚手架、定位钻孔、清孔、锚杆安装、注浆、框格梁及锚头浇筑、锚头封闭。

（1）坡面整修。对浆砌石坡面开裂、外鼓处进行翻修，翻修浆砌片石强度等级不小于 M7.5，厚度不小于 0.3m，修整后坡面平顺，嵌补的浆砌石厚度均匀。

（2）搭设脚手架。采用双排脚手架，架杆采用 ϕ48mm 焊接钢管。立杆间距 2m，横杆高度 1.5m，横杆间距脚手架宽度 1.0m。脚手架紧贴坡面搭设，每个节点均用卡扣卡牢，并在外排脚手架设垂直于脚手架平面的斜支撑，最低一层横杆距地面不大于 0.3m。

（3）定位、钻孔、清孔。用经纬仪放出基线并定出锚杆孔位，误差不超过±0.2m，采用潜孔钻机风动钻孔，孔径 70mm，锚孔倾角控制在 15°×（1±2%）。钻进前按锚杆设计长度将所需钻杆摆放整齐，钻杆用完时孔深即到位（比设计孔深大 0.2m）。钻孔结束后，逐根拔出钻杆和钻具，将冲击器清洗好备用，用高压风吹净孔内岩渣。

（4）锚杆制作、安装、注浆。将两根 ϕ22mm 钢筋点焊并联制作，杆身每隔 1.5m 用 ϕ12mm 钢筋设一对中支架，锚杆外露弯折 10cm。将注浆管出口用胶布堵住后与锚杆一并装入，缓缓插入孔底，管口与孔底距离保持 20cm 左右。检查调节定位止浆环和限浆环位置准确，确认注浆管畅通后，开动注浆机采用一次孔底返浆法灌注 M30 水泥砂浆，待孔口有水泥砂浆溢出为止。注浆工艺流程：拌制砂浆、压水连通试验、开始低速小流量注浆、正常注浆至设计锚固长度、终止、转移、进行下一孔注浆。

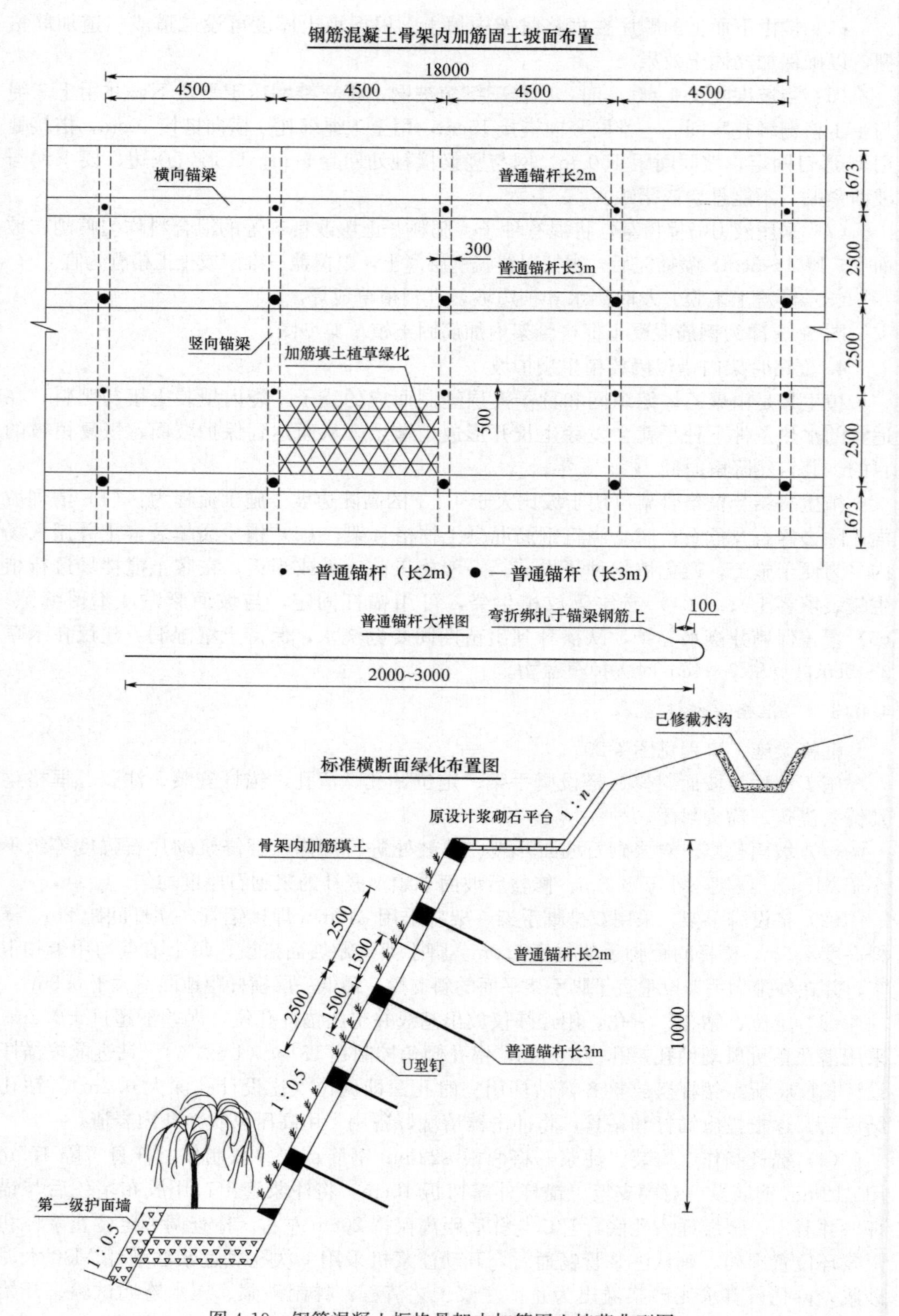

图 4-19　钢筋混凝土框格骨架内加筋固土植草典型图

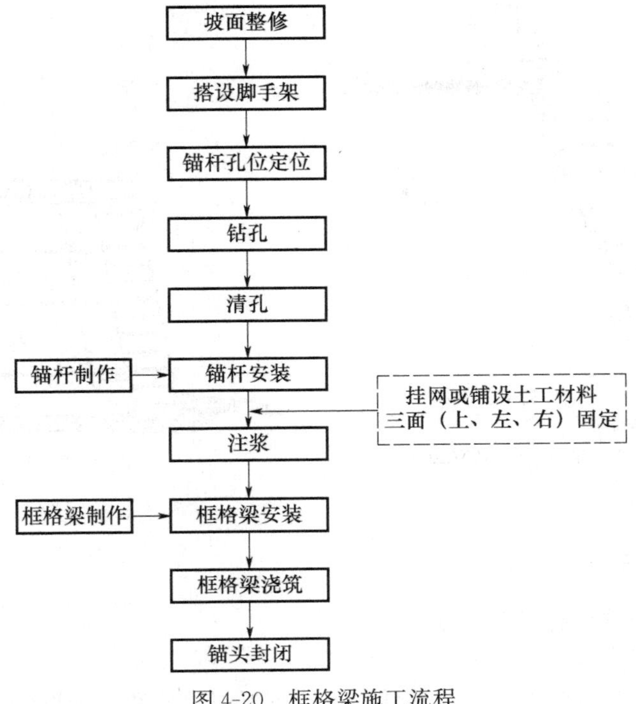

图 4-20　框格梁施工流程

（5）框格梁浇筑。框格骨架纵、横梁是重要构件，其作用是将锚头处集中荷载传递至岩面并调整岩面的受力方向，施工质量必须保证。首先在设计位置按配筋图绑扎框格纵横梁钢筋骨架并预留泄水孔位，三向立模，在锚孔与框格梁交叉处（靠坡体内侧）预埋补浆用注浆管，最后整体浇灌 C30 混凝土（框格纵梁每隔 12m 同步设伸缩缝一条），振动密实并加强养护。

（6）锚头封闭。锚头混凝土与框格梁同步浇筑。

4.7　生态袋植被护坡

4.7.1　概述

生态袋植被护坡技术是集客土、种子直播、幼苗移植、水土保持等原理为一体的坡面植被建植技术。其所采用的生态袋是由聚丙烯和聚酯纤维深加工而成，具有透水不透土的过滤功能。袋内装填土壤和肥料甚至直接加入种子，袋与袋之间采用联结扣、锚杆、加筋格栅等构件按照一定规则相互连接，组成一个牢固的柔性护坡系统。即使再大水流，也难以将袋内土壤搬运走。袋体与填土为植物生长提供基础，待植物覆盖表面，植被根系将会加强生态袋的紧密度和联结强度，形成永久生态绿色护坡。生态袋植被护坡按作用分，主要有护岸型和挡土型两种形式。

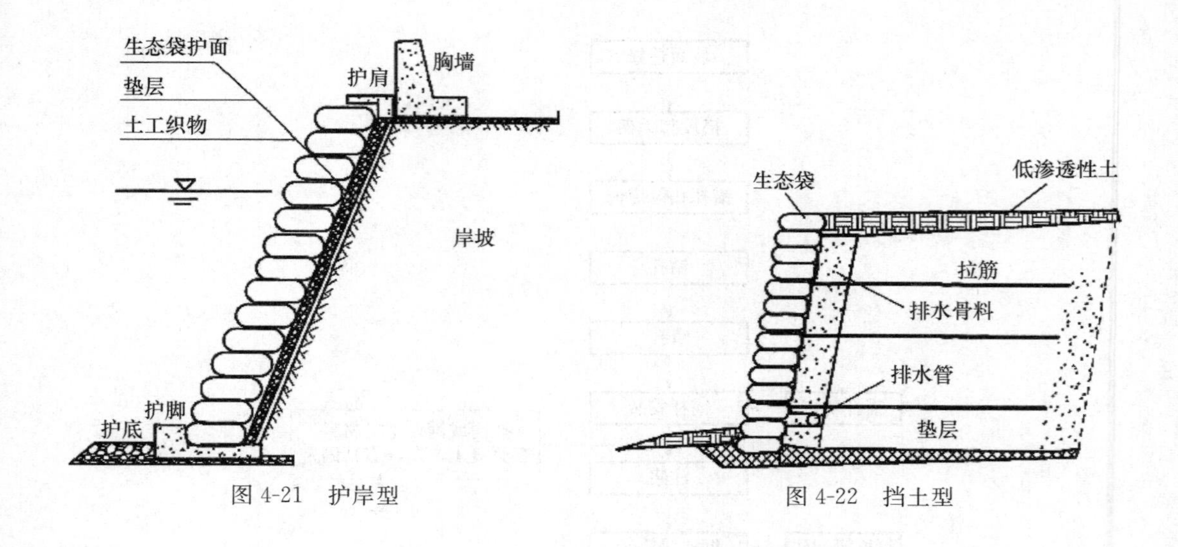

图 4-21　护岸型　　　图 4-22　挡土型

4.7.2　技术特点

生态袋植被护坡具有以下特点：

（1）材料性能优越

生态袋的材料具有强度高、抗紫外线、抗高低温、抗酸碱盐腐蚀、抗微生物侵蚀、裂口不延伸、不助燃等特性。

（2）安全环保

生态袋制造材料安全环保，不含有害物质，永不降解。施工时无噪声污染，也不会产生建筑垃圾，能与生态环境很好融合。

（3）结构稳定，抗冲刷能力强

生态袋结构为柔性结构，对不均匀沉降有很好的适应性，能承受一定的位移和沉降而不产生明显的应力集中；结构对水流冲击有很好的缓冲作用，抗震性好。对受到渗透影响、局部冲蚀的边坡具有很强的防护、稳定作用。

（4）应用范围广

由于采用的材料属于软体材料，对各种地基适应性强，可以应用于市政工程绿化、山体修复、道路工程绿化、水利生态护岸等领域。

（5）成本及养护费用低

生态袋由工厂批量化生产，质量稳定、材料轻便、运输和储存成本低。施工时采用的填充料大多就地取材，大大节约了工程造价，并且后期养护费用较低。

（6）施工便捷

施工操作简单，无需“三通一平”，不需要大型施工机械，对施工人员专业技术要求低。目前，一个由 3～4 人组成的熟练施工队伍每天可施工 30～40m^2。

4.7.3　生态袋护坡结构构成

生态袋护坡技术是一种生物护坡工程技术，其主要由生态袋、填充物、植被、联结扣、土工格栅等几种元素构成。

1. 生态袋是由质量轻、环境协调性好的纤维材料加工缝制或者胶结而成。抗冲生态袋面层共有四层：第一层加强纤维织物，材质可为聚酯纤维；第二层反滤层，材质可为聚酯系无纺布；第三层填充层，可根据实际工程需要填充草种、肥料等；第四层复合纤维织物，材质为木浆纤维（见图 4-23）。

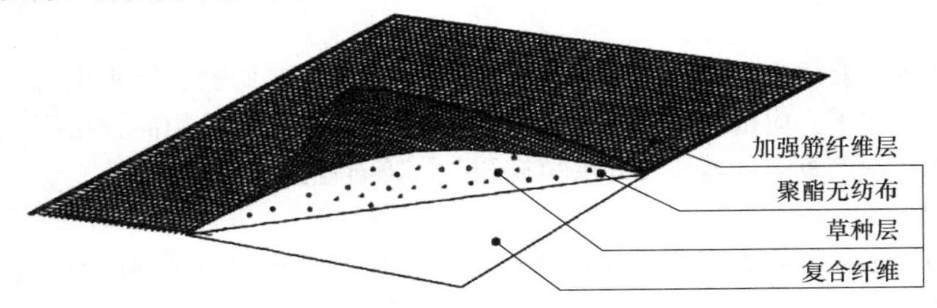

图 4-23　抗冲生态袋面层

2. 联结扣

联结扣是由聚丙烯材料挤压成型的高强度构件，主要由主板、扣齿组成。将联结扣放在上下层两个生态袋接触面内，在上部生态袋竖向压力的作用下，联结扣齿将刺入与其接触的生态袋中，防止生态袋之间的相对滑动，以增加生态袋护坡结构面层整体性，充分发挥生态袋柔性结构的特点，如图 4-24 所示。部分联结扣还带有锁口，用于固定填土中的拉筋，以增加面层与填土层的整体性。

3. 扎口带

扎口带是一种自锁式黑色带子，抗紫外线且抗拉强度高。施工中需要采用扎口带将已填充的生态袋袋口扎紧，保证每个生态袋的完整性和有效性。

4. 土工格栅

土工格栅是用聚丙烯、聚氯乙烯等高分子聚合物经热塑或模压而成的二维网格状或具有一定高度的三维立体网格屏栅，具有抗拉强度高、耐磨损、耐紫外线老化、耐腐蚀、与土或碎石嵌锁力强等特点。一般水平铺设在生态袋挡土结构回填土区，对外露袋体墙面分层反包，再用联结扣把土工格栅和生态袋连接在一起，可增加回填土的整体性及稳定性，有效控制不均匀沉降（见图 4-25）。

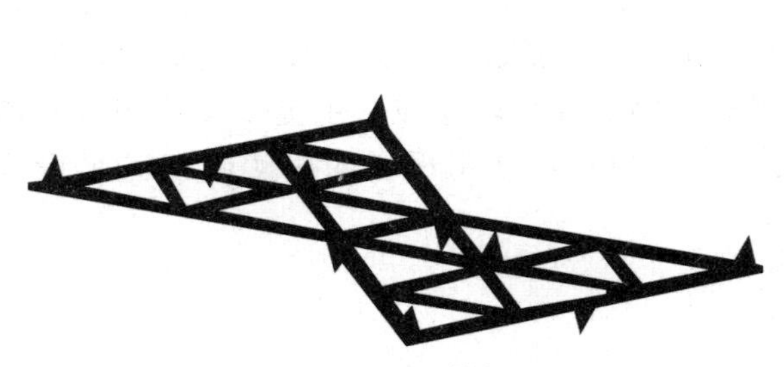

图 4-24　联结扣

图 4-25　土工格栅

5. 反滤土工布

通常采用短纤针刺土工布，具有抗老化、耐酸碱、耐磨损、柔韧性好、施工简便的特点，具有良好的透气性和透水性。

6. 排水设施

排水设施主要包含反滤所用砂石料和排水管或塑料排水带，其作用是排干生态袋后填土内渗水。

7. 填充物

生态袋内主要填充种植土，并按照一定比例加入砂、肥料、保水剂等，也可以在生态袋内植入种子。应根据不同工程条件、当地土料资源及植物品种进行选配，例如在受浸水和冲蚀严重的区域适合外层填充细砂、碎石等抗冲固基材料。

8. 植被

根据边坡工程特性和绿化需求，选择适应当地气候及地质条件的乔木、灌木、草植物种或苗木。

4.7.4 设计原则及施工工艺

4.7.4.1 设计原则

生态袋植被护坡设计应遵循安全稳定、生态优先、兼顾景观、经济适用等原则。

护坡首先要满足边坡安全稳定的要求。对于稳定性欠缺的坡面，要采取有效的工程防护措施进行稳定加固；对于稳定坡体，避免护坡设计、施工破坏其稳定性。对于安全稳定性要求较高的护坡工程，应结合模型试验结果制定设计方案。

鉴于目前国内生态袋护坡使用年限不长，监测和评估资料欠缺，应参照相关的设计手册、试验标准、设计规范等对生态袋植被护坡进行方案比选。例如《建筑地基基础设计规范》(GB 50007—2011)，《建筑基坑支护技术规程》(JGJ 120—2012)，《建筑边坡工程技术规范》(GB 50330—2013)，《港口及航道护岸工程设计与施工规范》(JTJ 300—2000)，《水工挡土墙设计规范》(SL 379—2007)，《水利水电边坡设计规范》(SL 386—2007)，《土工合成材料应用技术规范》(GB/T 50290—2014)，以及美国混凝土砌石协会所提供的《叠块式挡土墙设计手册》等。

4.7.4.2 施工方法

生态袋挡土、护坡结构施工应具备完整、准确的现场勘察资料和合理的设计方案，同时应详细规划、制定可行的施工步骤。施工方应向业主方提供生态袋面积质量、断裂强度、延伸率、CBR顶破强度等基本材料参数，以及生态袋之间摩擦系数、拉出时的最小抗拉力等有关检验报告或实验部门资料；并向业主提交实验测得的填土和排水骨料的最大干密度值和现场压实度报告，证明现场的压实施工满足设计要求。

1. 清理场地

(1) 基线与水准点设置

施工基线、水准点应选择通视条件好、不易沉降和位移、受施工影响较小的位置，便于施工期间的检查和校核。水准点不少于两个，并设在不同标高处。

(2) 开挖与削坡

施工前，要进行断面测量，准确布设断面控制标志；并应与当地的公用设施部门联系，以确保挖方工作不会对当地环境、地下管线及周围建筑物等造成影响和破坏，必要时应采取防护措施。

开挖施工应尽量避免超挖并确保开挖后的安全坡度，挖方弃土应放置在附近适宜地点且不影响边坡施工和稳定。开挖后，应及时对基础进行检验以确定是否与设计文件相符，承载力是否满足设计要求。同时应留存文字和影像资料。对于非常不利于护坡安全的淤泥、细粉砂基础等应视情况采取不同的措施处理后再施工。

（3）坡面清理

①将坡面的树皮、树根、碎石、垃圾等杂物清除干净，避免有尖锐物体割破生态袋。②挖除或加固不稳定的松散土体和岩体。③如有泉眼则要引出来，浸水处要做好导水盲沟。

2. 基础施工

（1）挡土结构地基施工

柔性较好的生态袋护坡对地基的沉降变形适应性好，一般基础施工时将基础面适度整平即可放置底层的生态袋。若地基土中含水量较高，在基础施工前应做好排水措施并设置好。对于直接与生态袋接触的部分，需要其具有较高承载力和较小变形，以保证护坡结构的稳定和外观平顺。通常该部分选择灰土回填地基、碎石甚至素混凝土回填地基，或者简单地基处理，厚度 200～300mm。生态袋后填土中有土工格栅范围的地基一般在土壤含水率不高于最优含水率 4％的条件下碾压到压实度 80％以上即可。

垫层材料需要具有较好的排水功能，通常在生态袋面层与垫层之间设反滤土工布，以防止基底土颗粒的流失。底部垫层的厚度以及侧边距邻近墙趾和墙踵应保持 150mm 以上，基础深入地表以下 50cm 以上为宜。

（2）护岸型结构地基施工

护岸的护底和护脚应根据设计要求、施工能力、自然条件等分层分段施工。施工生态袋前坡面外观应整理平顺，整平好的坡面上不能行驶机械设备，以免影响其平整度。若场地土质较差，或难以整平时，可铺设碎石层。码放生态袋前应铺设反滤土工布，对于生态袋面层承受波浪荷载的边坡不能省略碎石层。

3. 生态袋填充

生态袋中填充的土壤是植物生长发育的基地，对植被具有涵养作用和支撑作用，并在稳定和缓冲环境变化方面起着重要作用，为了减少处理和运输成本，尽可能就地取材。由于生态袋的有效厚度和质量影响到护坡的稳定安全，需要通过现场试验确定装填土后袋体的体积。不同类型的袋体、不同领域的工程运用，最佳填充度略有不同。根据护坡结构选择合适尺寸的生态袋。一般以植被恢复为目的的简单生态袋工程，在人工填充时，填充度宜为极限填充度的 85％。

4. 生态袋铺设

常见的生态袋护坡有普通堆叠法、加筋堆叠法、防护骨架法等。

（1）普通堆叠法

普通堆叠法施工简便，适用于坡度较缓、坡高较低的挡土结构和无波浪等水影响的河道边坡工程。

施工时，首先按设计坐标放线，地形复杂区域多设控制点。将装好填料的生态袋码放在垫层或土工布滤层之上。底层生态袋的埋深应根据工程实际埋深选取 1/20～1/8 护坡高度。铺设生态袋时，注意把袋子的缝线结合一侧向护坡内摆放。尽量在整个底层安装、压实、回填、平整后再开始上一层生态袋安装。

上层生态袋的铺设方法简单便捷，将各层生态袋紧贴坡面由低到高，层层错缝码放，同时控制好各层的立面倾角。若生态袋结构中设计有联结扣，将联结扣设置在有效接触面内（长度为 L_0），将生态袋联结扣水平放置在两个袋子之间且靠近后边缘的地方，通过摇晃、捶打、行走，压实上层生态袋，以便每个联结扣可以牢固锁定，夯实度要适当（见图 4-26）。

对于挡土型护坡结构，应分层压实填土区的回填土。填土厚度宜为 20～30cm；含水率控制在最优含水率±2%范围内。如在雨季施工，应做好排水和遮盖；每层填土经整平压实后形成 3%坡面，以便填土区遇水能及时排出。生态袋护坡 1.5m 范围内采用人工摊铺、夯实；1.5m 以外可采用机械摊铺、碾压，并设明显标志以便司机观察。最后在结构顶部，把生态袋长边垂直坡沿摆放并覆土压实；也可视情况采用不同厚度的条石或混凝土预制块压顶。

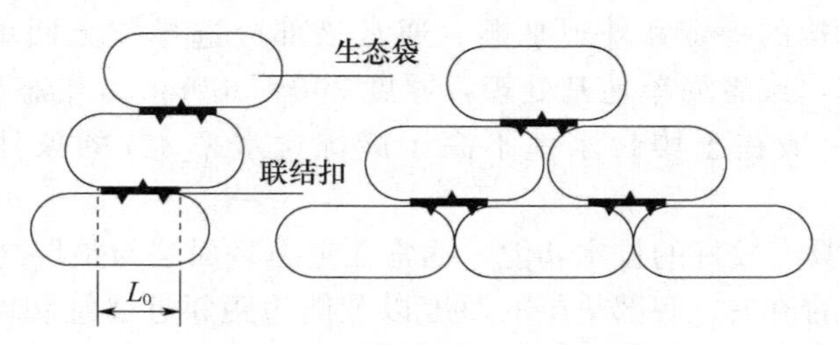

图 4-26　生态袋联结扣布置

（2）加筋堆叠法

在坡度、高度较大或有波浪、高水位威胁的护坡工程中，可采用土工格栅加筋堆叠法的生态袋护坡施工技术（见图 4-27）。

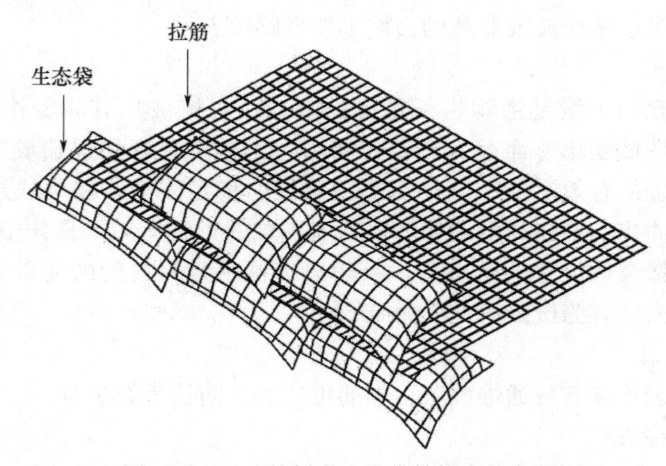

图 4-27　土工格栅在生态袋结构中的布置

设置土工格栅层可改善回填土性质，增加生态袋护坡的整体性，减小不均匀沉降。其施工方法与普通堆叠法类似，当填土压实后的高度达到安装土工格栅设计标高时，开始安装土工格栅层。水平铺设土工格栅，强度高的方向应垂直生态袋坡面且不容许搭接，反包段用生态袋预留的锁定装置固定好或用连接棒与上一层土工格栅相连（连接棒位置应相互错开），自由端采用张拉器拉紧格栅，并用 U 形钉或锚杆固定。其后及时在拉筋上覆土，每层填土厚度 15～20cm，压实度不低于 95%。碾压机械行驶方向应与土工格栅受力方向垂直，不可在未覆盖填料的筋带上行驶或停车，避免造成拉接网片的起皱、移动、刺破等。填土压实过程中，第一遍速度宜慢，以免拥土将土工格栅推起；第二遍以后速度可以稍快，直至达到密实要求。

为确保回填土的整体性，上、下层土工格栅相接位置应相互错开，距离不小于 1.0m。另外，如不能避免部分工程土工格栅的搭接，一定要在底层格栅上铺设一定厚度的填土后才能铺设上搭接部分格栅，上层格栅可以与水平面有个小角度的夹角。

（3）防护骨架法

防护骨架用于坡度较陡、墙面承受较大流水侵蚀或者波浪压力的河道边岸。以刚性防护骨架承受大部分坡面内外受到的荷载。

骨架框格内填充生态袋时在框架梁浇注过程中预埋螺栓作为生态袋固定挂钩。生态袋规格根据工程实际情况预制，每个袋体均用连接带和相邻的生态袋进行连接，使整个坡面形成一个整体，加上袋体的自重，可有效抵御水流对坡面的冲刷。

5. 排水设施的施工

排水设施应与挡土型生态袋护坡结构同步施工，同步完成。

当填料采用细粒土且有地表水渗入时，宜在面层后设置 30～50cm 的排水层，以加强填土区排渗，并用土工布将填土与排水层分隔开。排水管的安装应能够保证加筋土层的水及时自流到护坡区域以外，排水管的出口应与坡外集水井连接或与墙后不影响墙体稳定的集水口连接。排水管可用弹簧软管或塑料波纹管。建议用土工布将排水管包上，以起到滤土排水作用。排水管的安放应能使其靠重力将水排出，主排水管的直径不应小于 75mm，次要排水管的坡度最小应达到 2%。

6. 绿化施工及养护

生态袋结构施工完成后，应尽快对生态袋表面进行绿化种植，使植物尽快覆盖在生态袋表体，减少因为紫外线照射、风吹、雨水侵蚀等而影响生态袋的工程强度和寿命。当绿化施工受限，生态袋暴露时间可能大于 3 个月时，使用覆盖物对生态袋表面进行临时覆盖。

绿化时，草种适合喷播或直接内黏播（植入生态袋夹层中），乔木、灌木种子宜插播或压播，播种时位于客土深度以 2～3cm 为宜。

播种后应每天进行洒水养护，每次的洒水量以保持土壤湿润为原则，每日洒水次数视土壤湿度而定，持续时间不少于 30 天。每日洒水时间最好在上午 10 点以前或下午 4 点以后，以减免蒸发损失。

4.7.4.3　施工流程

护岸型、挡土型生态植被护坡施工流程如图 4-28、4-29 所示。

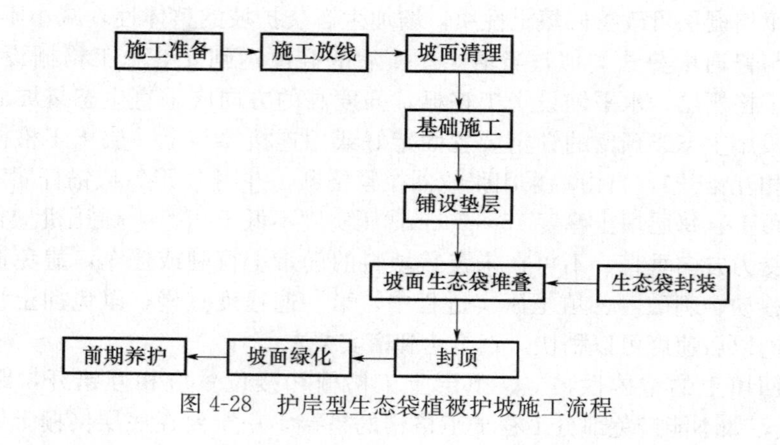

图 4-28　护岸型生态袋植被护坡施工流程

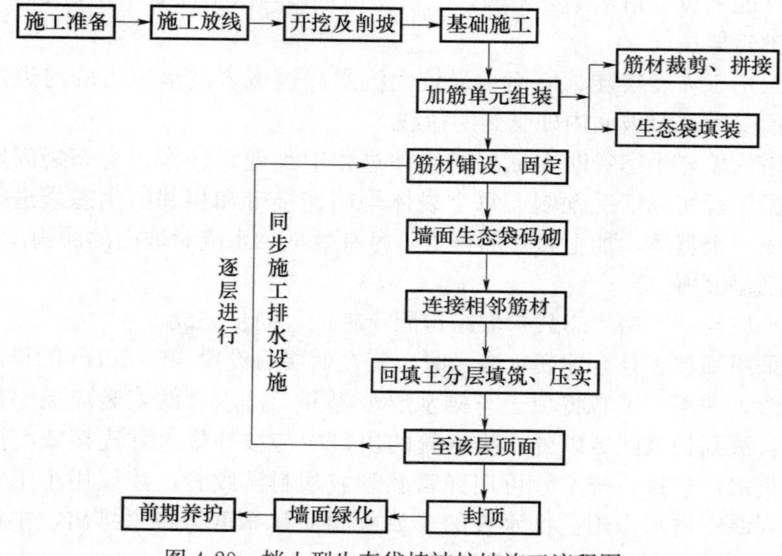

图 4-29　挡土型生态袋植被护坡施工流程图

4.8　生态混凝土护坡

4.8.1　概述

生态混凝土又称多孔混凝土、环境友好型混凝土，是由骨料、水泥和添加剂组成，采用特殊工艺制作，具备生态系统基本功能，满足生物生存要求的多孔材料（见图 4-30）。与传统混凝土相比，生态混凝土最大特点是内部有连续孔隙结构，具有类似土壤的透水、透气性，孔隙率可达 20%～30%，为植物生长和微生物富集提供了良好基质。在这种混凝土上覆土植被，能将混凝土的硬化与生态绿化有机结合起来，使混凝土与自然和谐相处，实现对堤坝边坡的防护，将防止波浪冲刷、维护生态、水体净化和景观美化集于一体。

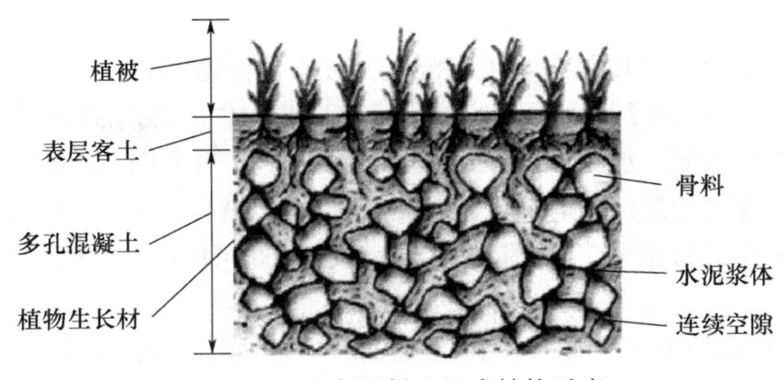

图 4-30　生态混凝土组成结构示意

4.8.2　技术特点

生态混凝土护坡具有以下特点：

（1）透水效果好。生态混凝土的多孔特性，使其具有较强的透水性，有效连通地下水及地表水；当水位骤降时，能及时排出坡体内孔隙水，确保边坡稳定安全。

（2）水土保持效果好。生态混凝土具有一定强度，耐冲刷，抗侵蚀；并且植物生根发芽后可与生态混凝土共同作用，提高边坡整体防护能力，起到防止水土流失的作用。

（3）绿化效果好。生态混凝土表面及内部存在大量蜂窝状孔洞，便于培植植被，绿化混凝土表面。

（4）具有水质净化效应。主要表现在以下三方面：①物理作用：生态混凝土的多孔特性能有效吸附和滤除水中污染物；②化学作用：其析出的 Al^{3+}、Mg^{2+} 等物质可使水中胶体物质脱稳、絮凝而沉淀，并且可通过化学作用有效去除氮磷等营养物质，降低水体的营养等级；③生物化学作用：生态混凝土表面及内部能够富集微生物群落，形成了污染物、细菌、原生动物、后生动物的完整生态链。

（5）工程造价较低。水泥用量比普通混凝土少 1/4～1/3；粗骨料除可采用碎石、卵石外，还可利用炉渣、建筑垃圾等材料，并且生态混凝土不用砂料，简化了材料运输及现场管理，有效降低了生产成本。

4.8.3　生态混凝土制备

1. 原材料

（1）一般要求

多孔混凝土的原材料主要有粗骨料、水泥、掺合料和各种添加剂。多孔混凝土的制备过程和性能要求较普通混凝土严格，可调范围小，所以对原材料的指标要求普遍较高。水泥、掺合料、外加剂等原材料应通过优选试验选定，生产厂家应相对固定。任何一种材料的更换，都需经试验确定。

（2）粗骨料

粗骨料是生态混凝土的骨架，宜采用单级配的饱满砾石为主，粗骨料质量要求应符合 JGJ 52 或 SL 251 的规定。粒径宜为 20～40mm，针片状颗粒含量不宜高于 15%，逊径率不大于 10%，压碎指标不大于 14%，含泥量不宜高于 1.0%。

（3）水泥

水泥的活性、品种、数量是影响生态混凝土强度的关键因素之一，对水泥强度等级要求较高。选用符合《通用硅酸盐水泥》（GB 175—2007）质量要求的硅酸盐水泥、普通硅酸盐水泥和矿渣硅酸盐水泥，水泥强度等级为 42.5 及以上。当采用其他胶凝材料时应进行科学试验及论证。水泥浆的最佳用量是刚好能够完全包裹骨料，形成均匀的水泥浆膜为适度，并以采用最小水泥用量为原则。为控制浆体收缩，必要时可使用细骨料，一般采用中砂。

（4）外加剂

对有抗冻融要求的地区，制作生态混凝土时应添加引气减水剂，提高抗冻融能力。当需进一步提高生态混凝土抗压强度时，可在拌和时加入减水剂或环氧树脂、丙乳等聚合物粘合剂。

（5）水

多孔混凝土所用拌和用水应符合《混凝土用水标准》（JGJ 63—2006）的有关规定。

2. 配合比

生态混凝土的配合比设计主要应满足抗压强度、孔隙率、渗透性的要求，并以合理使用材料和节约水泥为原则。必要时尚应符合对生态混凝土性能（如抗折强度、pH 值、工作性等）的特殊要求。生态混凝土配合比中加入化学外加剂和矿物掺料时，其品种、掺量和对水泥的适应性，须通过试验确定。

生态混凝土配合比设计方法，依据集料紧密堆积形成的空隙和目标孔隙率，计算出所需浆体的体积，然后根据各种原材料占据的体积计算出生态混凝土的配合比。

按照计算好的配合比在实验室进行试拌，制成试块，考察脱模效果和强度是否满足施工要求。采用碎石或砾石作为骨料的生态混凝土，其抗压强度不应低于 5MPa。

《生态混凝土应用技术规程》（CECS 361—2013）中规定：骨料粒径宜为 20～40mm，水泥用量宜为 280～320kg/m^3，水灰比不宜大于 0.5。

《生态混凝土护坡技术与应用》中提出："最佳施工配合比参数为水灰比 0.4，骨料最大粒径 20mm 的卵石（一般粗骨料粒径为 10～20mm），水泥用量 200kg/m^3"，并指出"对于普通骨料，一般用水量为 80～120kg/m^3，集灰比可在 5～8 之间，均可通过正交试验微调"。

《河湖岸线多孔混凝土特定生境生态修复技术与实践》中给出"骨料粒径宜为 15～25mm，水灰比 0.24～0.30"。

3. 生态混凝土配制要求

生态混凝土的拌和宜采取两次加水方式，即先将骨料倒入搅拌设备中，加入水灰比用水量的 50%，使骨料表面湿润，再加入水泥进行搅拌混合，然后陆续加入剩余水量并继续进行搅拌，以骨料被水泥浆充分包裹、表面无流淌为度。

生态混凝土在运送途中，应避免阳光暴晒、风吹、雨淋，防止形成表面初凝或脱浆。如有表面初凝现象应进行人工拌和，符合要求后方可入仓。

4.8.4 施工工艺

1. 施工流程

生态混凝土护坡施工流程见图 4-31。

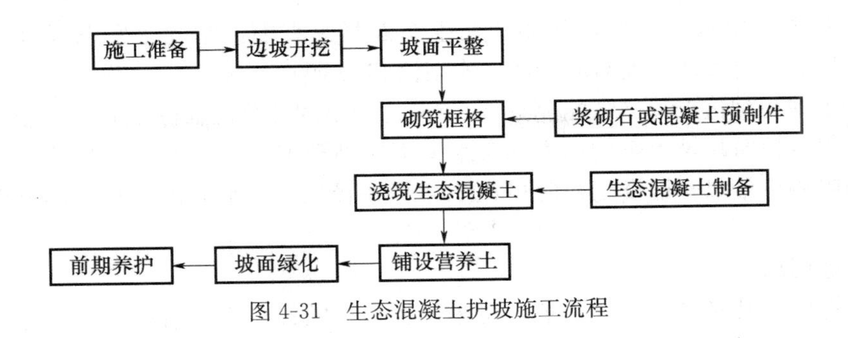

图 4-31　生态混凝土护坡施工流程

2. 施工方法

（1）边坡开挖

根据现场情况，结合施工图设计确定开挖边界，放线后进行场地开挖。边坡尽量避免超挖；对清除的表土应外运至弃土场，不得重新用于填筑边坡；对可利用的种植土料宜进行集中和贮备，并采取防护措施。

（2）坡面平整

按照设计坡比削坡开挖后，及时清理坡面并夯实平整。坡面不得有浮石、杂草、树根、建筑垃圾和洞穴等。清理完成后，应采用压实机械压实坡面，压实度不宜小于0.95。当坡面土壤不符合要求时，应覆盖适合植物生长的土料并压实，也可铺设营养土工布。

（3）砌筑框格

施工生态混凝土前，在坡面上构筑框格，可采用 M7.5 浆砌石砌筑或 C20 混凝土预制件拼装，用水泥勾缝。砌筑框格时应同时将坡脚修建完善，可采用抛石护脚或钢筋混凝土护脚，护脚构建应符合《堤防工程设计规范》（GB 50286—2013）等相关标准要求。

（4）浇筑生态混凝土

严格按照配合比现场搅拌、制备和浇筑生态混凝土；浇筑生态混凝土前应预先在底面铺设一层小粒径碎石；生态混凝土浇入框格中后应及时平整并采用微型电动抹具压平或人工压实表面，保证与框架紧密结合，不宜采用大功率振捣器进行振捣，以防出现沉浆现象；生态混凝土浇筑厚度应满足设计要求，浇筑作业时间不宜过长，避免骨料表面风干。现浇混凝土浇筑后覆盖，养护 7～14d，根据天气情况洒水保持混凝土湿度。

浇筑完生态混凝土后，应在坡顶、两侧采用混凝土封边、压顶，提高生态混凝土护坡的整体性和抗冲刷能力。

当采用预制生态混凝土构件铺设时，应采用专用的构件成型机一次浇筑成型；构件铺设时应整齐摆放，确保平整、稳定，缝隙应紧密、规则，间隙不宜大于 4mm；相邻构件边沿宜无错位，相对高差不宜大于 3mm。安装时应从护坡基脚开始，由护坡底部向护坡顶部有序安装；安装要符合外观质量要求，纵、横及斜向线条应平直；坡脚及封顶处的空缺采用生态混凝土现场浇筑补充。

（5）铺设营养土

营养土铺设前应对生态混凝土空隙进行填充，填充材料应按生态混凝土盐碱改性要求和营养供应要求配制好，并摊铺在生态混凝土表面，厚度为生态混凝土厚度的25%～30%。填充方法主要有吹填法、水填法和振填法。

营养土即为种植土料（含配合土），应进行必要的筛分，去除乱石、树根、块状黏土等，不得有建筑垃圾等杂物；土料含水率不应小于15%，土料过干时应在回填后的土料表面喷洒少量水。铺设土料时可人工摊平并轻压，摊平后的土料平均厚度不宜大于20mm。

（6）坡面绿化

覆土完成后及时进行绿化作业，可采用播种、铺设草卷、栽种、扦种等方式，也可选用喷播方式。

植物选配应依据实际工程所在地气候、土壤及周边植物情况确定，植物物种需抗逆性强且多年生，根系发达，生长迅速，能短时间内覆盖坡面，适用粗放管理，种子（幼苗）易得且成本合理。

（7）前期养护

播种完成后应每天进行洒水养护，每次的洒水量以保持土壤湿润为原则，直至出苗。在根系还未达到生态混凝土以下土层前应适时追肥，并根据种植情况适时防治季节性病虫害。

播种绿化植物的分蘖期，是植物能否顺利生长的关键时期，尤其是当局部盐碱改良材料充灌不均时，常出现草叶烂尖、叶面钝化、黄瘦倒伏等盐碱中毒现象，可采取补充盐碱改良材料、更换植草品种等补救措施。

4.9 其他护坡方法

4.9.1 喷植混凝土护坡

喷植混凝土护坡是对岩石边坡进行绿化和浅层防护的新技术，主要利用水泥的粘结性和固网技术，使种植基材附着在岩石表面，为植物创造生存的良好环境，以恢复坡面的生态复合功能。该方法适用于坡度为45°～85°的稳定边坡，尤其对不宜进行植被恢复的恶劣的地质环境，如砾石层、软岩、破碎岩及较硬的岩石，有比较明显的效果。

植被混凝土是由种植土、有机料、水泥、植物种子、生境基材改良剂和水等材料按需配制而成，是一种典型的种植基材。其中：有机料是以农家肥、秸秆、谷糠、锯末、糟粕等天然有机料的若干种为原料，经粉碎、混配、堆置发酵等工序制成；生境改良剂用于改善植被混凝土微生物环境和pH值、肥力、保水性、结构等理化性状。

喷植混凝土护坡，其核心是在岩质坡面上营造一个既能让植物生长发育而种植基材又不被冲刷的多孔稳定结构，是利用混凝土喷射机械将植被混凝土喷附在岩石坡面上，由于水泥的粘结作用，种植基材可在岩石表面形成一层具有连续空隙的硬化体。一定程度的硬化使得种植基材免遭冲蚀，而空隙中充满了水分和空气，为植物根系生长提供了必要条件。

喷植混凝土护坡施工工艺流程为：边坡预处理→加筋＋排水＋灌溉系统施工→坡面浸润→喷植混凝土→覆盖→前期养护。

喷植混凝土应分两次，先喷植基层，再喷植面层。这与客土喷播类似。

4.9.2　石笼护岸

石笼结构在我国护岸工程中常有采用，具有以下特点：易于施工，无需重型设备和熟练工人；石笼为柔性结构，可适应基础的不均匀沉陷且不会导致内部结构的破坏；水下施工方便；普通卵砾石作为填料；石笼堤本身具有透水性，不需另设排水；厚层镀锌以及用于腐蚀环境中外加 PVC 涂层可保证网笼的长期寿命。竣工几年后，淤积物在填石体孔隙中沉着，增加了填石体的固结度，促进植物在石笼中的生长，有利于网笼的稳定；而植物根系又起到“活”网笼作用，加强后期的岸坡稳定。为便于植物快速生长，一般在石笼网内充填土石混合料，但作为净水护岸时，土壤的填充会使水生生物丧失栖息环境。后来，在普通石笼结构基础上，引进潜流湿地技术和浮床技术，形成了生态净水护岸（见图 4-32），即在石笼中回填砾石或用小石子胶结成的多孔隙块体，上部固定加强型天然纤维垫作为生长床来种植植物，可保证水生植物生长。造价经济，维护简单，并对生态和景观具有良好的适应性。

石笼作为固滨挡墙时，土质地基墙趾埋深宜置于冲刷深度以下 0.5～1.0m。当冲刷严重或河床起伏不平时应设护坦，长度为冲刷深度的 1.5～2.0 倍；石笼护垫用于护坡时，土坡坡比不宜大于 1：1.5，砂质土坡坡比不宜大于 1：2.0。

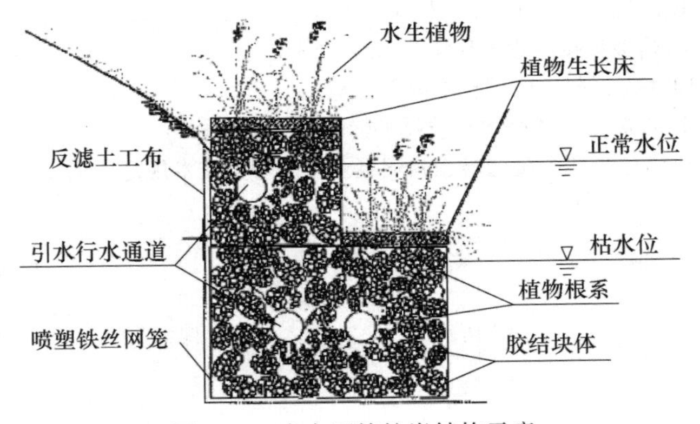

图 4-32　净水石笼护岸结构示意

4.9.3　多孔质护岸

多孔质护岸形式主要有用混凝土预制件构成的各种带有孔状的适合动植物生存的护岸结构，如多孔混凝土结构（球连体砌块、自嵌式砌块、鱼巢式砌块）、自然石连接等结构。多孔质护岸大多是预制件，施工方便，既为动植物生长提供有利条件，又抗冲刷，是生态护坡中较有代表性的一种护岸形式。

从护岸所考虑因素侧重的角度，可以把环境护岸划分为生态型护岸和景观型护岸。多孔质护岸兼顾了生态型护岸和景观型护岸的要求，从而成为值得推广的新护岸。

不同类型的护岸有不同的结构，常用的几种为：

（1）陡坡护岸：多孔混凝土预制件、空腔混凝土结构；

（2）缓坡护岸：用防腐钢丝将自然石头或混凝土块联结成多孔构件；

（3）抗冲护岸：自然石平铺（应用于大小河川护岸、护底）。

多孔质护岸的优点：所用材料多为预制件结构，施工简单快捷；多孔结构符合生态设计理念，利于植物生长、小生物繁殖；具有一定的结构强度，耐冲刷；对护坡起到保护作用，有效防止泥土流失；对水质污染起到一定的天然净化作用。

本章参考文献

[1] 顾卫，江源，佘海龙，等．人工坡面植被恢复设计与技术［M］．北京：中国环境科学出版社，2009.

[2] 程龙飞．生态袋护坡结构的设计与施工技术［M］．成都：西南交通大学出版社，2014.

[3] 赵玉青，邢振贤．生态混凝土护坡技术与应用［M］．北京：中国水利水电出版社，2016.

[4] 王笑峰，姜宁．河道生态护坡理论与技术［M］．北京：中国水利水电出版社，2018.

[5] 吴义峰，吕锡武．河湖岸线多孔混凝土特定生境生态修复技术与实践［M］．北京：中国水利水电出版社，2016.

[6] 何旭升，鲁晖，马敬，等．净水护岸技术与应用［M］．北京：中国水利水电出版社，2016.

[7] 北京市水务局．建设项目水土保持边坡防护常用技术与实践［M］．北京：中国水利水电出版社，2010.

[8] 蒋鹏飞，等．公路边坡防护技术与实践［M］．北京：人民交通出版社，2011.

[9] 周德培、张俊云．植被护坡工程技术［M］．北京：人民交通出版社，2003.

[10] JCT 2094—2011 干垒挡土墙用混凝土砌块［S］．

[11] CJJ/T 292—2018 边坡喷播绿化工程技术标准［S］．

[12] CECS 361—2013 生态混凝土应用技术规程［S］．

[13] JGJ/T 412—2017 混凝土基体植绿护坡技术标准［S］．

[14] NB/T 35082—2016 水电工程陡边坡植被混凝土生态修复技术规范［S］．